ゼロからはじめる

LINE《ライン》 & Instagram《インスタグラム》 & Twitter《ツイッター》 & Facebook《フェイスブック》

基本&便利技

リンクアップ 著

技

CONTENTS

共通編 Chapter 1
知っておきたいSNSの基本

LINE編 Chapter 1
LINEをはじめよう

LINE編 Chapter 2
トークや通話を楽しもう

CONTENTS

LINE編 Chapter 3
もっと友だちを追加しよう

LINE編 Chapter 4
グループを活用しよう

LINE編 Chapter 5
LINEのQ＆A

Instagram編 Chapter 1
Instagramをはじめよう

CONTENTS

Instagram編 Chapter 2
Instagramに投稿しよう

Instagram編 Chapter 3
フォロー／フォロワーを管理しよう

Instagram編 Chapter 4
Instagramの便利な機能を使いこなそう

Instagram編 Chapter 5
InstagramのQ&A

CONTENTS

Twitter編 Chapter 1
Twitterをはじめよう

Twitter編 Chapter 2
Twitterで楽しくつぶやこう

Twitter編 Chapter 3
フォロー／フォロワーを管理しよう

Twitter編 Chapter 4
TwitterのQ＆A

CONTENTS

Facebook編 Chapter 1
Facebookをはじめよう

Facebook編 Chapter 2
友達とコミュニケーションをとろう

Facebook編 Chapter 3
友達を管理しよう

Facebook編 Chapter 4
FacebookのQ＆A

ご注意：ご購入・ご利用の前に必ずお読みください

●本書に記載した内容は、情報の提供のみを目的としています。したがって、本書を用いた運用は、必ずお客様自身の責任と判断によって行ってください。これらの情報の運用の結果について、技術評論社および著者、アプリの開発者はいかなる責任も負いません。

●ソフトウェアに関する記述は、特に断りのない限り、2023年1月現在での最新バージョンをもとにしています。ソフトウェアはバージョンアップされる場合があり、本書での説明とは機能内容や画面図などが異なってしまうこともあり得ます。あらかじめご了承ください。

●本書は以下の環境で動作を確認しています。ご利用時には、一部内容が異なることがあります。あらかじめご了承ください。
端末：iPhone 14（iOS 16.1.2）、Xperia IV（Android 12）

●インターネットの情報については、URLや画面などが変更されている可能性があります。ご注意ください。

以上の注意事項をご承諾いただいたうえで、本書をご利用願います。これらの注意事項をお読みいただかずに、お問い合わせいただいても、技術評論社は対処しかねます。あらかじめ、ご承知おきください。

共通編

第1章

知っておきたい SNSの基本

Section 01

LINE、Instagram、Twitter、Facebookの特徴

SNS（ソーシャルネットワーキングサービス）とは、インターネットを通じて世界中の人と交流したり情報を共有したりできるサービスです。本書では、利用されている中でも、代表的な4つのSNSを解説しています。

●LINE

LINEは、メッセージのやり取りや無料の音声・ビデオ通話ができるSNSです。スタンプを使って気軽にコミュニケーションできるのが特徴で、1対1だけでなくグループを作成して写真や情報を共有することができます。

トークでメッセージやスタンプを使って気軽にコミュニケーションができます。

●Instagram

Instagramは、写真や動画の投稿がメインのSNSです。多様な編集機能によっておしゃれな加工を楽しめます。また、「ライブ配信」や24時間で投稿が削除される「ストーリーズ」などを利用することもできます。

写真や動画を手軽に自分好みの雰囲気に加工して投稿することができます。

●Twitter

Twitterは140文字以内の短文「ツイート」を投稿し、自分のリアルタイムを共有するSNSです。ほかのSNSよりも情報の拡散性が高く、トレンドをいち早く見つけられます。誰でも気軽に投稿でき、ほかのユーザーの投稿をリツイートできる分、炎上リスクが高いため注意が必要です。

ツイートを投稿して気軽に自分の「いま」をリアルタイムに幅広く共有できます。

●Facebook

Facebookは、全世界で29億人を超えるユーザーが利用しているといわれている、世界最大規模のSNSです。ほかのSNSとの大きな違いは、実名での登録が義務付けられている点です。そのため、友達だけでなく仕事関係などリアルで交流のあるユーザーとネット上でコミュニケーションを楽しめます。

実名でのつながりで自分や友達、仕事相手などとコミュニケーションをとることができます。

Section 02 アプリのインストール

本書で紹介するアプリは、Androidスマートフォンでは「Playストア」から、iPhoneでは「App Store」からインストールして利用します。アプリの種類は違ってもインストール方法は同じです。ここでは「LINE」アプリを例に解説します。

Androidスマートフォンにアプリをインストールする

① ホーム画面やアプリ一覧画面で「Play ストア」アプリをタップします。

② 画面上部の検索欄をタップします。

③ ここでは「LINE」と入力し、をタップします。

④ 「LINE」の［インストール］をタップすると、インストールが開始されます。

iPhoneにアプリをインストールする

1 ホーム画面やアプリ一覧画面で「App Store」アプリをタップします。

2 ［検索］をタップします。

3 画面上部の検索欄をタップします。

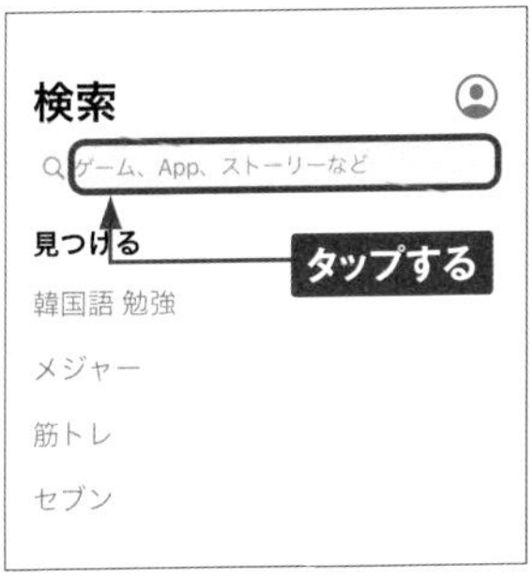

4 ここでは「LINE」と入力し、［search］をタップします。

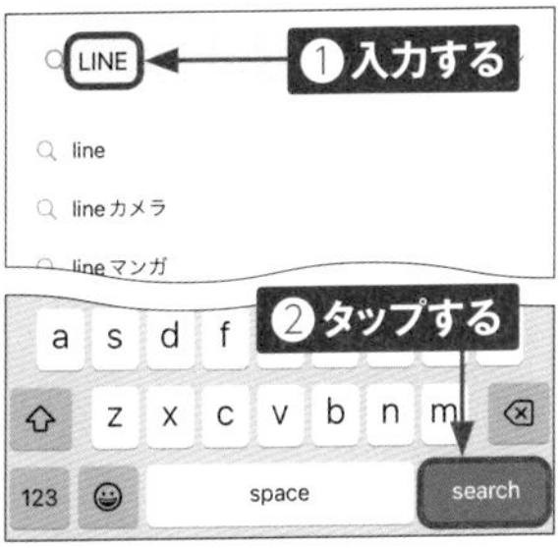

5 ［入手］→［インストール］の順にタップします。

6 パスワードを入力し、［サインイン］をタップすると、インストールが開始されます。

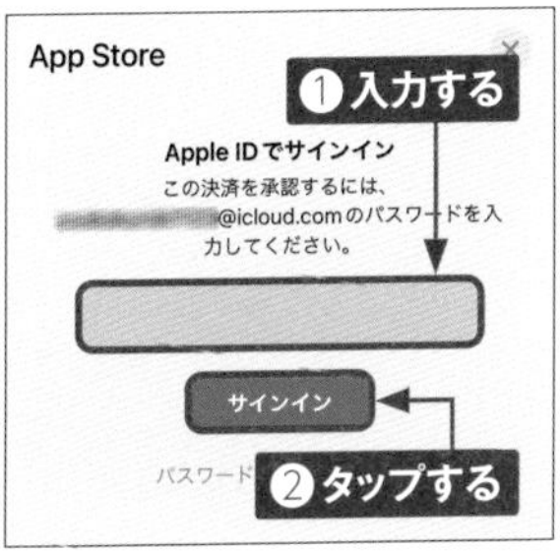

第1章 知っておきたいSNSの基本

LINE
Instagram
Twitter
Facebook

Section 03

アプリの起動と終了

AndroidスマートフォンやiPhoneでは、アプリ画面やホーム画面でアプリのアイコンをタップするだけで起動します。端末の認証が済んでいれば、起動するとすぐにアプリを利用できます。ここでは「LINE」アプリを例に解説します。

アプリを起動する

1 アプリ画面やホーム画面でアプリのアイコン（ここでは［LINE］）をタップします。

2 アプリが起動します。

Memo iPhoneでアプリを起動する

iPhoneでも、Androidスマートフォンと同様の操作でアプリを起動することができます。iPhoneのホーム画面でアプリのアイコンをタップすると、アプリが起動します。

アプリを終了する

① ここでは、Androidスマートフォンのホームキーをタップします（画面下部にホームキーがない場合は画面下部を上方向にスワイプします）。

② アプリの画面が閉じ、ホーム画面が表示されます。

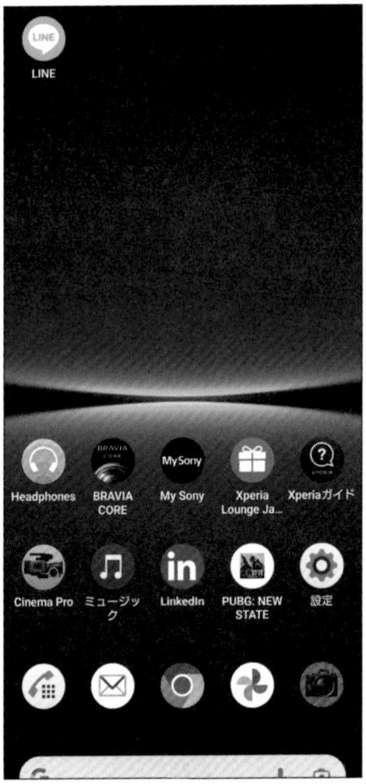

Memo iPhoneでアプリを終了する

iPhoneでも、Androidスマートフォンと同様の操作でアプリを終了することができます。ホームボタンがない機種では、iPhoneの画面下部を上方向にスワイプすると、アプリの画面が閉じ、ホーム画面が表示されます（ホームボタンがある機種の場合はホームボタンを押します）。

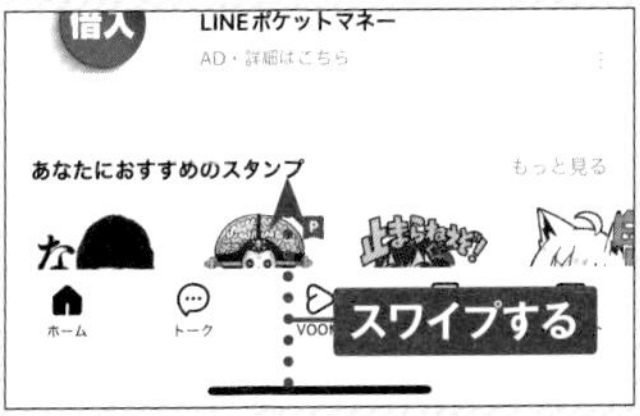

Section 04
プライバシーとセキュリティのよくあるQ&A

SNSは便利なサービスですが、セキュリティを高めてプライバシーを保護する必要があります。はじめてSNSを利用する場合は、不安点や疑問点を解決してから使い始めることをおすすめします。

プライバシーとセキュリティのよくあるQ&A

ここでは、SNSを始める前のよくある疑問を例に挙げて、あらかじめ知っておいたほうがよい内容をいくつか紹介します。

●アカウント名やパスワードは使いまわしてもよい?

アカウントの乗っ取りや個人情報漏えいのリスクがあります。

さまざまなSNSを登録していると、アカウント名やパスワードを使いまわしてしまいがちですが、情報漏えいなどのリスクがあり、危険です。SNSごとにアカウント名やパスワードを違うものに設定しておきましょう。

●知らない人からメッセージが届くことがある?

届くことはありますが、設定で届かなくすることもできます。

SNSでは、知らない人からメッセージが届くことがあります。詐欺やアカウント乗っ取りなど悪意を持った目的の場合が多いので、知らない人からのメッセージは無視しましょう。本書では、知らない人からのメッセージが届かないようにする方法や知らない人とは友達にならないようにする方法を紹介しています。

●アカウントの乗っ取りとは?

第三者にログインされることです。

他人にアカウントが乗っ取られるとSNSが利用できなくなり、個人情報が盗まれるだけでなく、なりすましによる被害が発生する場合があります。SNSの公式サポートに連絡して対処してもらいましょう。

Section 05

動作がおかしいときの対処法

アプリを使用していると、操作中にフリーズしたり正常に動かなかったりすることがあります。そのようなときでも、一度ログアウトしてみる、再起動してみることで快適に利用できるようになります。

不具合が起きたときの対処法

アプリを利用していると、動作に不具合が発生することがあります。下記を参考にして対応してみましょう。

●スマートフォンを再起動する

スマートフォンを再起動することで、アプリやスマートフォン内の処理を1度リセットすることができます。大半の不具合はこれだけで改善されます。かんたんな作業なのではじめに行うとよいでしょう。

●アプリをログアウトして再ログインする

ログアウトできるアプリの場合は、一旦ログアウトして再びログインすることで改善されることがあります。

●アプリやOSを最新バージョンにする

問題が発生している場合には、アプリやスマートフォンにアップデートがないか確認してみましょう。最新の状態にアップデートすることで、不具合が改善される場合があります。

●キャッシュや不要なアプリを削除する

アプリの動作が遅い場合には、キャッシュや不要になったアプリを削除することで、動作が改善されることがあります。キャッシュとは、一時的に保存されているデータのことです。キャッシュやアプリを削除することによって主に動作が重くなった場合の回復が見込めます。アプリにキャッシュの削除機能がない場合は、アプリを一度アンインストールし再度インストールすることでキャッシュが削除されます。

Section
06 SNS用語集

SNS用語とは、SNS上で使われる専門用語のことです。共通して使用される単語もあれば、特定のSNSのみで使用される単語や、名称などがあります。スムーズに利用するために覚えておくと便利です。

おもなSNS用語

タイムライン／フィード	自分や友達の投稿が表示される画面上の箇所です。SNSによって名称が異なります（LINEにはありません）。基本的には上から時系列順に表示されていますが、設定により話題の投稿順に表示される場合もあります。
フォロー／フォロワー／友達	タイムラインなどの表示対象となるユーザーのことです。自分が追加する人をフォロー、自分を追加してくれる人をフォロワーといいます。LINEでは、お互いを追加し合っている「友だち」とメッセージのやり取りをします。
ダイレクトメッセージ／メッセンジャー	ほかのユーザーと直接メッセージのやり取りを行う機能です。ダイレクトメッセージは省略してDMと表記することもあります。
ストーリー／ストーリーズ	24時間で自動的に削除される投稿のことです。タイムラインなどには表示されません。
シェア／共有	SNSでは、投稿された内容をさらにほかの人に伝える機能があります。このことを「シェアする」「共有する」といいます。SNSへの投稿自体を指す場合もあります。
いいね!／リアクション	投稿に対して共感などを伝える機能です。文章を使わず、アイコンなどで相手に意思表示することができます。
ブロック	迷惑な相手などとの交流をなくすための機能です。自分の投稿を見られなくするほか、ダイレクトメッセージのやり取りもできなくなります。
ハッシュタグ	投稿を検索しやすくするためのタグ（キーワード）のことです。「#」のあとに単語を付けて投稿します。
メンション	メッセージ内で特定の相手を指定して伝える機能です。「@」のあとにユーザー名や名前を付けて投稿します。
バズる	投稿内容が多くの人の話題や注目になることです。
炎上	投稿内容に多くの批判や誹謗中傷が集まることです。

LINE編

第1章

LINEをはじめよう

Section 01

LINEのアカウントを登録しよう

LINEを利用するためには、まず「LINE」アプリをインストールし、アカウントを登録する必要があります。その際には、電話番号が必須です。なお、アプリのインストール方法は、P.16を参考にしてください。

LINEのアカウントを登録する

1 「LINE」アプリを起動し、[新規登録] をタップします。

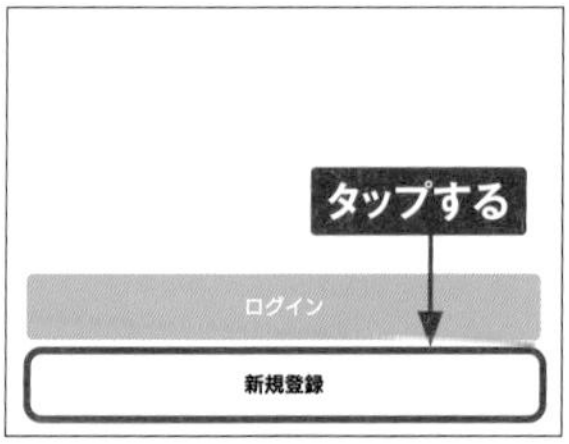

2 電話番号を入力し、● をタップします。

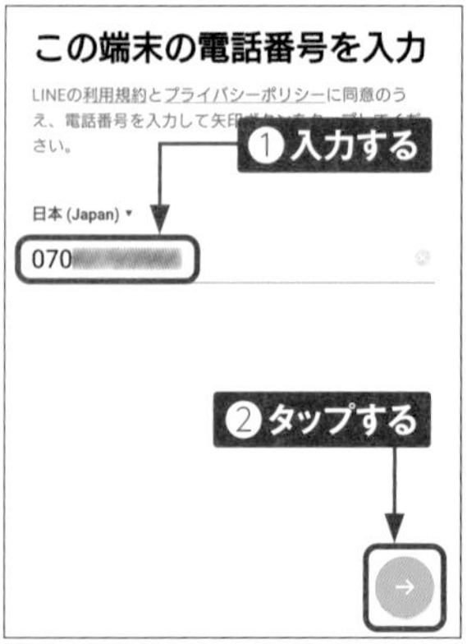

3 [OK] をタップすると、自動的に認証番号が入力され、承認されます。自動入力されない場合は、SMSを確認して認証番号を入力してください。

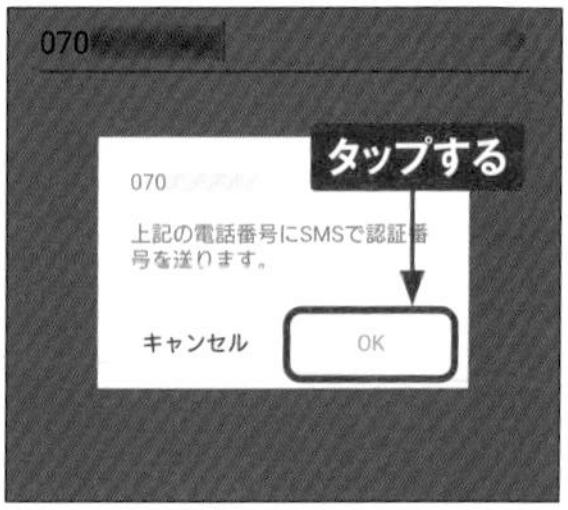

4 「お帰りなさい、○○!」と表示された場合は [いいえ、違います] をタップします。続いて、[アカウントを新規作成] をタップします。

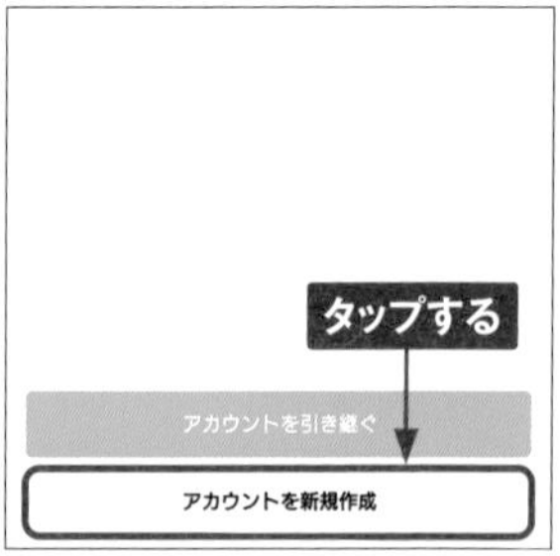

5 プロフィールの名前を入力し、 をタップします。

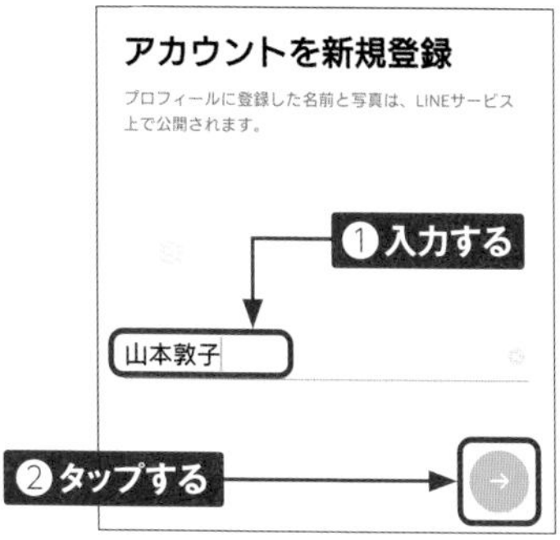

6 登録するパスワードを2回入力し、 をタップします。

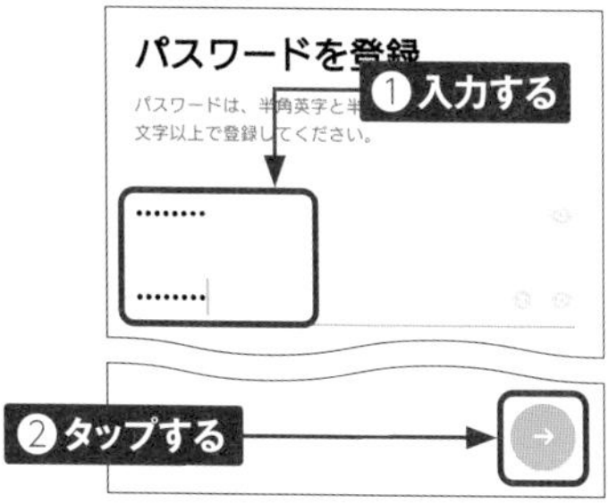

7 本書では友だちの自動追加や友だちへの追加をオフにしている前提で解説しているので、 を2ヵ所タップしてチェックを外し、 をタップします。

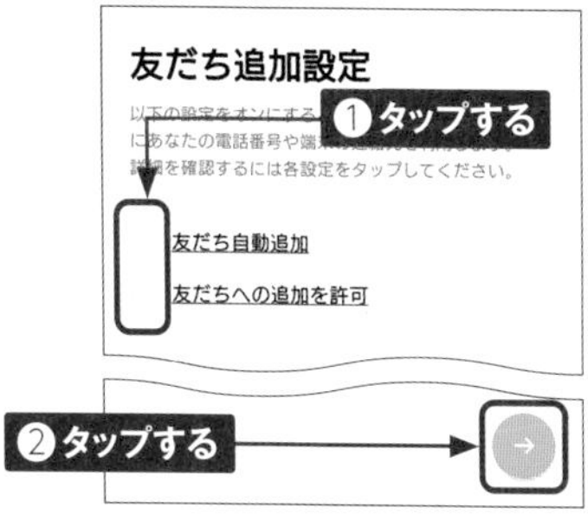

8 年齢確認はあとで行えるので、ここでは、［あとで］をタップします。

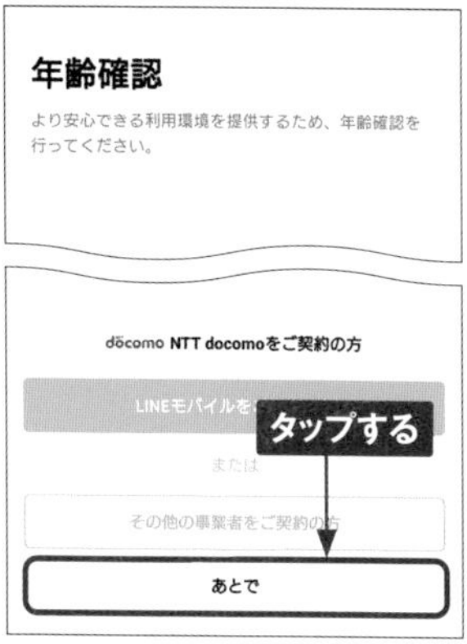

9 ［同意する］→［OK］の順にタップします。

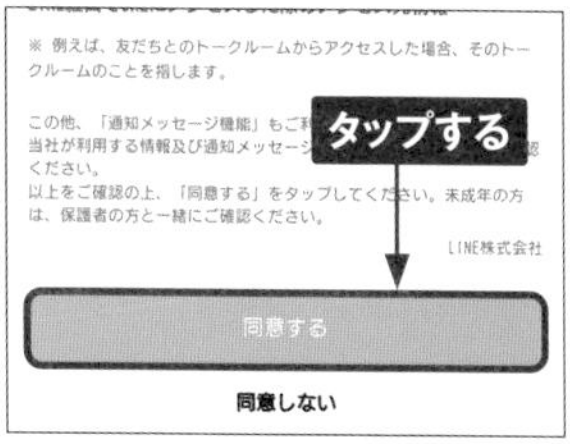

10 アカウントの登録が完了し、「ホーム」タブが表示されます。

Section 02

LINEの画面の見方を覚えよう

「LINE」アプリは、「ホーム」「トーク」「ニュース」などの複数の「タブ」（画面）が用意されており、それらを切り替えてさまざまな機能を利用することができます。なお、Androidスマートフォンと iPhoneの画面構成はほぼ同じです。

「ホーム」タブの画面構成

●Androidスマートフォン

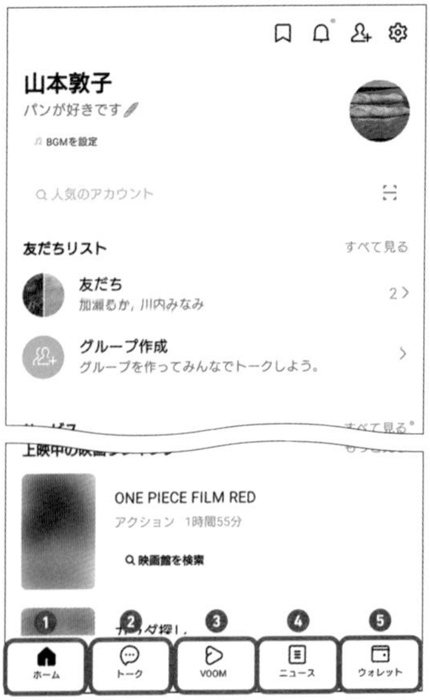

●iPhone

❶ホーム	友だちリストやLINEの各サービスの設定画面にアクセスできます。
❷トーク	トークの一覧が表示され、メッセージや通話などができます。
❸VOOM	動画の投稿·視聴などが楽しめます。
❹ニュース	国内外の最新ニュースを確認できます。
❺ウォレット	LINE PayやLINEポイントなどのサービスが利用できます。

タブの切り替えと「設定」画面の表示

1 「LINE」アプリを起動し、切り替えたいタブ（ここでは［ニュース］）をタップします。

2 「ニュース」タブに切り替わります。［ホーム］をタップします。

3 「ホーム」タブが表示されます。⚙をタップします。

4 「設定」画面が表示されます。画面左上の＜（iPhoneでは画面右上の×）をタップすると、1つ前の画面に戻ります。

LINEの各種タブ（画面）

●「ホーム」タブ

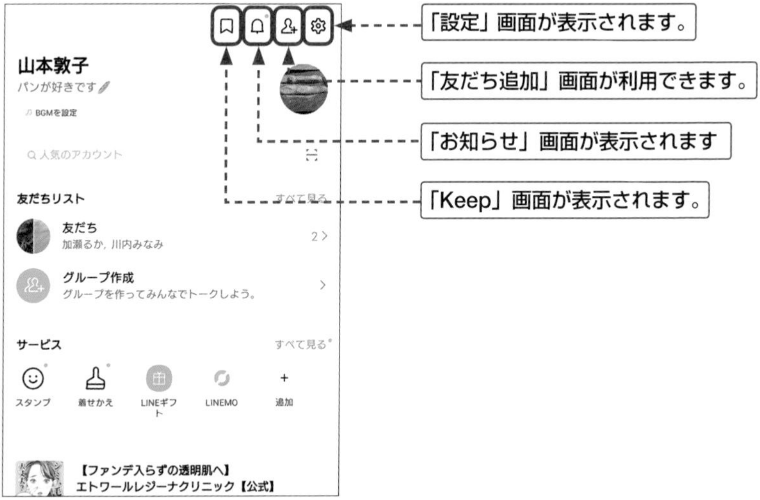
「設定」画面が表示されます。
「友だち追加」画面が利用できます。
「お知らせ」画面が表示されます
「Keep」画面が表示されます。
山本敦子
パンが好きです
BGMを設定
人気のアカウント
友だちリスト
すべて見る
友だち
加瀬るか，川内みなみ
2
グループ作成
グループを作ってみんなでトークしよう。
サービス
すべて見る
スタンプ
着せかえ
LINEギフト
LINEMO
追加
【ファンデ入らずの透明肌へ】
エトワールレジーナクリニック【公式】

●「トーク」タブ

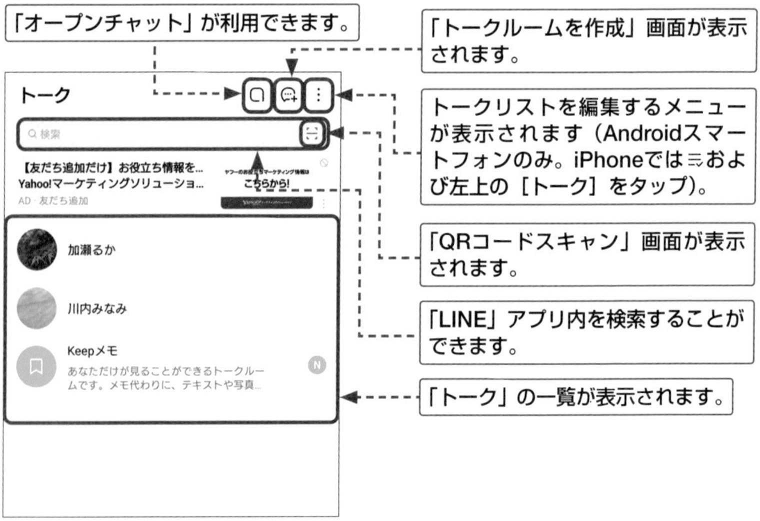
「オープンチャット」が利用できます。
「トークルームを作成」画面が表示されます。
トークリストを編集するメニューが表示されます（Androidスマートフォンのみ。iPhoneでは≡および左上の［トーク］をタップ）。
「QRコードスキャン」画面が表示されます。
「LINE」アプリ内を検索することができます。
「トーク」の一覧が表示されます。
トーク
検索
【友だち追加だけ】お役立ち情報を...
Yahoo!マーケティングソリューショ...
AD · 友だち追加
こちらから!
加瀬るか
川内みなみ
Keepメモ
あなただけが見ることができるトークルームです。メモ代わりに、テキストや写真...
N

● 「VOOM」タブ

自分の公式アカウントが表示されます。

「LINE VOOM」内を検索できます。

「フォロー中」タブでは、フォローしたユーザーの動画が表示されます。

「おすすめ」タブでは、フォローしていないユーザーの動画が表示されます。

動画にリアクションすることができます。

動画に投稿されたコメントを確認できます。

● 「ニュース」タブ

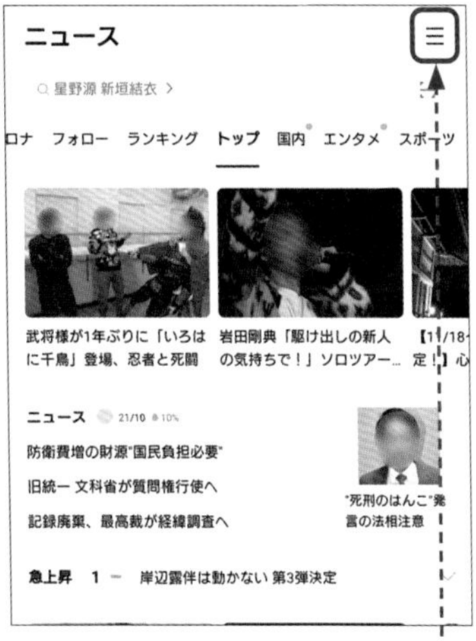

「ニュース」のカテゴリ一覧が表示されます。

● 「ウォレット」タブ

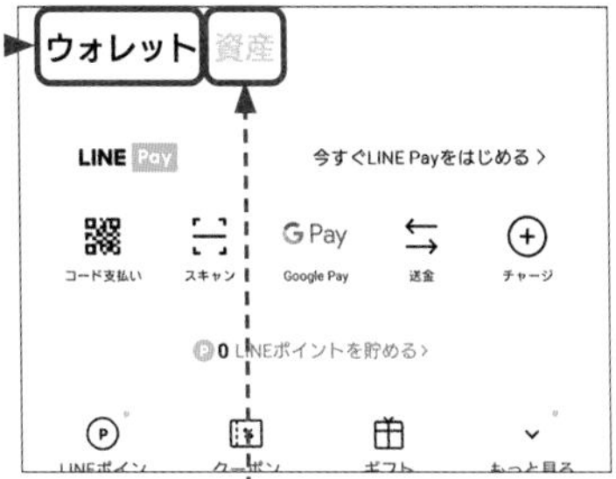

「資産」タブでは、「LINE Pay」や「LINEポイント」などの資産情報や利用中のサービスを確認することができます。

「ウォレット」タブでは、「LINEポイントクラブ」や「クーポン」などの情報を確認することができます。

Section
03 プロフィールアイコンと背景画像を登録しよう

LINEのアカウントを作成し終えたら、プロフィールを設定しましょう。特徴のあるプロフィールアイコンや背景画像を設定することで、友だちが自分を見つけやすくなるというメリットもあります。

プロフィールアイコンを登録する

1 ［ホーム］をタップし、⚙→［プロフィール］の順にタップします。

2 プロフィールアイコンをタップします。

3 ここでは、［写真または動画を選択］をタップします。

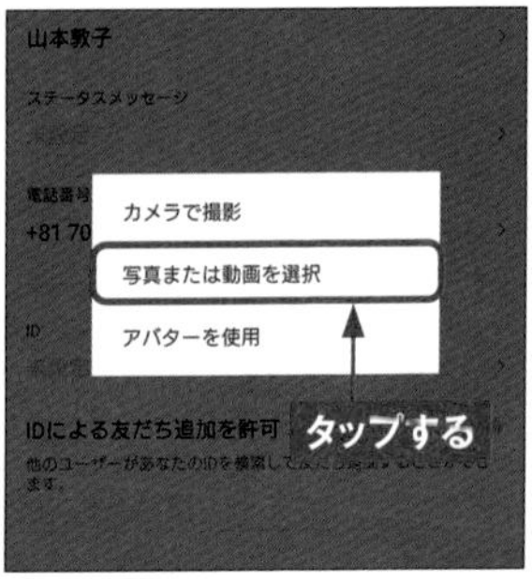

4 アイコンに設定したい写真をタップして選択します。

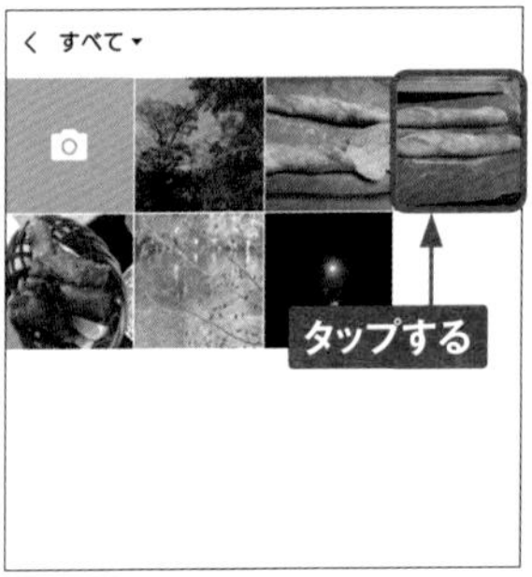

5 四隅をドラッグ（iPhoneでは画像をピンチ）して画像の表示範囲を調整し、［次へ］をタップします。

6 画像を好きなように編集し、［完了］をタップすると、プロフィールアイコンが設定されます。

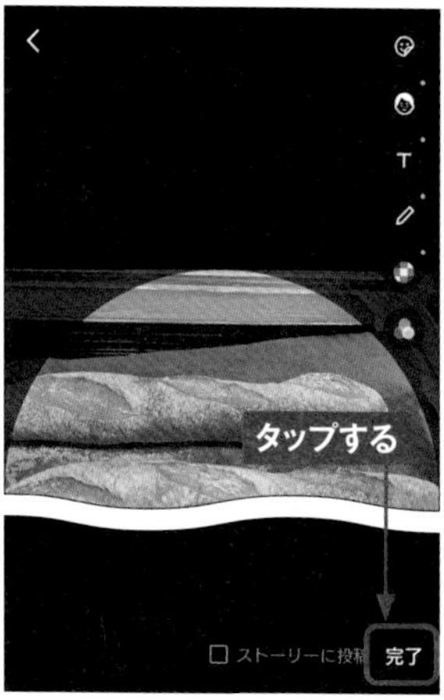

背景画像を登録する

1 P.30手順②の「プロフィール」画面で、背景をタップします。

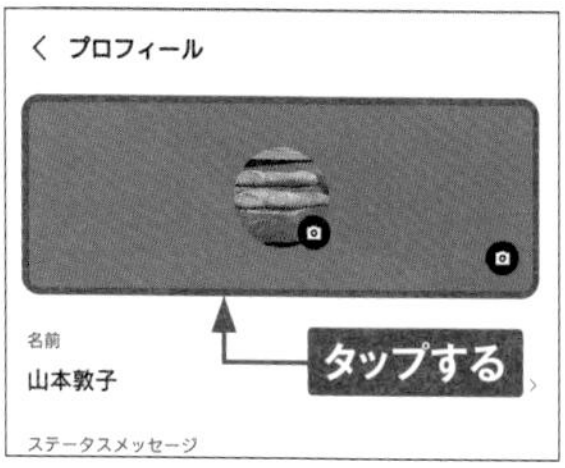

2 P.30手順③～④を参考に写真をタップして選択します。

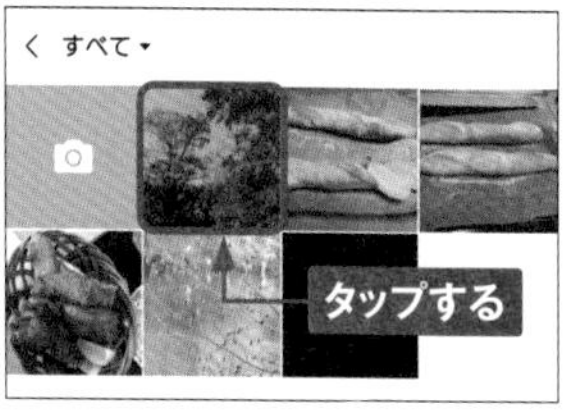

3 画像の向きを調整し、［次へ］をタップします。

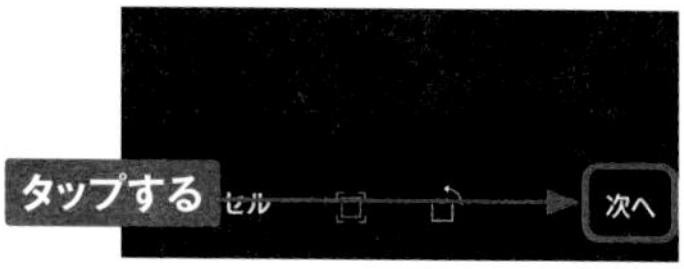

4 画像を好きなように編集し、［完了］をタップすると、背景画像が設定されます。

Section 04

ステータスメッセージを登録しよう

プロフィールには、ステータスメッセージを登録することもできます。何度でも変更できるので、ひとことで自己紹介をしたり、ちょっとした近況報告をしたりするのに便利です。

ステータスメッセージを登録する

1. P.30手順①を参考に「プロフィール」画面を表示し、[ステータスメッセージ] をタップします。

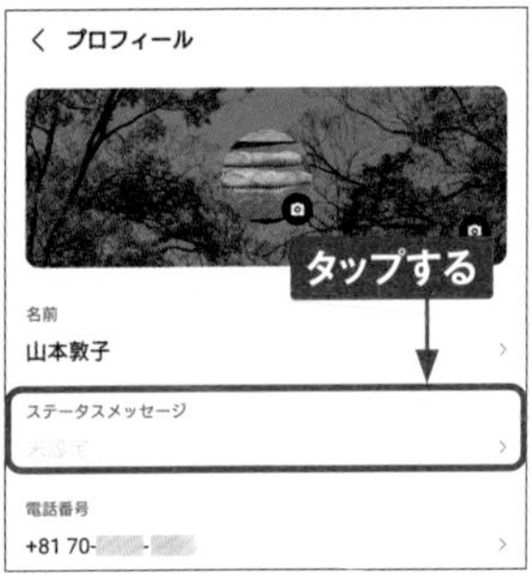

2. ステータスメッセージを入力し、[保存] をタップします。

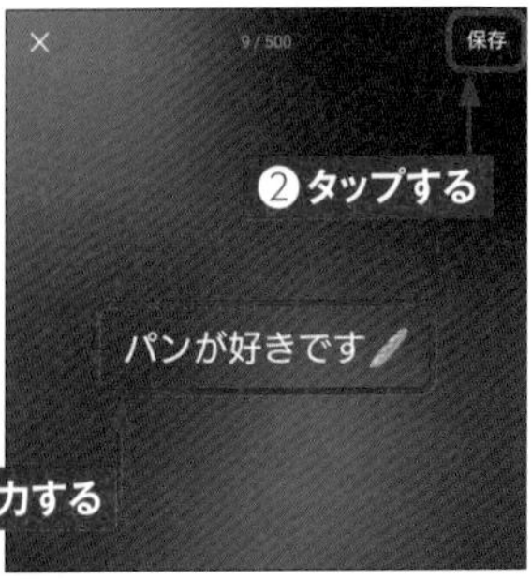

3. ステータスメッセージが設定されます。

4. 「ホーム」タブのプロフィールに表示されます。

Section
05 友だちを電話番号で追加しよう

友だちを追加する方法の1つに、電話番号を検索する方法があります。その際、自分が18歳以上で「年齢確認」を完了していることと、検索相手が「友だちへの追加を許可」をオンにしていることが条件のため、注意が必要です。

電話番号で友だちを検索して追加する

1 ［ホーム］をタップし、👤+をタップします。

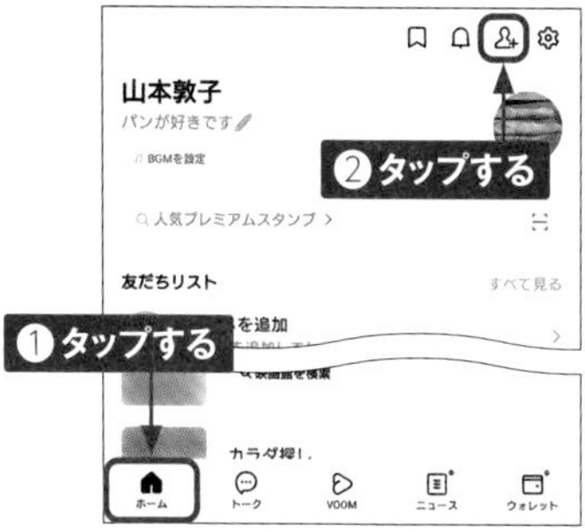

2 ［検索］をタップします。

3 ［電話番号］をタップして選択し、相手の電話番号を入力して、🔍をタップします。

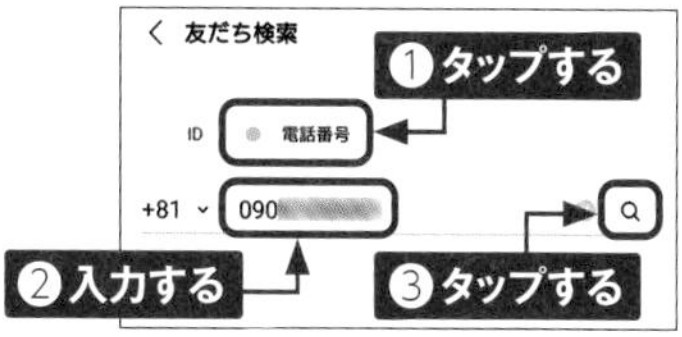

4 該当する友だちが表示されたら、［追加］→［トーク］の順にタップすると、トーク画面が表示されます。

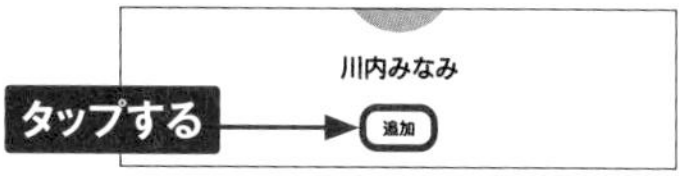

Memo　年齢確認

アカウント登録時に年齢確認を行っていない場合は、手順③の操作時に「年齢確認」画面が表示されます。画面の指示に従って年齢確認を行ってください。

Section
06 トークルームを作成しよう

友だちにメッセージを送るには、まず「トークルーム」を作成する必要があります。なお、先に友だちからメッセージが届いた場合は、すでにトークルームは作成されているので、ここでの操作は不要です。

トークルームを作成する

① [ホーム] をタップし、[友だち] をタップします。

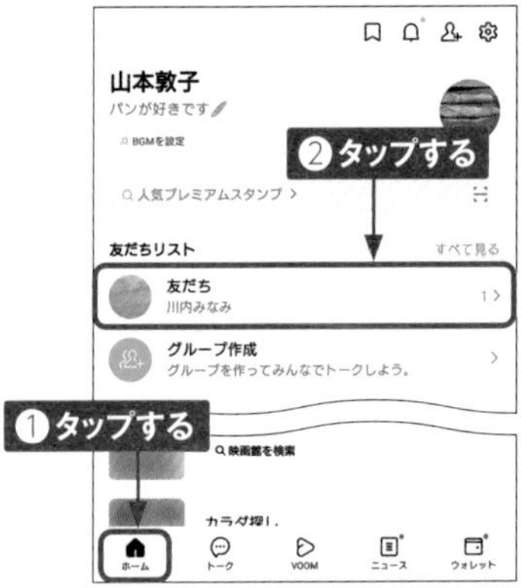

② トークしたい友だちをタップします。

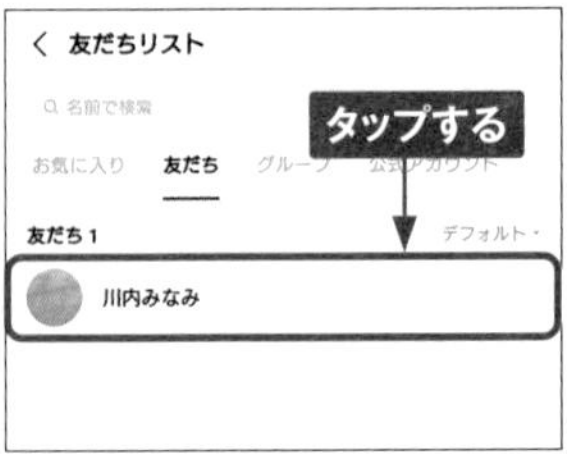

③ [トーク] をタップします。

④ トークルームが作成されます。以降は、「トーク」タブからトークルームをタップすることで、この画面が表示されます。

Section

07 友だちにメッセージを送信しよう

友だちにメッセージを送信したいときは、トークルームからメッセージを送信します。メッセージには送信した時間や既読になっているかどうかが表示され、リアルタイムでのやり取りができます。

メッセージを送信する

1 P.34を参考にトークルームを表示し、入力欄をタップします。

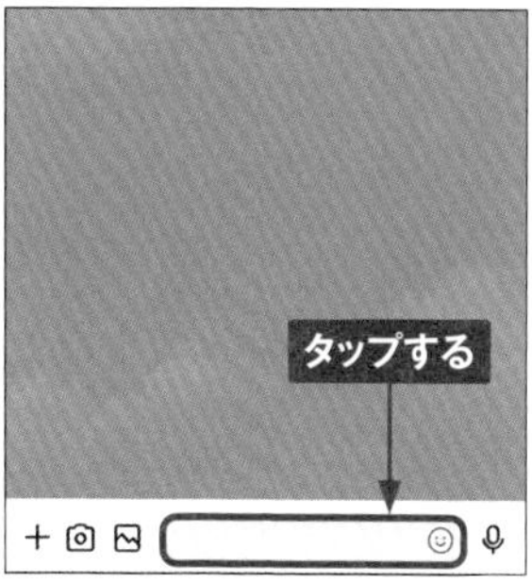

2 メッセージを入力し、▶をタップします。

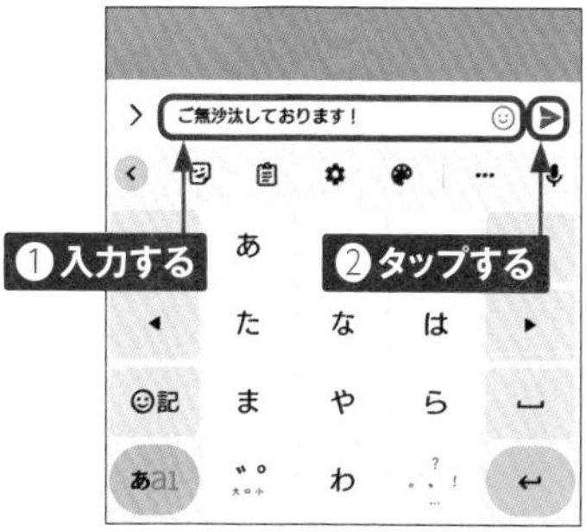

3 メッセージが送信されます。相手がメッセージを読むと、メッセージの左側に「既読」と表示されます。

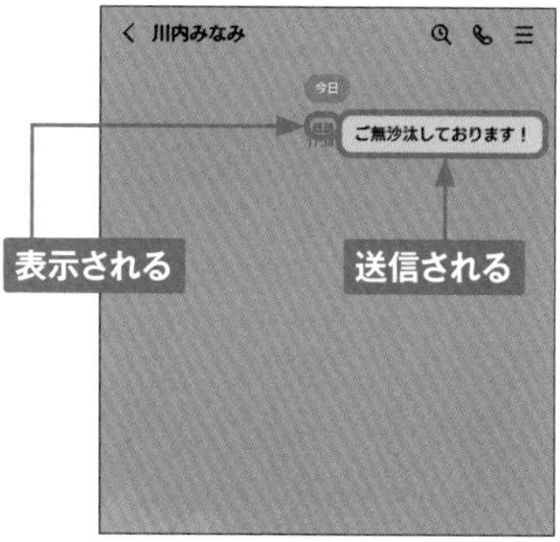

Memo スタンプや絵文字のサジェスト表示

メッセージを入力すると、入力した内容に合わせたスタンプや絵文字の候補が入力欄の上に表示されます。タップすることでスタンプや絵文字を送信することができますが、一覧から選んで送信したい場合は、P.43～44を参照してください。

Section 08

友だちからのメッセージを確認しよう

友だちから届いたメッセージは、トークルームから確認することができます。また、画面上に表示されたLINEからの通知をタップすることでも、トークルームを表示してメッセージを確認することが可能です。

メッセージを確認する

1 [トーク] をタップします。

2 メッセージの未読数が表示された友だちをタップします。

3 友だちからのメッセージを確認できます。P.35手順①～②の操作でメッセージの返信が行えます。

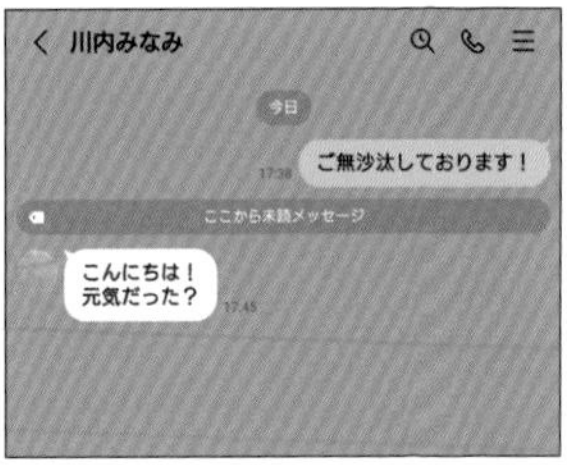

Memo 通知からメッセージを確認する

「LINE」アプリを起動していないときや、スリープ状態のときにメッセージを受信すると、画面上に通知が表示されます。通知をタップすると、すぐにトークルームが表示され、メッセージを確認できます。

Section 09

友だちからのメッセージにリアクションしよう

メッセージに返信する時間がないときや、わざわざメッセージで送る必要がない場合は、友だちのメッセージや画像などにアイコンでリアクションすることができます。絵文字のアイコンを選択して、自分の気持ちを伝えましょう。

メッセージにリアクションする

1 P.36を参考に受信したメッセージを表示します。

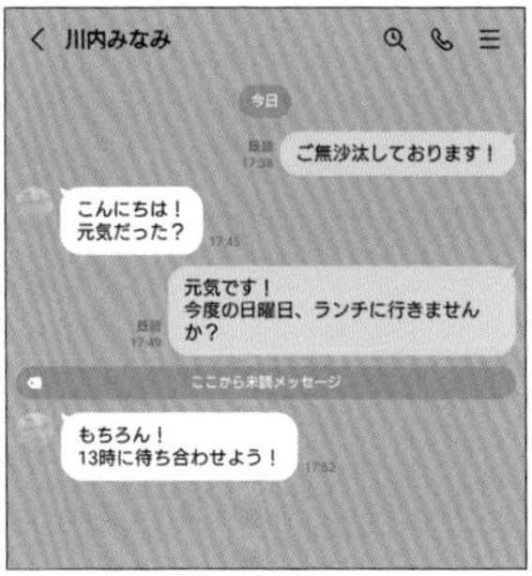

川内みなみ
今日
ご無沙汰しております！
こんにちは！
元気だった？
元気です！
今度の日曜日、ランチに行きませんか？
ここから未読メッセージ
もちろん！
13時に待ち合わせよう！

2 リアクションしたいメッセージを長押しすると、アイコンが表示されます。

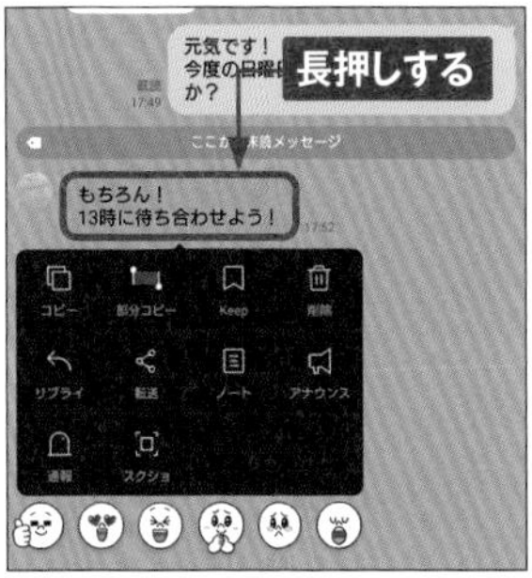

長押しする
もちろん！
13時に待ち合わせよう！
コピー
部分コピー
Keep
削除
リプライ
転送
ノート
アナウンス
通報
スクショ

3 アイコンをタップします。

今度の日曜日、ランチに行きませんか？
もちろん！
13時に待ち合わせよう！
タップする

4 メッセージにリアクションが表示されます。

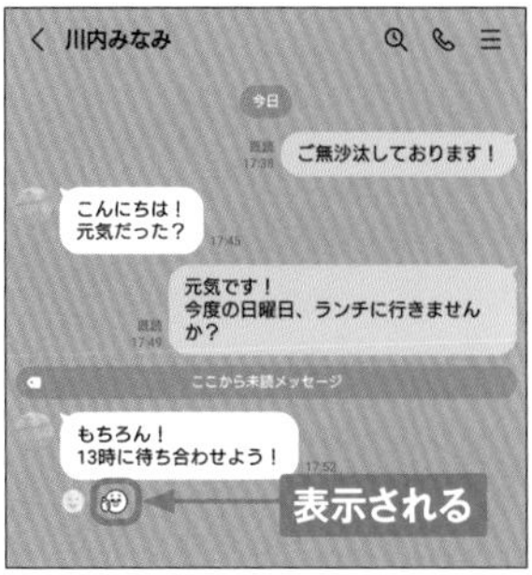

川内みなみ
今日
ご無沙汰しております！
こんにちは！
元気だった？
元気です！
今度の日曜日、ランチに行きませんか？
ここから未読メッセージ
もちろん！
13時に待ち合わせよう！
表示される

Section 10

写真や動画を送信しよう

トークルームでは、メッセージだけでなく写真や動画を送信することもできます。スマートフォンに保存している画像や、その場で撮影した写真や動画も送信することが可能です。

写真や動画を送信する

1 トークルームを表示し、🖼をタップします。🖼が表示されていない場合は、＞をタップすると、表示されます。

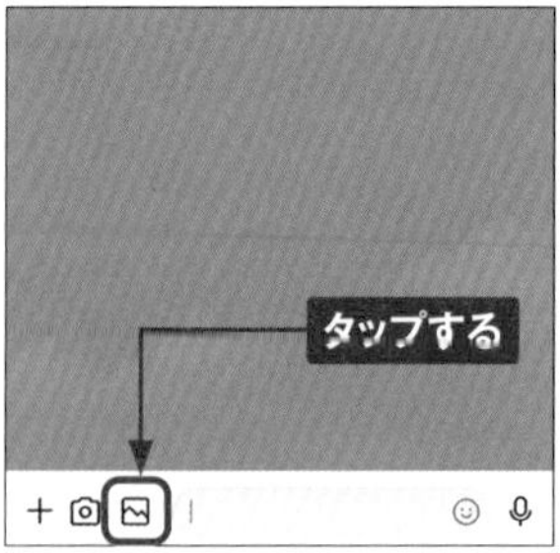

2 送りたい写真や動画をタップして選択し、▶をタップします。

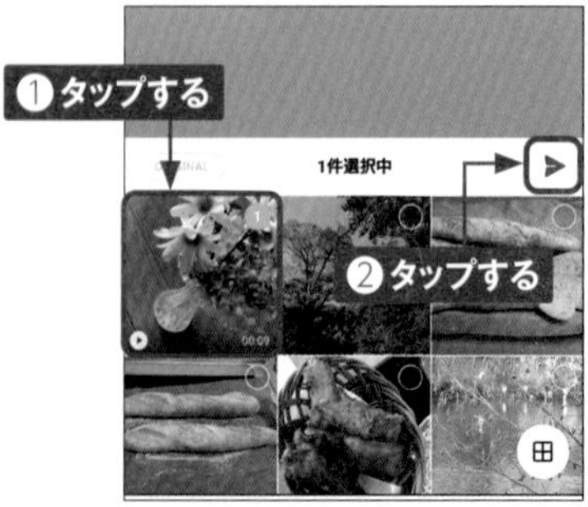

3 写真または動画が送信されます。

Memo その場で撮影して送信する

手順①の画面で、📷をタップすると、その場で写真や動画を撮影できます。撮影すると、▶が表示されるので、タップして送信しましょう。

Section 11

送られてきた写真や動画を保存しよう

友だちから送られてきた写真や動画は、スマートフォンに保存することができます。送られてきた写真や動画には一定期間が経つと閲覧できなくなるため、大事な写真は早めに保存しておきましょう。

送られてきた写真や動画を保存する

1 トークルームを表示し、保存したい写真や動画をタップします。

2 をタップします。

3 写真や動画がスマートフォンに保存されます。

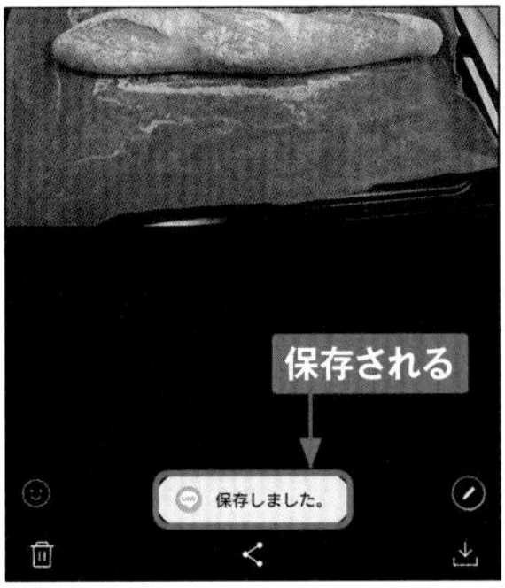

Memo 写真や動画の保存期間

LINEで送られてきた写真や動画には約2週間ほどの保存期間があり、それを過ぎると閲覧できなくなります。上記の方法で早めにスマートフォンに保存するか、アルバムに保存したり（P.50参照）、Keepに保存したりするとよいでしょう（P.63参照）。

Section 12

友だちと無料通話をしよう

LINEでは、友だちどうしであれば無料で音声通話やビデオ通話が行えます。インターネット経由での接続となるため、データ通信量を消費するので、とくにビデオ通話はWi-Fi経由で行ったほうが安心です。

無料通話を発信する

① ［ホーム］をタップし、［友だち］をタップします。

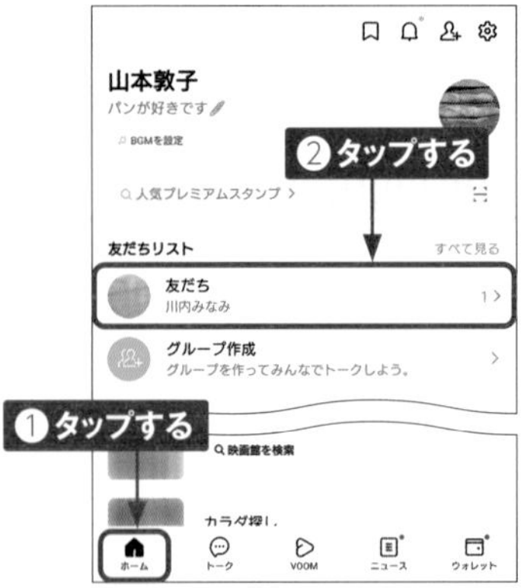

② 通話したい友だちをタップします。

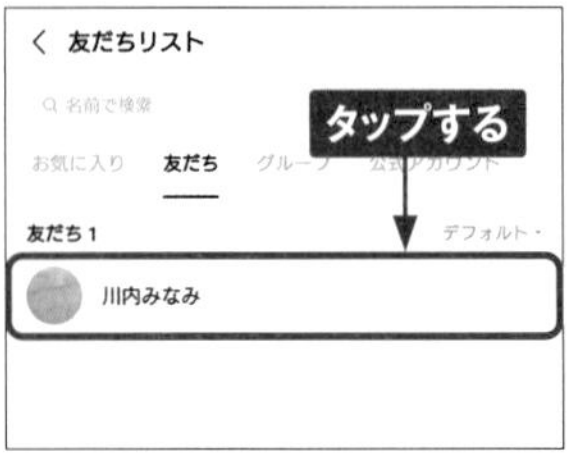

③ ［音声通話］→［開始］の順にタップします。

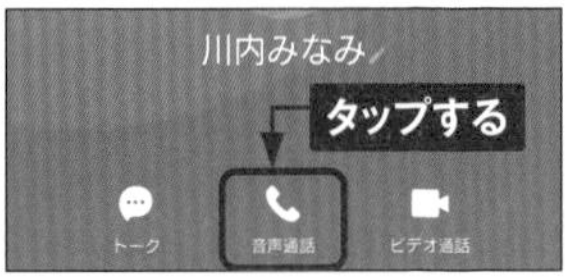

④ 通話が発信されます。

Memo 無料のビデオ通話を発信する

ビデオ通話を発信するには、手順③の画面で、［ビデオ通話］→［開始］の順にタップします。

LINE編

第2章

トークや通話を楽しもう

Section 13

スタンプや絵文字を使う準備をしよう

LINEには、あらかじめ無料で用意されているスタンプと絵文字があります。利用するには、まずダウンロードが必要です。ダウンロードしていない場合は、トークルームで表示されません。

スタンプをダウンロードする

1 ［ホーム］をタップし、⚙をタップします。

2 ［スタンプ］をタップします。

3 ［マイスタンプ］をタップします。

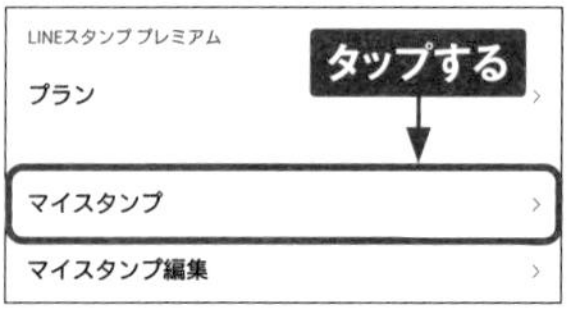

4 ［すべてダウンロード］をタップします。

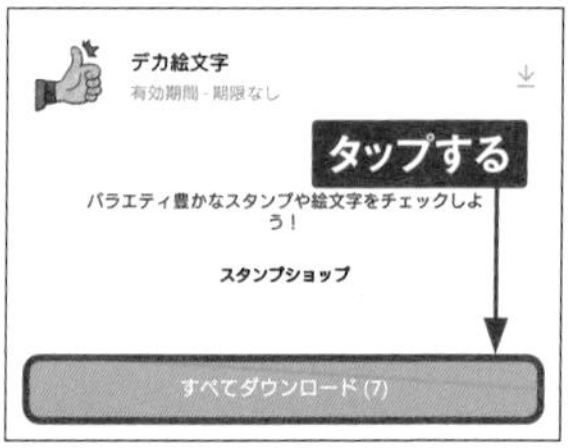

Memo 絵文字をダウンロードする

手順④の画面で［絵文字］をタップして、［すべてダウンロード］をタップすると、スタンプと同様にダウンロードできます。

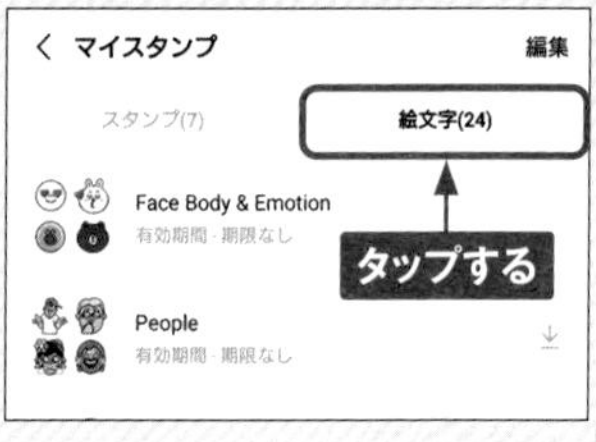

Section 14 スタンプを送信しよう

ダウンロードしたスタンプは、トークルームから送信することができます。有料のスタンプも同様の方法で送信が可能です。文章のやり取り以外にも、たくさんのコミュニケーション方法があるのがLINEの楽しみの1つです。

スタンプを送信する

1 P.34を参考にトークルームを表示し、☺をタップします。

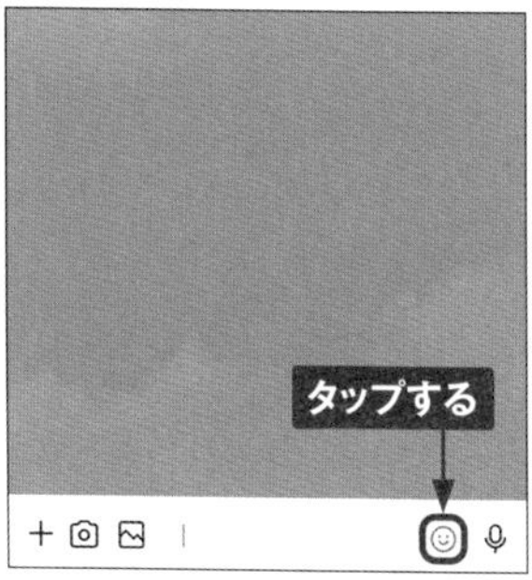

2 絵文字が表示されている場合は、●をタップしてスタンプに切り替えます。スタンプの種類をタップして選択し、送信したいスタンプをタップします。

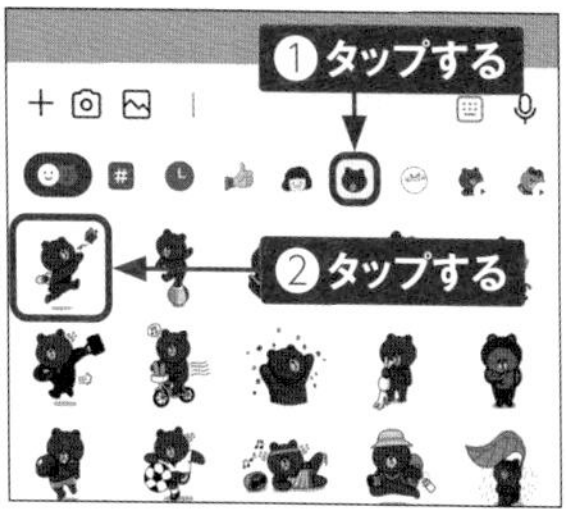

3 選択したスタンプが大きく表示されるので確認し、▶をタップします。

4 スタンプが送信されます。

Section 15
絵文字を送信しよう

LINEでは絵文字を送信することもできます。スタンプと同様に無料のものと有料のものがあるので、追加したい場合はあらかじめダウンロードします。増えすぎてしまったときは、並び順を変更したり、削除したりして整理しましょう（P.45参照）。

絵文字を送信する

1 P.34を参考にトークルームを表示し、☺をタップします。

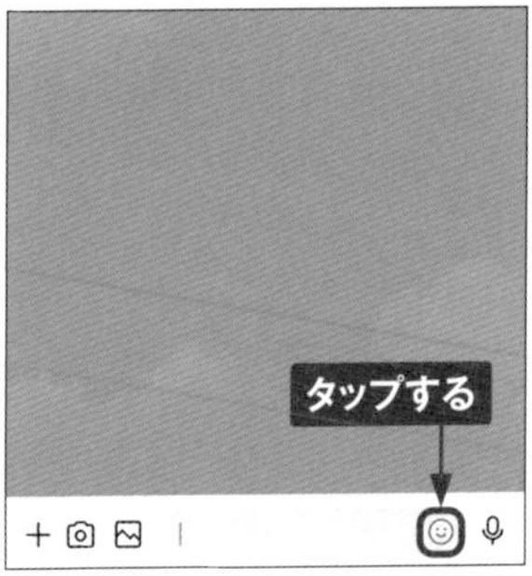

2 スタンプが表示されている場合は、 をタップして絵文字に切り替えます。絵文字の種類をタップして選択し、送信したい絵文字をタップします。

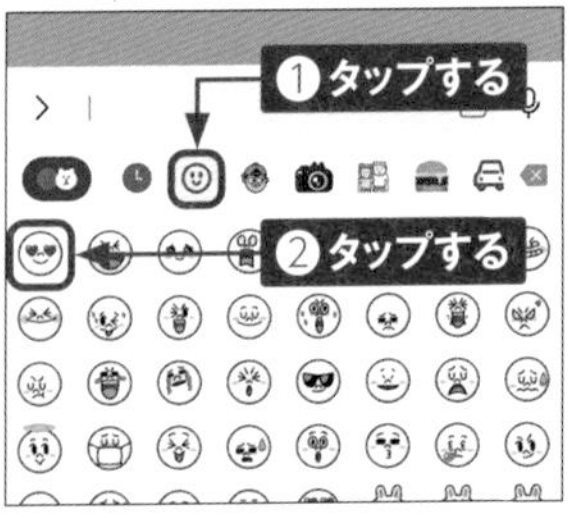

3 選択した絵文字が表示されるので確認し、▶をタップします。

4 絵文字が送信されます。

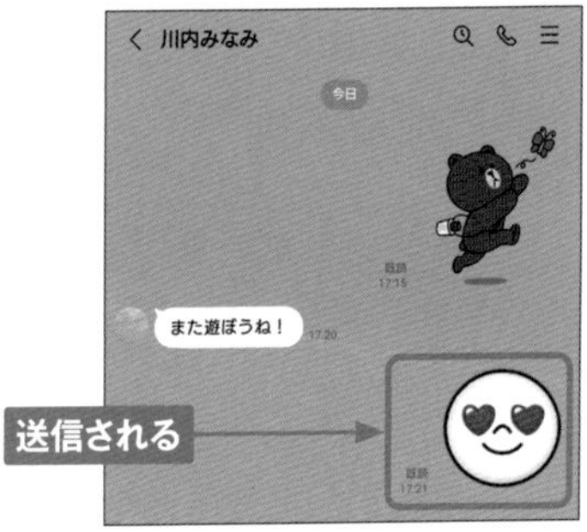

Section 16

スタンプや絵文字を整理しよう

スタンプが増えすぎて選択するのが大変になってしまった場合は、並び順を変更したり、削除したりすることができます。絵文字についても同様の操作で並び替えの変更や削除が可能です。

スタンプを編集する

1 P.42手順③の画面で、[マイスタンプ編集]をタップします。

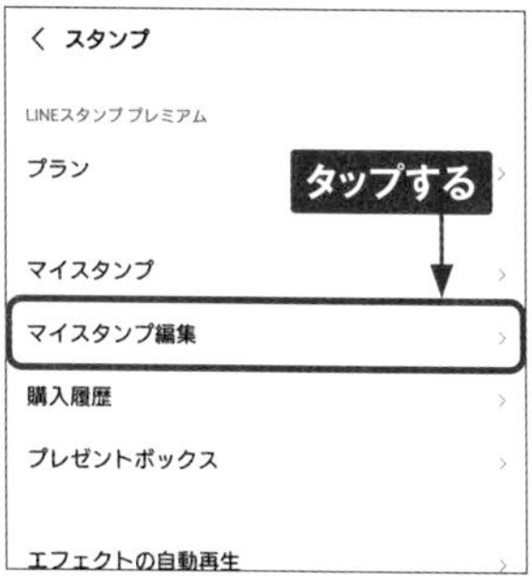

2 ダウンロードしているスタンプ一覧が表示されます。絵文字を編集したい場合は、[絵文字]をタップします。

3 並び順を変更したいスタンプの═をドラッグすると、移動させることができます。

4 トークルームにも変更内容が反映されます。

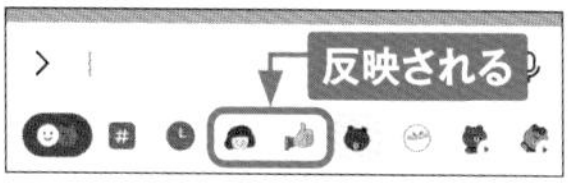

Memo スタンプを削除する

手順②の画面で⊖→[削除]の順にタップすると、スタンプが削除されます。

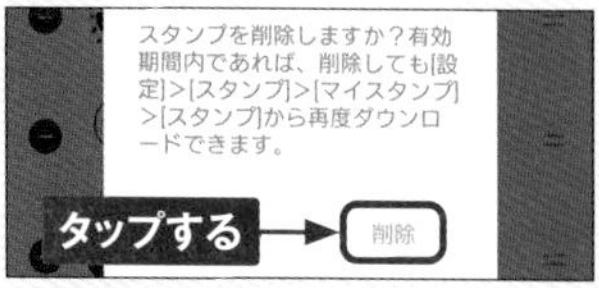

第2章 トークや通話を楽しもう
LINE
Instagram
Twitter
Facebook

Section

17 無料のスタンプをダウンロードしよう

スタンプには、配布期間と使用期間に制限がある無料のスタンプがあります。友だちに追加する、指定された記事を読むなど、それぞれ条件が提示されていて、条件を満たすとダウンロードできるようになります。

無料のスタンプをダウンロードする

① ［ホーム］をタップして、［スタンプ］をタップします。

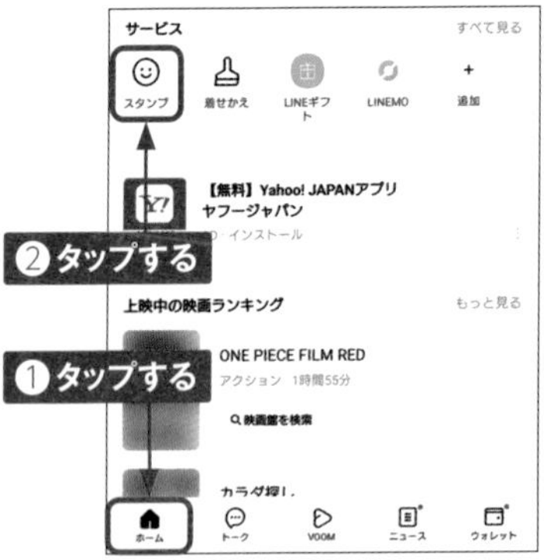

② 「スタンプショップ」画面が表示されるので、［無料］をタップします。

③ ダウンロードしたいスタンプをタップします。

④ 有効期間を確認し、記載されている条件をクリアしてタップすると、スタンプがダウンロードされます。

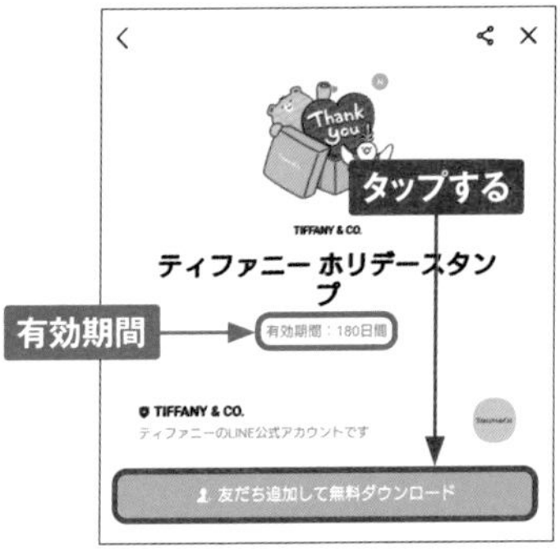

第2章 トークや通話を楽しもう
LINE
Instagram
Twitter
Facebook

Section 18

有料のスタンプを購入しよう

有料スタンプを購入するには、コインの購入が必要となります。Google PlayやApp Store経由で決済するため、GoogleアカウントもしくはApple IDに支払い情報が登録されている必要があります。

有料のスタンプを購入する

① P.46手順①を参考に「スタンプショップ」画面を表示し、購入したい有料スタンプをタップします。

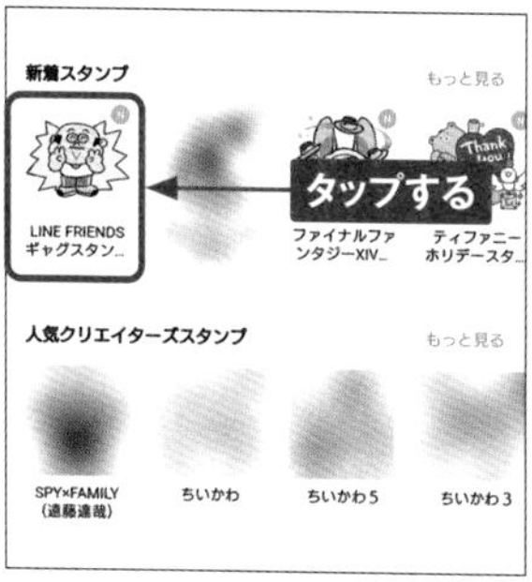

② [購入する] → [OK] の順にタップすると、スタンプを購入できます。

③ コインが不足している場合は、「コインが不足しています。チャージしますか?」と表示されるので [OK] をタップします。

④ チャージする金額をタップして、画面の指示に従って支払い手続きを行います。

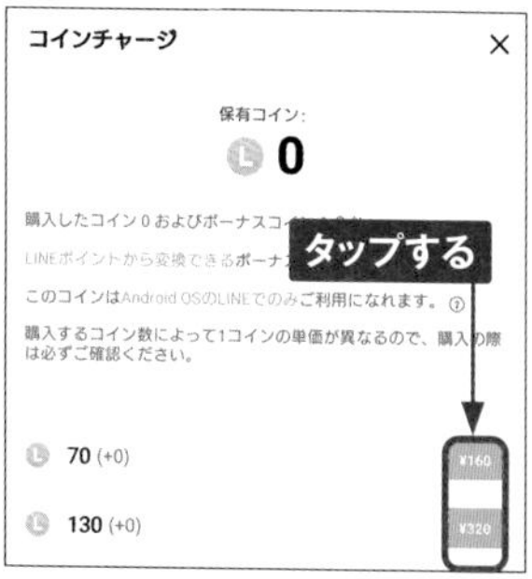

第2章 トークや通話を楽しもう

LINE
Instagram
Twitter
Facebook

Section 19

メッセージが入ったスタンプを購入しよう

メッセージスタンプとは、スタンプ内に文章を入力し、メッセージカードのように相手に送信できるスタンプです。相手に送信するときに、伝えたいメッセージを入力すると、スタンプに反映されます。

メッセージスタンプを購入する

1 P.46手順①を参考に「スタンプショップ」画面を表示し、[カテゴリー] をタップします。

2 [メッセージスタンプ] をタップします。

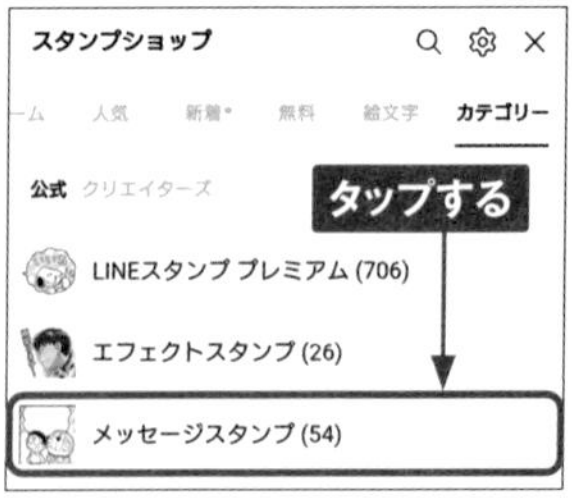

3 購入したいスタンプをタップします。

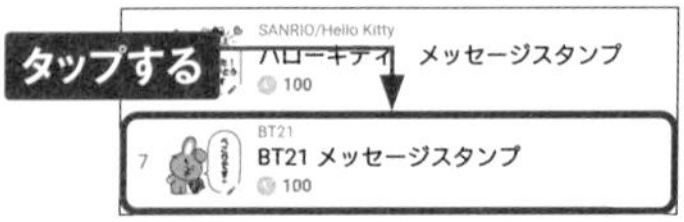

4 [購入する] → [OK] の順にタップすると、スタンプを購入できます。

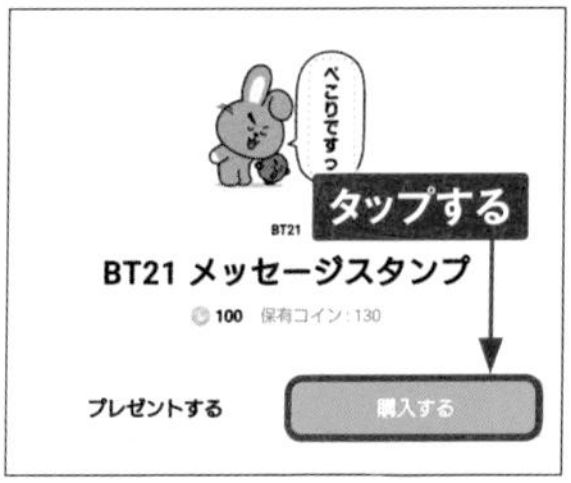

Memo メッセージスタンプを送信する

P.43を参考に送信したいスタンプをタップし、✎をタップします。メッセージを入力し、[保存] →▶の順にタップすると、メッセージスタンプが送信されます。

第2章 トークや通話を楽しもう

LINE
Instagram
Twitter
Facebook

Section
20 スタンプをプレゼントしよう

スタンプショップで購入できる有料のスタンプは、友だちにプレゼントすることもできます。誕生日やちょっとしたお礼などに利用してみましょう。なお、プレゼントできる相手は、一度に1人しか選択できません。

有料のスタンプをプレゼントする

1 P.46手順①を参考に「スタンプショップ」画面を表示し、プレゼントしたい有料のスタンプをタップします。

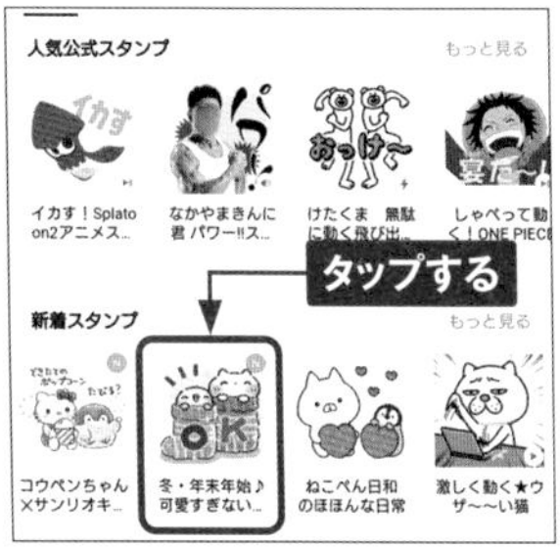

2 ［プレゼントする］をタップします。

3 友だちをタップして選択し、［OK］→［OK］の順にタップします。コインが不足している場合は、P.47手順③～④を参考にチャージします。

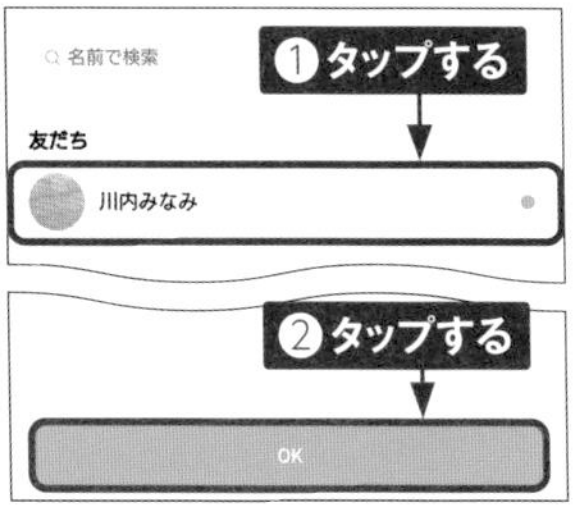

4 友だちにスタンプがプレゼントされます。

Section 21 アルバムを作成しよう

「アルバム」は、友だちとのトークルームに写真をまとめて保存できる機能です。作成できるアルバムの数は、1つのトークルームにつき最大1,000までとなっています。動画は保存できませんが、ノート（P.72参照）を使えば保存可能です。

アルバムを作成する

1 P.34を参考にアルバムを作成したい友だちのトークルームを表示し、≡をタップします。

2 ［アルバム］をタップします。

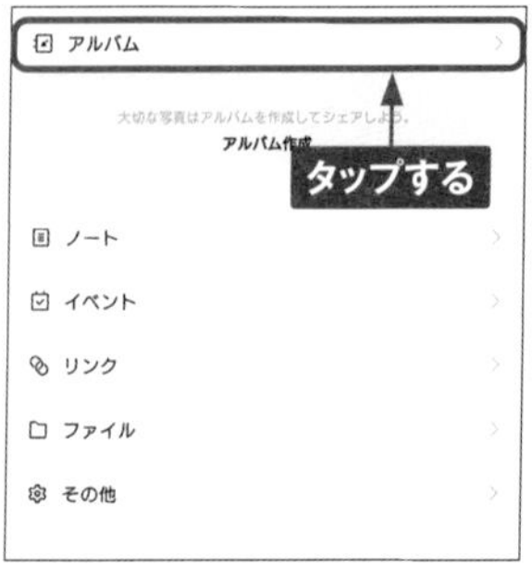

3 ［アルバムを作成］もしくは⊕をタップします。

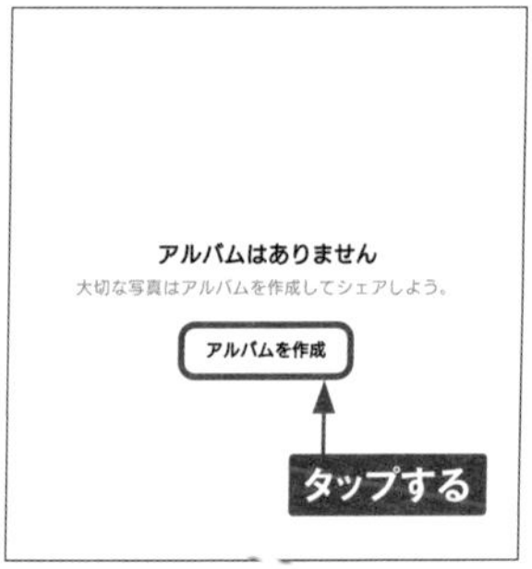

4 アルバムにしたい写真の○をタップし、［次へ］をタップします。

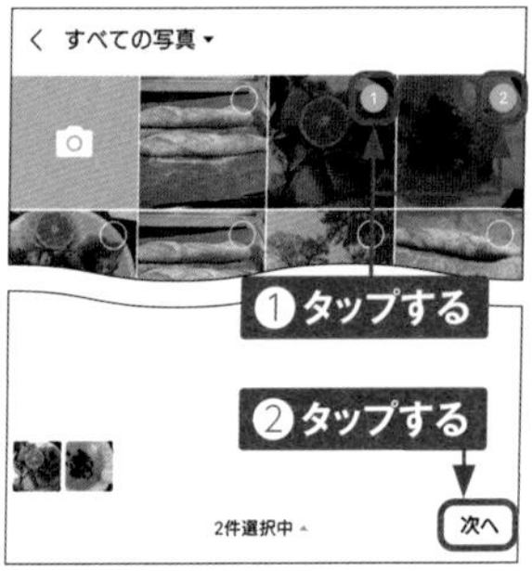

5 アルバムの名前を入力し、[作成]をタップします。

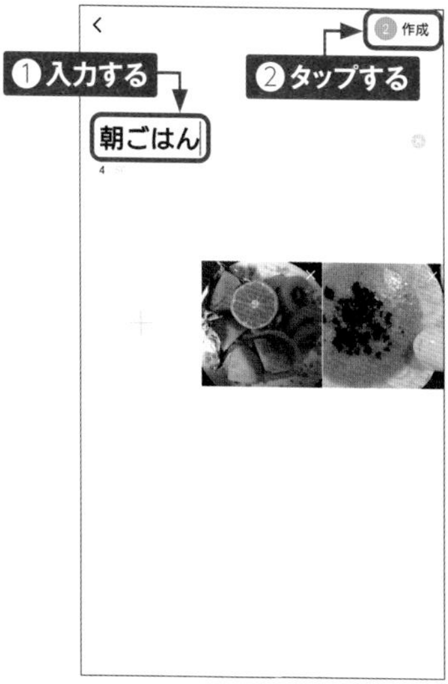

6 アルバムが作成されます。

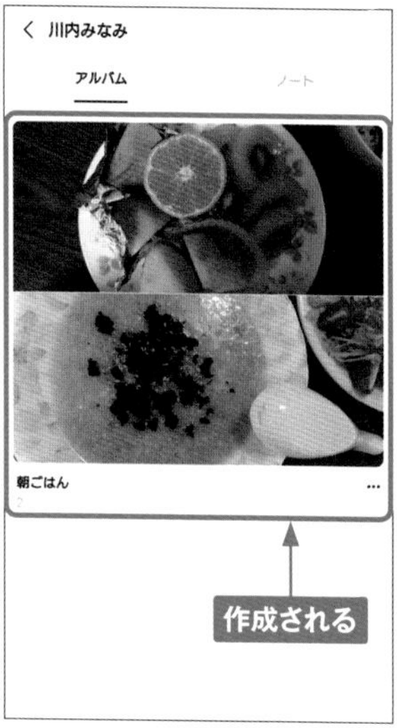

Memo アルバムの名前を変更する

アルバムの名前は、何度でも変更することができます。手順⑥の画面で…をタップし、[アルバム名を変更]をタップします。新しいアルバム名を入力し、[変更]をタップすると、アルバムの名前が変更されます。

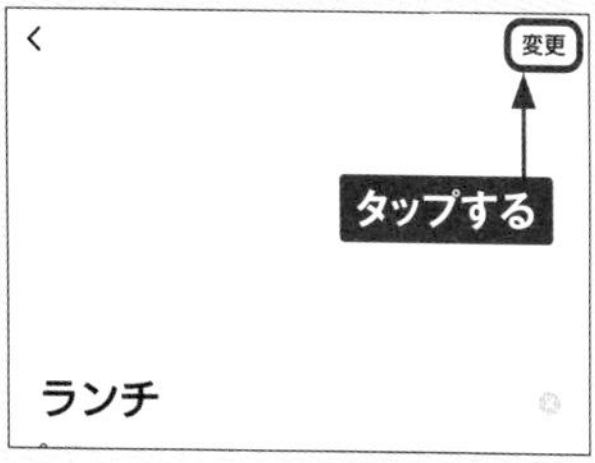

Memo アルバムを削除する

不要になったアルバムは削除しましょう。手順⑥の画面で…をタップし、[アルバムを削除]→[削除]の順にタップすると、アルバムが削除されます。

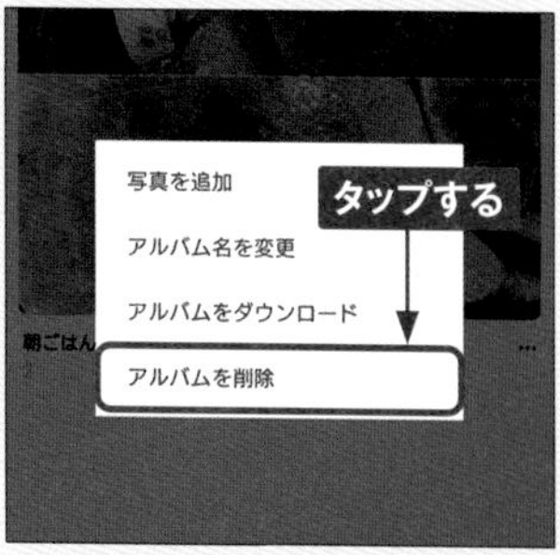

Section 22

アルバムの写真を閲覧しよう

作成したアルバム内の写真などは、友だちのトークルームからいつでも閲覧することができます。友だちがアルバムを作成したり削除したりすると通知されるため、すぐに確認できて便利です。

アルバムの写真を閲覧する

① P.34を参考にアルバム写真を閲覧したい友だちのトークルームを表示し、☰をタップします。

② ［アルバム］をタップします。

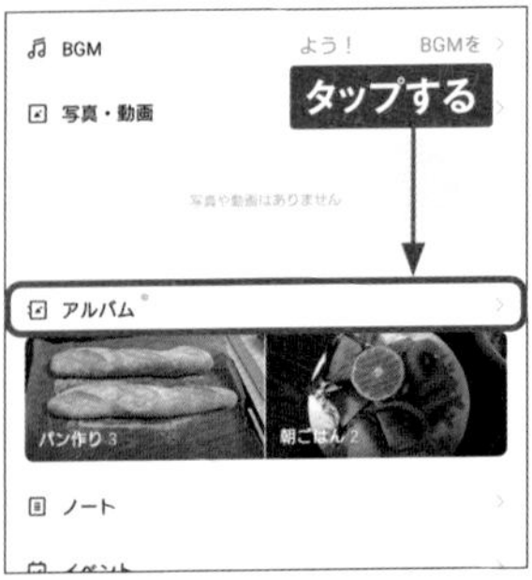

③ 写真を閲覧したいアルバムをタップします。

④ アルバムが表示されます。写真のサムネイルをタップすると、写真が大きく表示されます。

Section 23 アルバムに写真を追加しよう

1つのアルバムに保存できる写真枚数は、最大1,000枚までとなっていて、十分な容量です。トークでやり取りした写真とは異なり保存期間の制限はないので、作成済みのアルバムに写真を追加し、自分だけのアルバムを作りましょう。

アルバムに写真を追加する

1 P.52手順③の画面で、写真を追加したいアルバムをタップし、をタップします。

2 追加したい写真のをタップし、[次へ] をタップします。

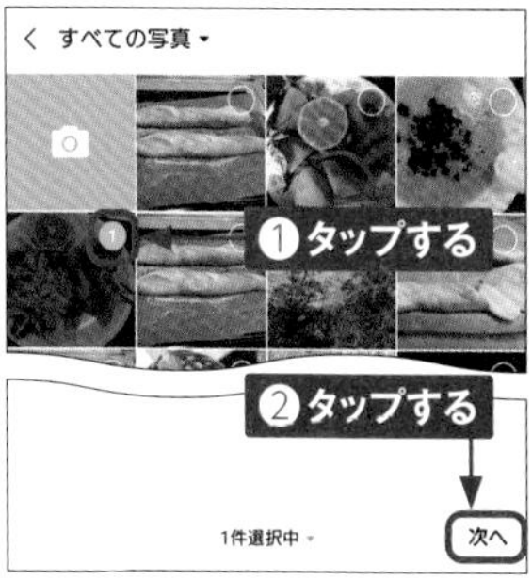

3 [追加] をタップします。

4 写真が追加されます。

Section 24

アルバムの写真をまとめて保存しよう

アルバムに追加された写真は、スマートフォンに保存することができます。アルバムごとにすべての写真をまとめて保存したり、1枚ずつ選択して保存したりすることが可能です。

アルバムの写真をまとめて保存する

1 P.52手順③の画面で、写真をまとめて保存したいアルバムをタップし、⋮をタップします。

2 ［アルバムをダウンロード］をタップします。

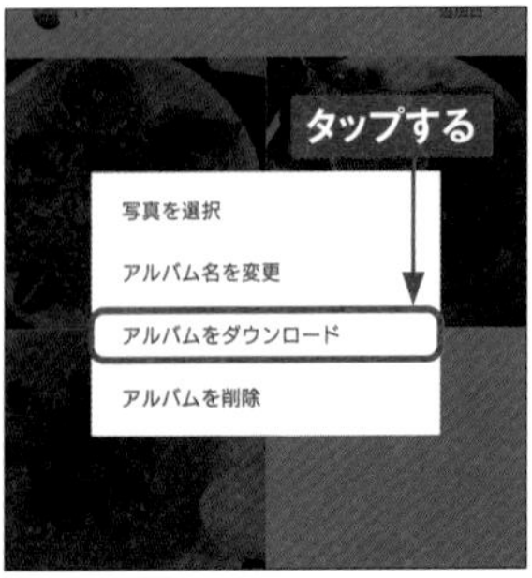

3 アルバムの写真が保存されます。

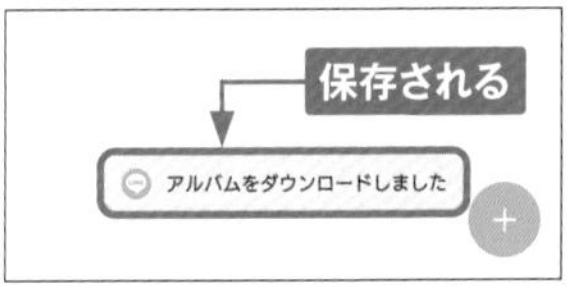

Memo 写真を1枚ずつ保存する

写真を1枚ずつ保存したい場合は、写真をタップして、をタップします。

Section 25

ボイスメッセージを送信しよう

トークルームからボイスメッセージを録音して、送信することができます。最長30分まで録音され、いつでも再生することが可能です。面倒な文字入力をせず、スピーディーに用件を伝えられます。

ボイスメッセージを送信する

1 P.34を参考にトークルームを表示し、🎙をタップします。

2 🎙を押しながら、ボイスメッセージを録音します。

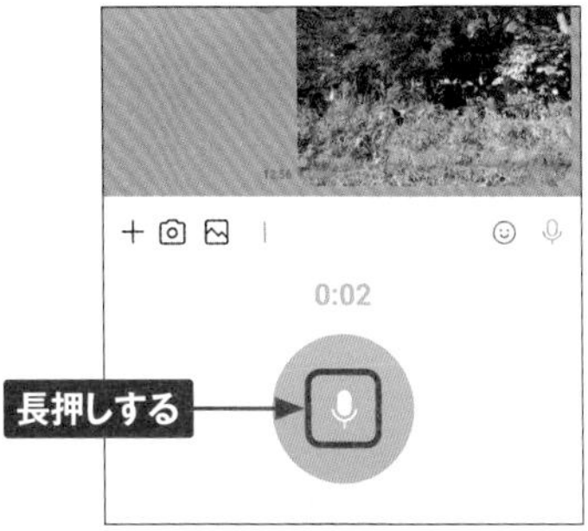

3 指を離すと、ボイスメッセージが送信されます。

Memo 録音をキャンセルする

手順②の画面で、上下もしくは左右どちらかに指をスライドさせると、録音がキャンセルされます。

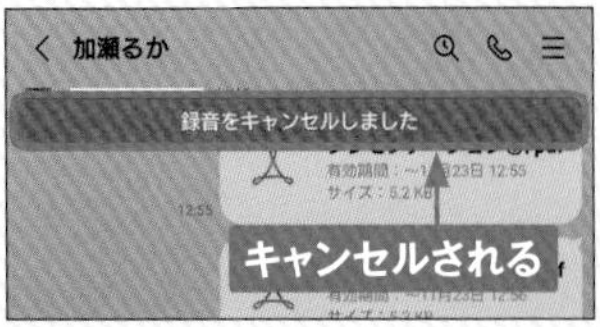

Section 26

ファイルを送信しよう

写真や動画だけでなく、PDFやWordなどのファイルもLINEのトークルームから送信できます。ファイルの保存期間は、送信したファイルに記載されているので、確認しましょう。

ファイルを送信する

1 P.34を参考にトークルームを表示し、＋をタップします。＋が表示されていない場合は、＞をタップすると表示されます。

2 ［ファイル］をタップします。

3 送信したいファイルをタップします。

4 ［はい］（iPhoneでは［送信］）をタップすると、ファイルが送信されます。

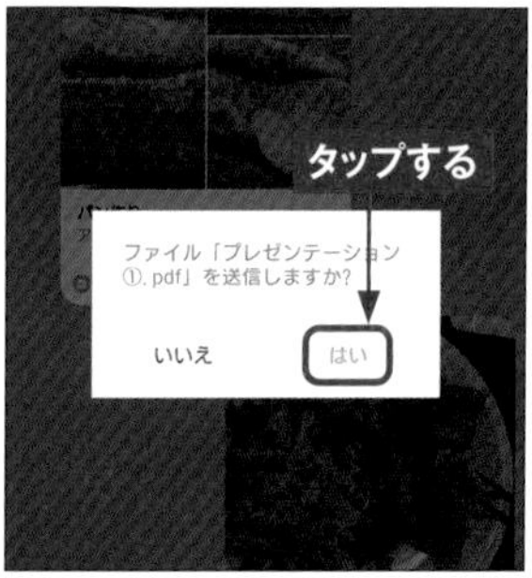

Section
27 自分のいる場所を地図で送信しよう

今、自分のいる場所を友だちに伝えるには、トークルームから地図で送信します。なお、位置情報の利用に関する画面が表示された場合は、画面の指示に従って位置情報が利用できるようにしてください。

自分のいる場所を送信する

1 P.34を参考にトークルームを表示し、＋をタップします。＋が表示されていない場合は、＞をタップすると表示されます。

2 ［位置情報］をタップします。

3 自分の現在地が表示されるので、［送信］をタップします。

4 自分のいる場所が地図で送信されます。

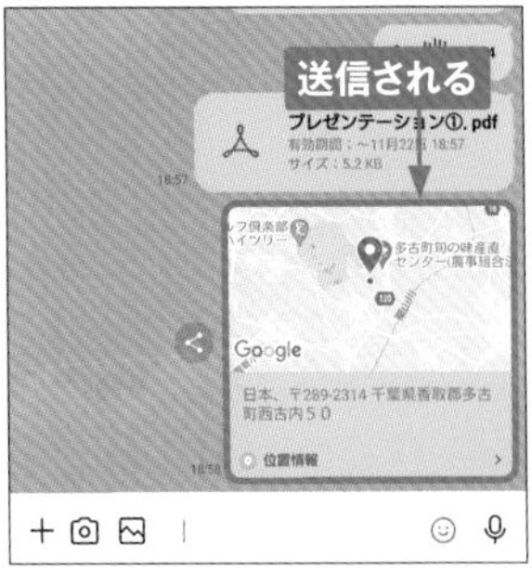

第2章 トークや通話を楽しもう

LINE
Instagram
Twitter
Facebook

Section 28

メッセージを検索しよう

見落としたメッセージや、もう一度確認したいメッセージがあった場合には、キーワードを入力して検索しましょう。検索されたキーワードは色付きで表示されます。また、カレンダーの日付でメッセージを検索することもできます。

メッセージを検索する

1 P.34を参考にトークルームを表示し、🔍をタップします。

2 検索したいキーワードを入力し、表示された候補をタップします。

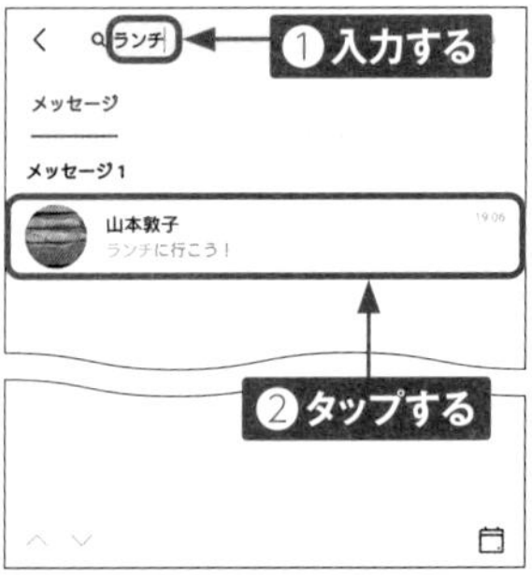

3 検索されたメッセージが表示されます。∧や∨をタップすると、ほかの検索候補が表示されます。

Memo トークをした日付に移動する

手順②の画面で📅をタップすると、カレンダーが表示されます。黒で表示された日付をタップすると、トークが行われた日付まで移動することができます。

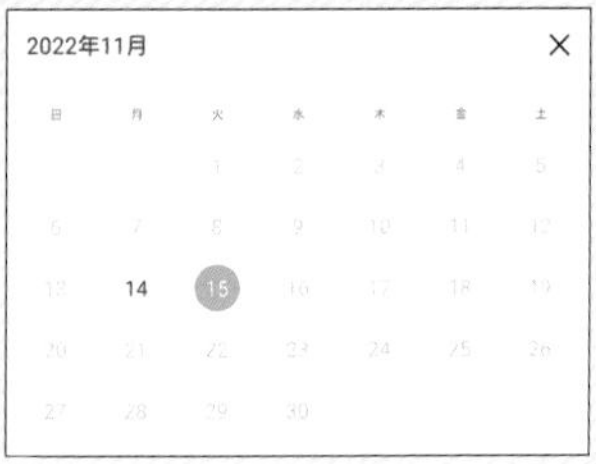

Section 29
トークルームと通話画面を切り替えよう

LINEから通話をするには、「友だちリスト」画面から音声通話やビデオ通話を発信する方法のほかに（P.40参照）トークルームから発信する方法があります。トークの途中で通話にすばやく切り替えられます。

トークルームから発信する

1 P.34を参考にトークルームを表示し、をタップします。

2 ［音声通話］をタップします。

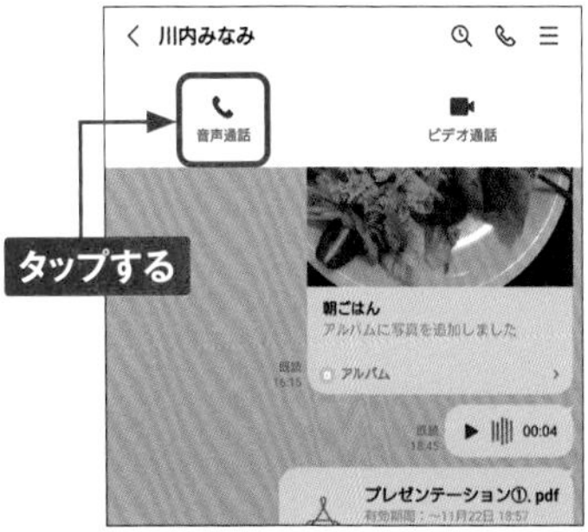

3 無料通話が発信されます。

Memo 通話中にトークルームを表示する

通話中にトークルームを表示するには、Androidスマートフォンではなどの［戻る］ボタンをタップし、iPhoneでは画面左上のをタップします。通話画面に戻るには、Androidスマートフォンではトークルームで手順①～②の操作をし、iPhoneでは画面右上のプロフィールアイコンをタップします。

Section

30 送信したメッセージを取り消そう

メッセージを送信後、24時間以内であれば送信内容を取り消すことができます。メッセージだけでなく、スタンプや写真なども同様です。似た機能で「削除」もあるので、それらの違いについて確認しておきましょう。

送信したメッセージを取り消す

① P.34を参考にトークルームを表示し、取り消したいメッセージを長押しします。

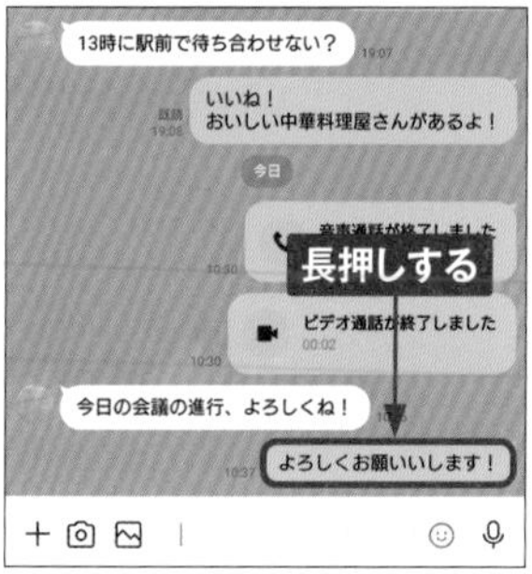

② ［送信取消］→［送信取消］の順にタップします。

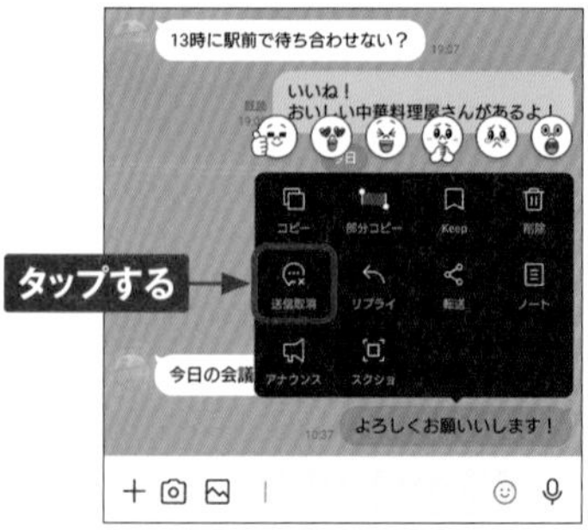

③ 送信したメッセージが取り消されます。

Memo 送信取消と削除の違いとは？

手順①～②の方法で送信した内容を取り消すと、自分と相手のトークルームから内容を削除でき、相手のトークルームには「○○がメッセージの送信を取り消しました」と表示されます。しかし、手順②の画面で［削除］→［削除］の順にタップすると、自分のトークルームからは内容が削除されますが、相手のトークルームからは削除されません。

Section 31

特定のメッセージに返信しよう

特定のメッセージについて返信したいときは、リプライをします。どのメッセージに返信しているのかは、送信したメッセージに表示されます。話している話題が多いときや、多数のメンバーとトークをしているときに重宝する機能です。

特定のメッセージに返信する

1 P.34を参考にトークルームを表示し、返信したいメッセージを長押しします。

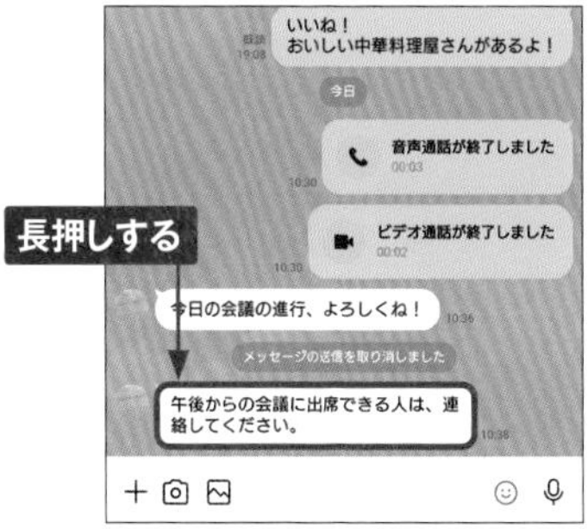

2 ［リプライ］をタップします。

3 メッセージを入力し、▶をタップします。

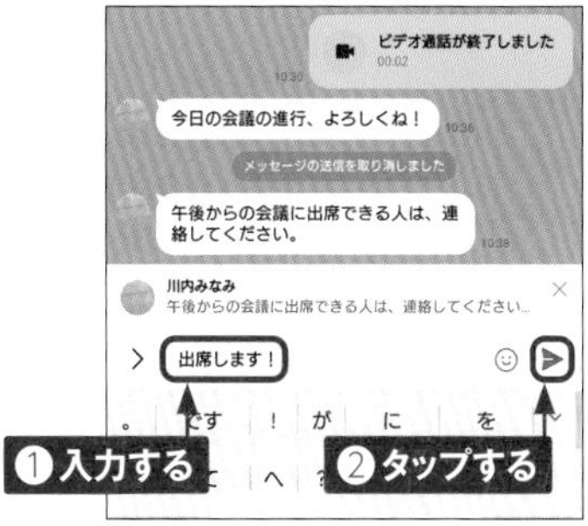

4 特定のメッセージに返信されます。

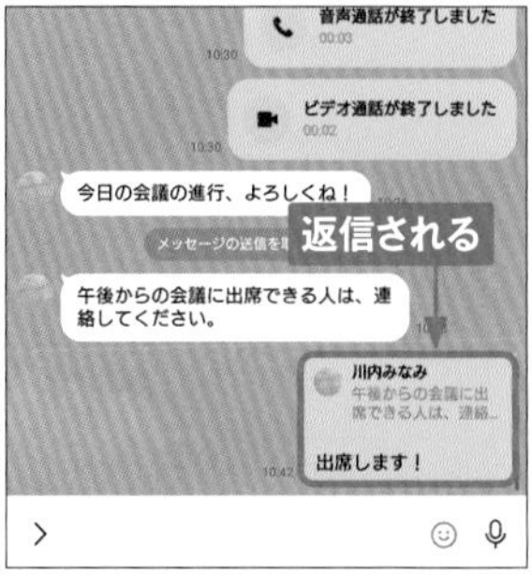

Section 32

メッセージや写真を別の友だちに転送しよう

トークルームでやり取りしたメッセージや写真は、別の友だちに転送することができます。保存したり、コピーしたりする手間が省けるため、便利です。転送先は、複数の選択が可能なため、一気に共有可能です。

写真を別の友だちに転送する

1 P.34を参考にトークルームを表示し、転送したい写真を長押しします。

2 ［転送］→［転送］の順にタップします。

3 転送したい友だちをタップし、メッセージを入力して［転送］をタップします。

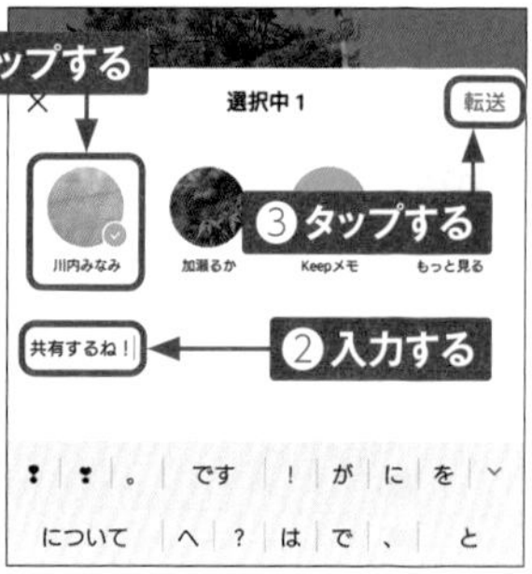

4 別の友だちに転送されます。

Section 33

大事なデータをKeepに保存しよう

重要なメッセージ、写真やPDFなど、さまざまなデータを無期限に保存できる機能が「Keep」です。保存容量は最大1GBで、50MBを超えるファイルのみ保存期間が30日となります。

メッセージをKeepに保存する

1 P.34を参考にトークルームを表示し、保存したいメッセージを長押しします。

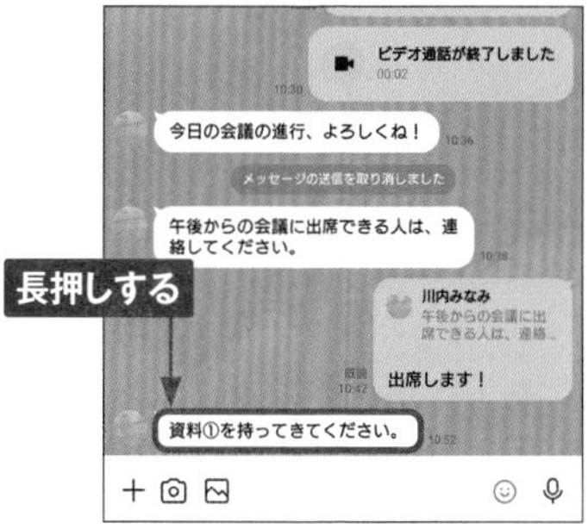

2 ［Keep］をタップします。

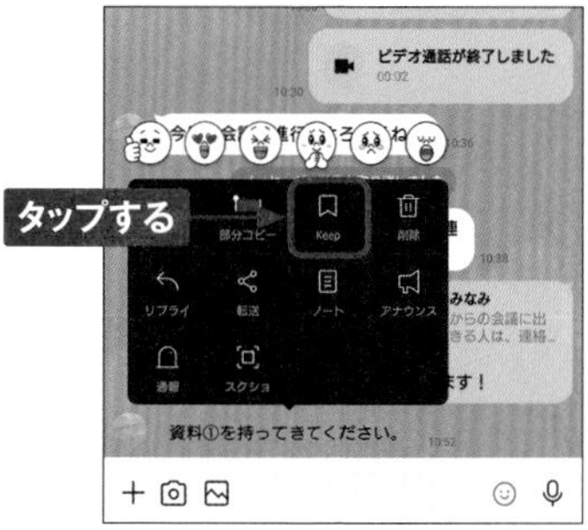

3 ［Keep］をタップします。

4 メッセージがKeepに保存されます。

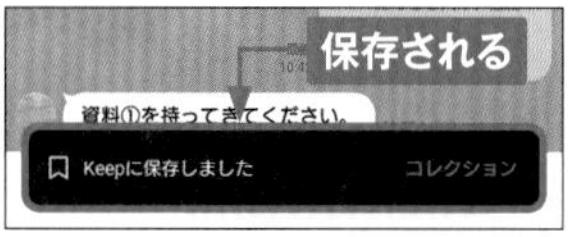

Memo Keepに保存したデータを見る

Keepに保存したデータは、「ホーム」タブ右上の口をタップすると見ることができます。

Section 34

トークルームの一部を画像で保存しよう

Keep機能（P.63参照）やノート機能（P.72参照）などで、トークや画像を保存する方法もありますが､トークスクショを使えば､トークルームの一部をスクリーンショット（画像）としてスマートフォンに保存することができます。

トークルームの一部を画像で保存する

1 P.34を参考にトークルームを表示し、保存したいトークの開始位置を長押しします。

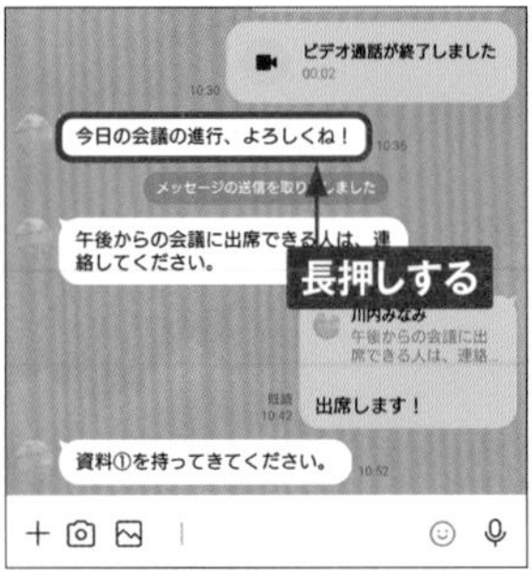

2 ［スクショ］をタップします。

3 保存したいトークの終了位置をタップし、［スクショ］をタップします。

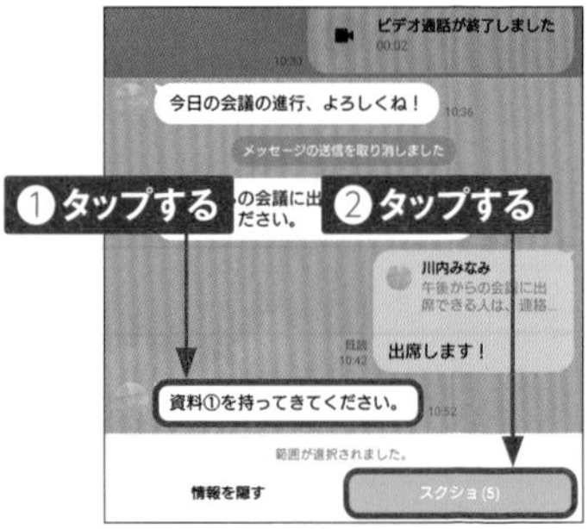

4 選択した範囲が画像で表示されます。［ダウンロード］をタップすると、画像がスマートフォンに保存されます。

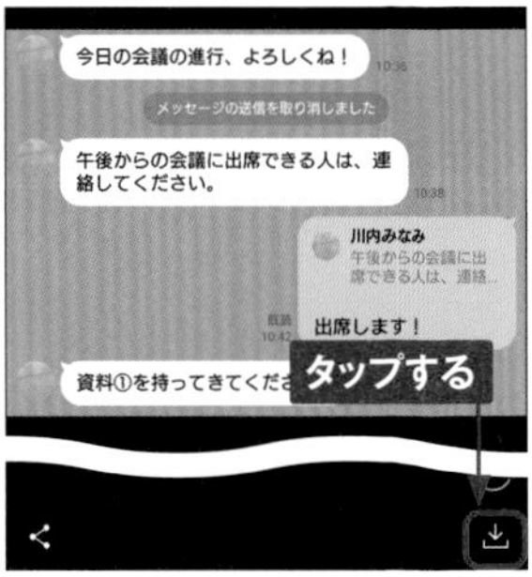

Section 35

アナウンス機能で重要なメッセージを目立たせよう

重要なメッセージがある場合には、忘れないようにアナウンス機能を使って目立たせましょう。常に自分と相手のトークルームの上部に表示されるようになります。設定できるアナウンスの数は、最大5つまでです。

メッセージをアナウンス機能で目立たせる

1 P.34を参考にトークルームを表示し、アナウンスしたいメッセージを長押しします。

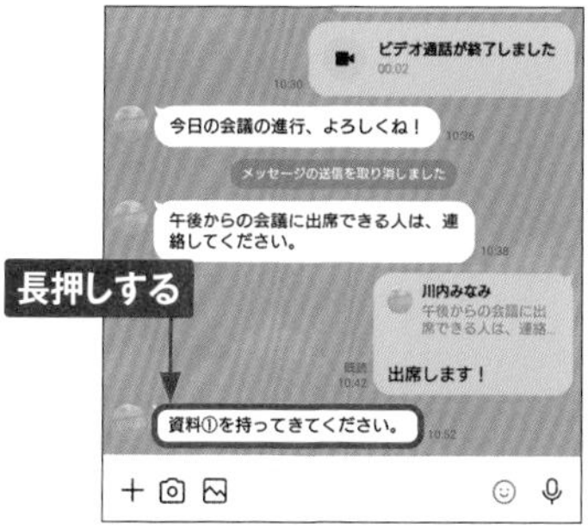

2 ［アナウンス］をタップします。

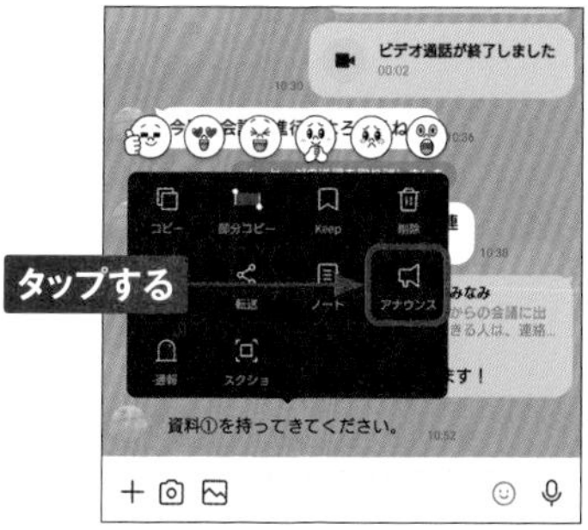

3 画面上部にアナウンスが表示されます。

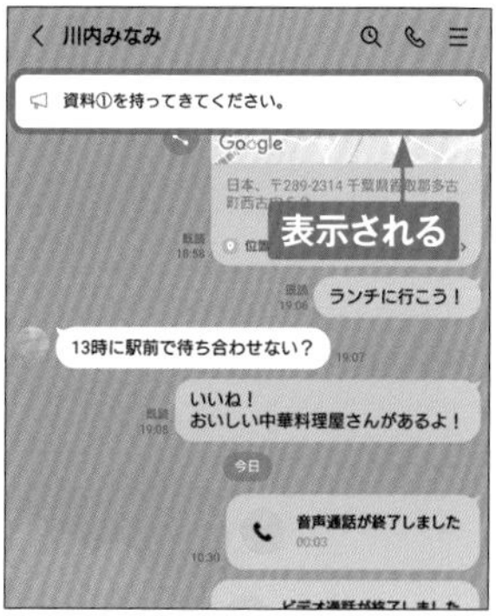

Memo アナウンスを解除する

Androidスマートフォンの場合はアナウンスを長押しして［アナウンス解除］をタップすると、iPhoneの場合はアナウンスを左方向にスワイプし［アナウンスを解除］をタップすると、アナウンスが解除されます。

Section
36 トークルームを並べ替えよう

「トーク」画面では､トークルームを作成している友だちが表示されます。友だちのトークルームは、3つのカテゴリに並べ替えることができ、自分が使いやすいようにいつでも変更することができます。

トークルームを並べ替える

① ［トーク］をタップし、⋮をタップします。iPhoneでは画面左上の［トーク］をタップし、手順③にすすみます。

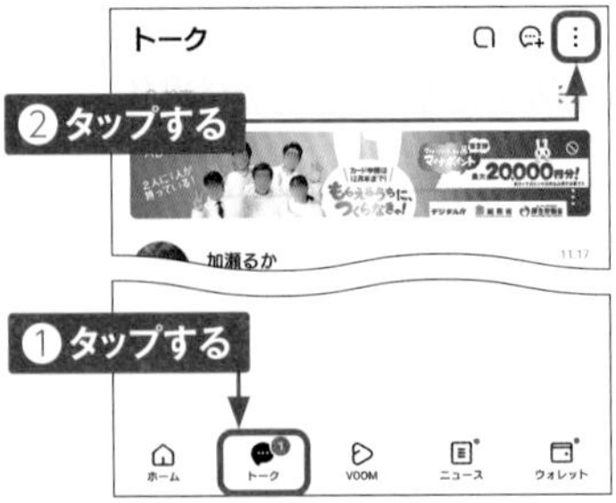

② ［トークを並べ替える］をタップします

③ ここでは､［未読メッセージ］をタップします。

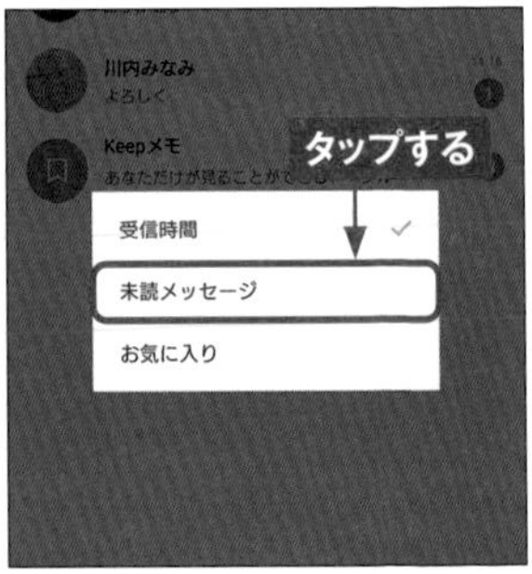

④ トークルームが並べ替えられます。ここでは、未読メッセージのあるトークルームから表示されます。

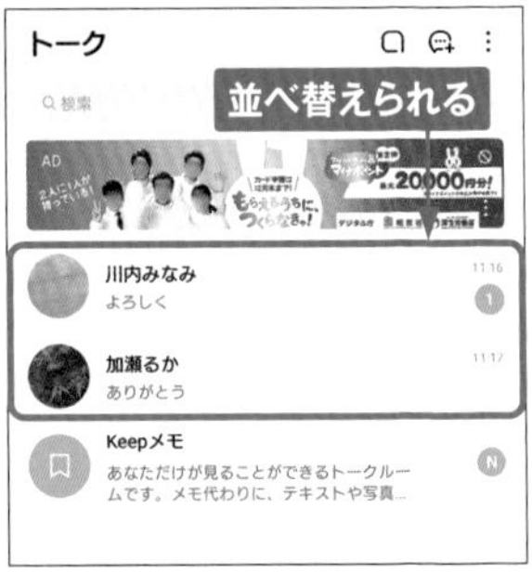

Section 37 よく使うトークルームをいちばん上に表示しよう

特定のトークルームをピン留めすると、「トーク」画面のいちばん上に固定され、ほかのトークに埋もれることはありません。頻繁にやり取りをする友だちのトークルームは、積極的にピン留めしましょう。

トークルームをいちばん上に表示する

1 ［トーク］をタップし、トークルームを長押しします。iPhoneではトークルームを右方向にスワイプします。

2 ［ピン留め］をタップします。iPhoneではをタップします。

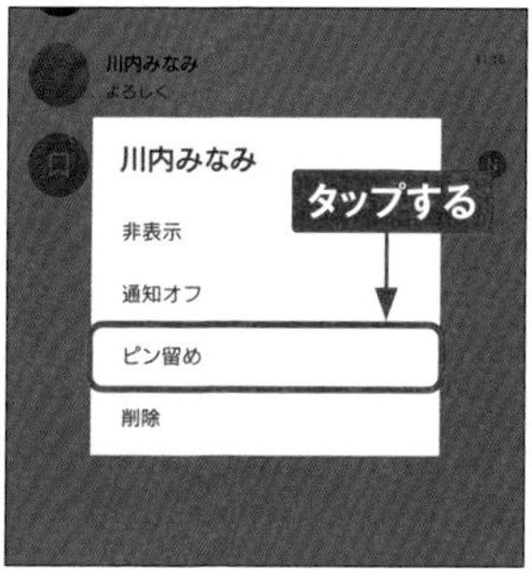

3 トークルームがいちばん上に表示されます。

Memo ピン留めを解除する

ピン留めを解除したい場合は、手順①を参考にトークルームを長押しし、［ピン留め解除］をタップします。iPhoneではトークルームを右方向にスワイプしをタップします。

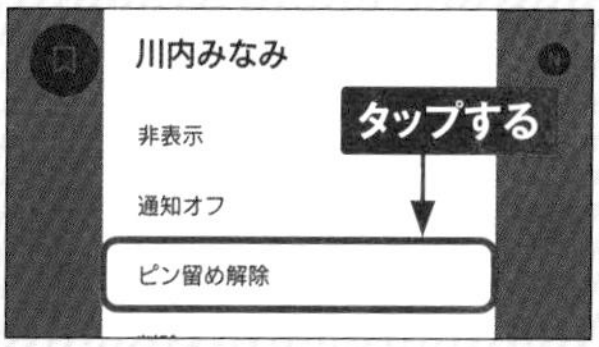

Section
38 トークルームの文字を大きくしよう

トークルームの文字が見づらい場合は、文字のサイズを変更して調整しましょう。LINEでは、「小」「中」「大」「特大」の4つからフォントサイズを選ぶことができます。iPhoneでは本体の文字設定に合わせた大きさにすることもできます。

トークルームの文字を大きくする

1 P.27を参考に「設定」画面を表示し、[トーク] をタップします。

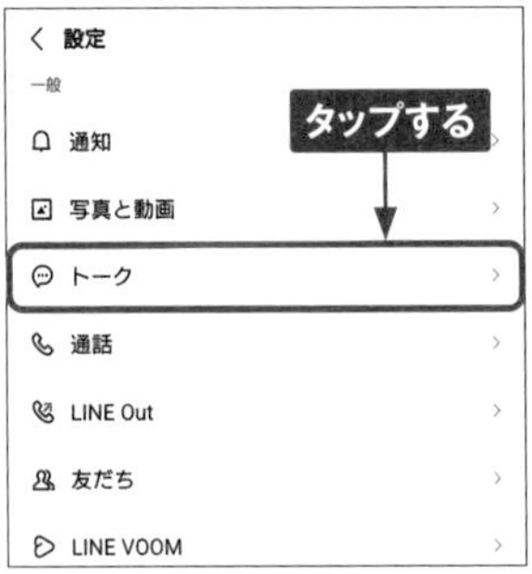

2 [フォントサイズ] をタップします。

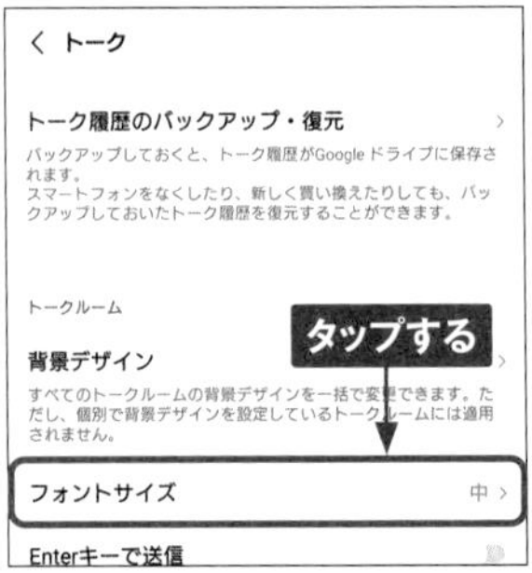

3 設定したい文字のサイズ（ここでは [大]）をタップします。

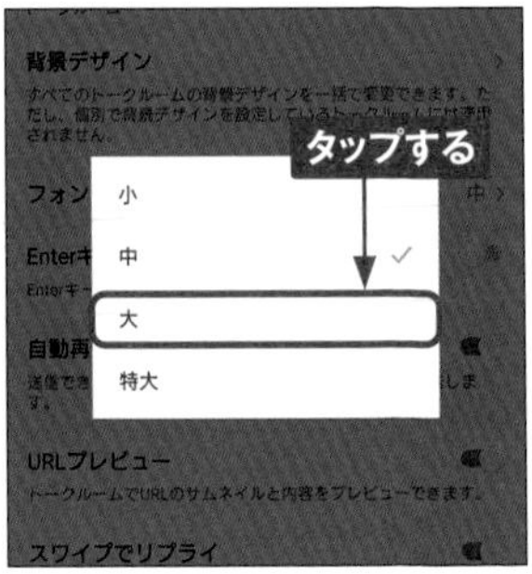

4 文字の大きさが変更されます。

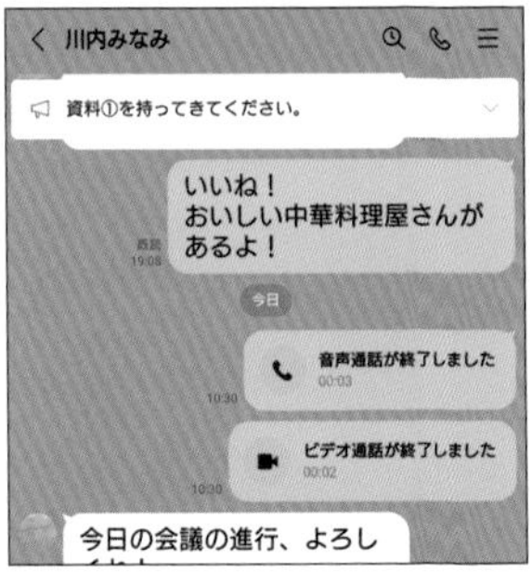

Section
39 トークルームの着せかえを変更しよう

「マイ着せかえ」から、好きなデザインを適用させると、LINE全体のデザインが変更されます。着せかえのデザインには、無料のものと有料のものがあります。気に入ったものをダウンロードしていきましょう。

トークルームの着せかえを変更する

1 P.27を参考に「設定」画面を表示し、[着せかえ]をタップします。

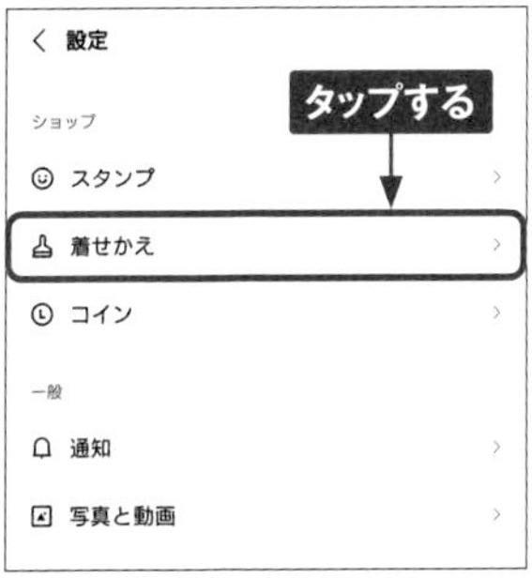

2 [マイ着せかえ]をタップします。

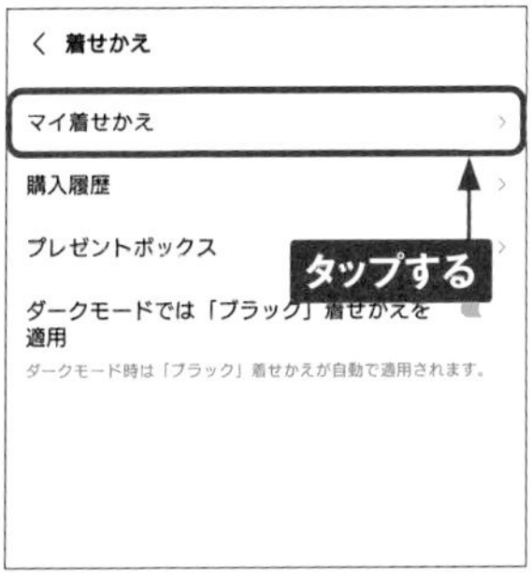

3 変更したい着せかえの[ダウンロード]→[適用する](iPhoneでは[適用])の順にタップします。

4 LINE全体のデザインが変更されます。

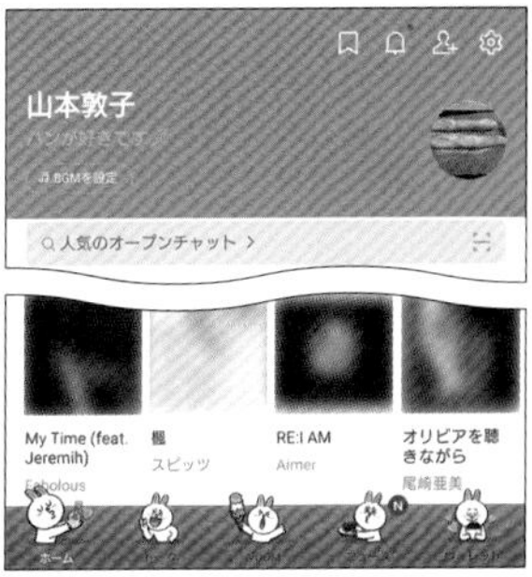

Section
40 トークルームの背景デザインを変更しよう

トークルームの背景デザインは、一括で全体を変更したり、個別に変更したりすることができます。個別のトークルームから変更した背景デザインは、全体の背景デザインを変更してもそのままで変更されません。

全体のトークルームの背景デザインを変更する

1 P.27を参考に「設定」画面を表示し、[トーク]をタップします。

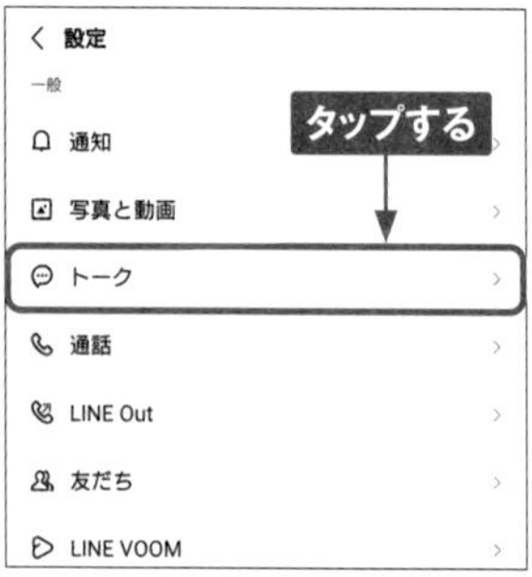

2 [背景デザイン]をタップします。

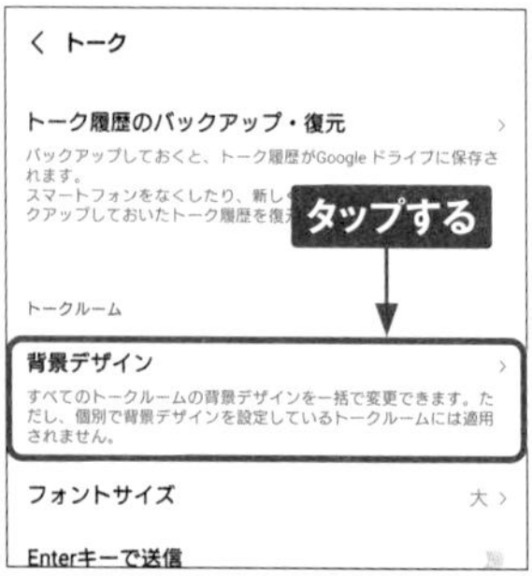

3 設定したい背景デザインをタップします。

4 「プレビュー」画面が表示されるので、[適用]をタップします。

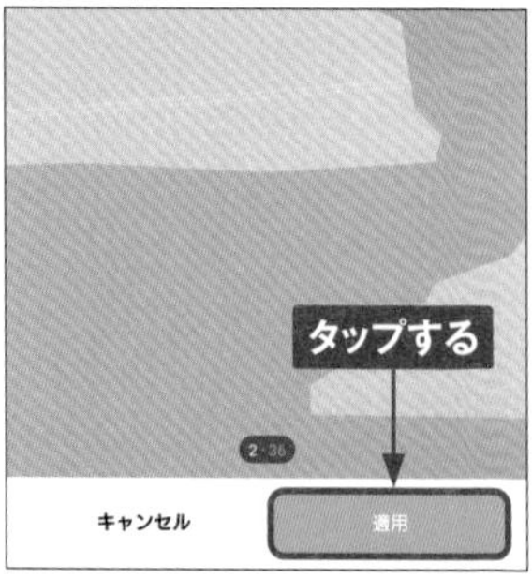

5 背景デザインの変更が適用されます。

6 トークルームの背景デザインが変更されます。

個別にトークルームの背景デザインを変更する

1 P.34を参考にトークルームを表示し、≡をタップします。

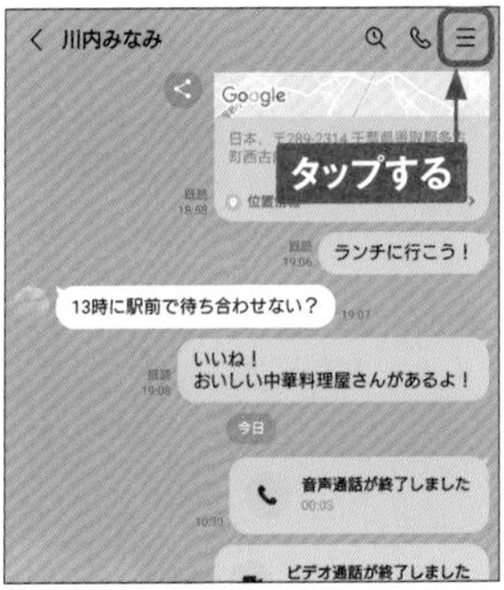

2 ［その他］をタップします。

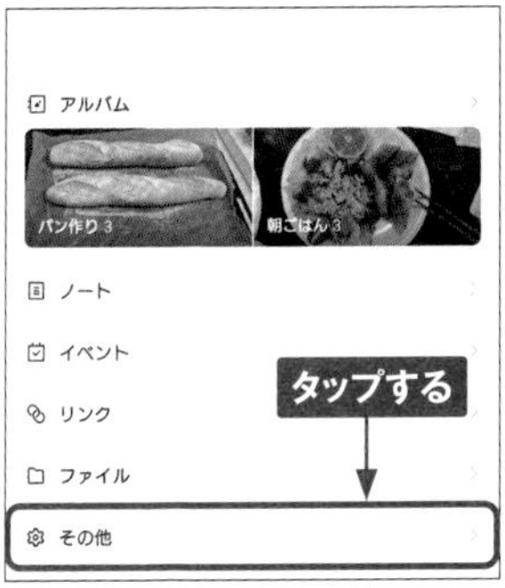

3 ［背景デザイン］をタップします。

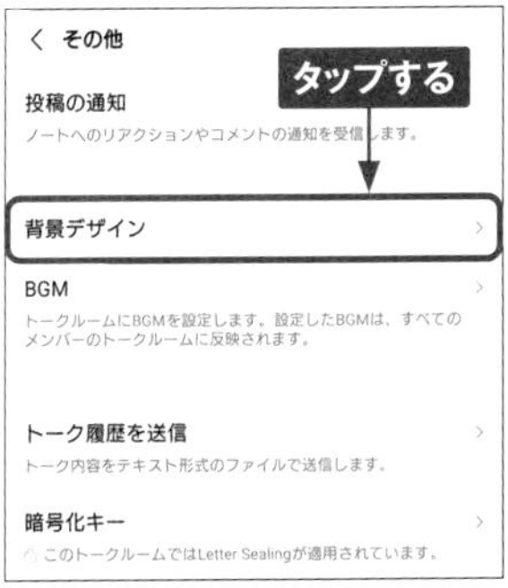

4 「背景デザイン」画面が表示されるので、P.70手順③〜④を参考にトークルームの背景デザインを変更します。

Section 41 重要な情報をノートに保存しよう

文章だけでなく、写真や動画、スタンプなどを投稿して友だちと共有できるサービスが「ノート」機能です。投稿されたノートはトークルームにも表示され、タップすればすぐに確認できます。

重要な情報をノートに保存する

1 P.34を参考にトークルームを表示し、≡→［ノート］の順にタップします。

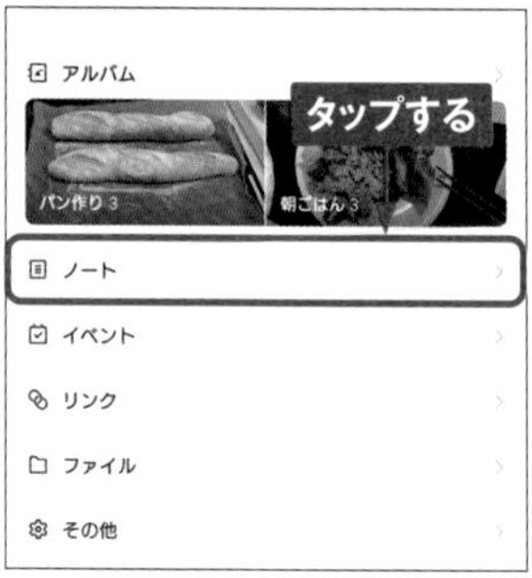

2 ［ノートを作成］もしくはをタップし、［投稿］をタップします。

3 ノートに保存したい内容を入力し、［投稿］をタップします。

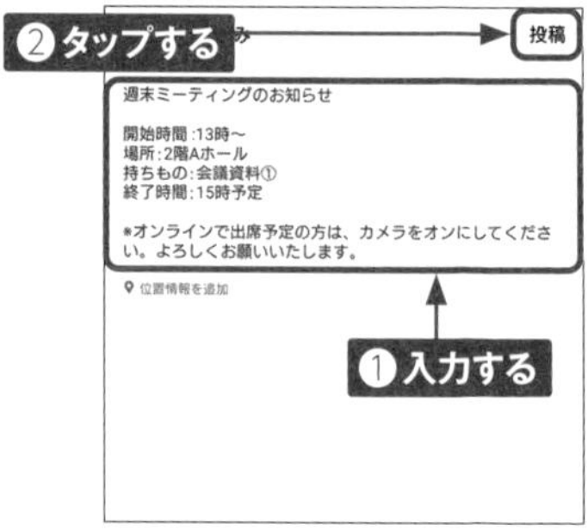

4 ノートが投稿されます。ノートを見るには手順①の操作を行います。

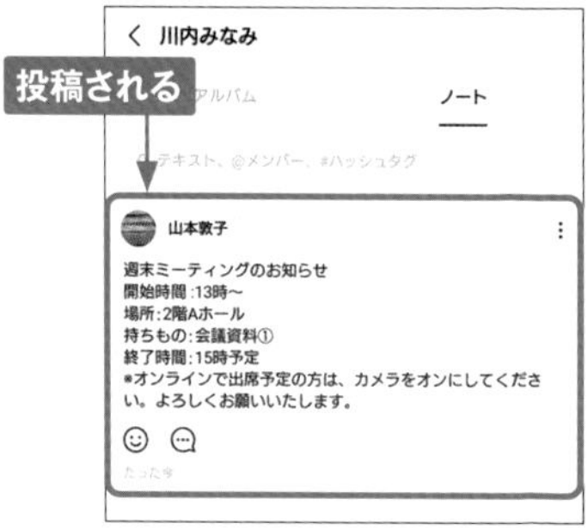

Section

42 トークルームの通知をオフにしよう

トークルームの通知をオフにすると、友だちからメッセージが届いたとき、スマートフォンの画面上に通知が表示されなくなります。通知をオフにしたことは、友だちには通知されないので、不要な通知はオフにしましょう。

トークルームの通知をオフにする

1 ［トーク］をタップし、通知をオフにしたいトークルームを長押しします。

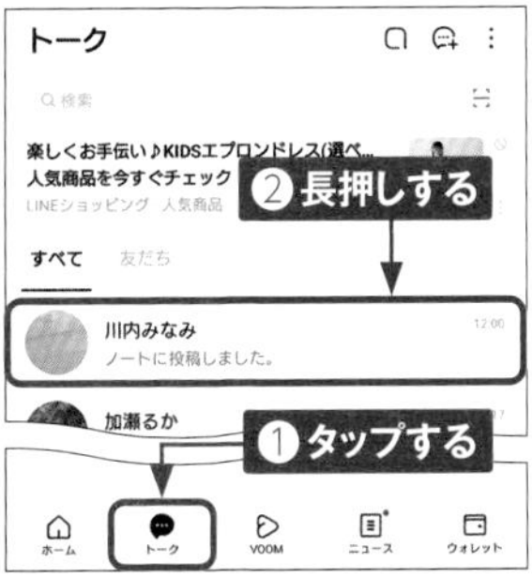

2 ［通知オフ］をタップします。

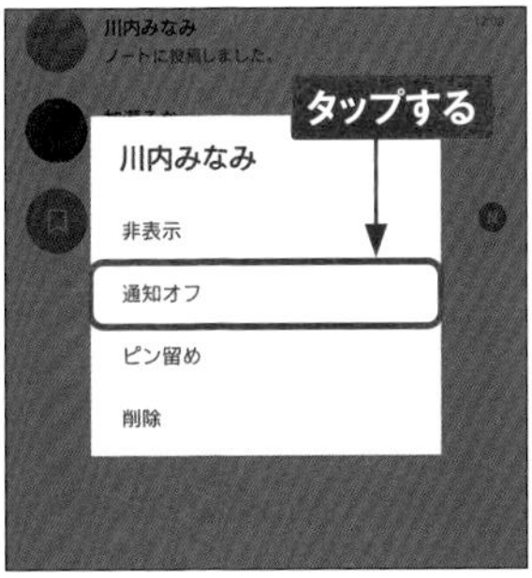

3 通知がオフに設定されます。

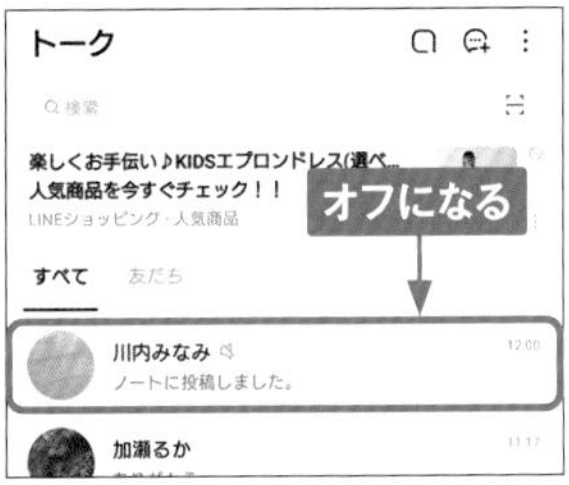

Memo 通知をオンにする

再度通知をオンにしたい場合は、手順①を参考にトークルームを長押しし、［通知オン］をタップします。

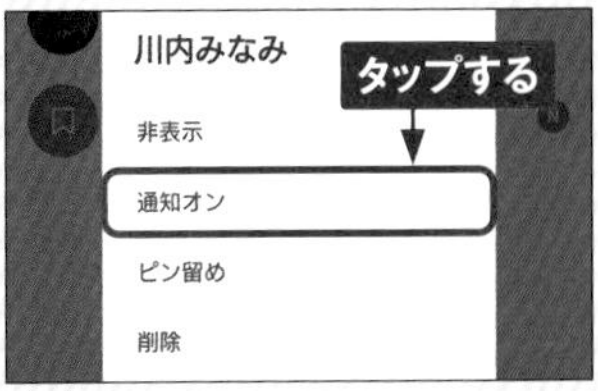

Section 43

トークルームを削除しよう

トークルームを削除すると、相手とのトーク履歴がすべて削除され、「トーク」画面から削除されます。しかし、相手をブロック（P.83参照）しているわけではないので、新たに相手からメッセージがあると再度作成されます。

トークルームを削除する

1 ［トーク］をタップし、削除したいトークルームを長押しします。

2 ［削除］→［はい］（iPhoneでは［削除］）の順にタップします。

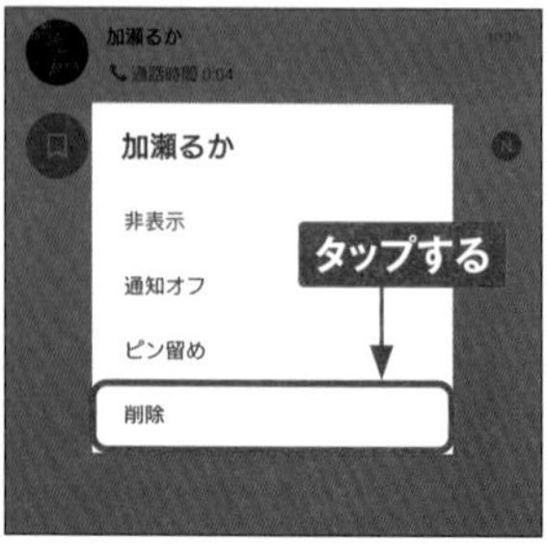

3 トークルームが削除されます。

Memo 間違えてトークルームを削除してしまったら？

トークルームを間違えて削除してしまった場合は、P.34を参考にトークルームを再度作成しましょう。このとき、過去のトークは削除されています。

LINE編

第3章

もっと友だちを追加しよう

Section 44 友だちのしくみを知ろう

LINEの特徴は、かんたんに「友だち」を追加して、無料で通話やメッセージのやり取りを行えることです。本書で紹介している追加方法以外にも複数の方法があります。たくさんの友だちを追加して、トークを楽しみましょう。

友だち登録のしくみ

LINEを楽しむには、友だちの存在が欠かせません。下記の表を参考にして友だちを追加しましょう。お互いが友だちに追加すると、トークだけでなく無料通話（P.40参照）やスタンプのプレゼント（P.49参照）など、さまざまなやり取りを行えます。また、個人間だけでなく、企業の公式アカウントを追加して情報を確認したり、複数人でグループを作成し（P.86参照）、写真や資料などをすぐに共有したりすることができます。

友だちの追加方法

電話番号・ID検索	電話番号やLINE IDで相手を検索して追加。
QRコード	QRコードを読み取る、もしくは読み取ってもらい追加。
アドレス帳	アドレス帳にあるすべての連絡先を自動で追加。
リンク	自分のLINEアカウントURLをメールなどで共有して追加。
招待	まだLINEを使っていない人をメールなどで招待して追加。
紹介	友だちから別の友だちを紹介してもらい追加。
知り合いかも?	知り合いかも?に表示された相手を追加。

Memo 「知り合いかも?」に表示される理由

自分では友だちに追加していなくても、相手が自分を友だちに追加すると、自分の「友だちリスト」の「知り合いかも?」にその相手が表示されます。タップすると、追加された方法が表示されていることがあるため、確認して追加したりブロックしたりして対応しましょう。なお、グループのメンバーが追加した場合や「友だち自動追加」で追加した場合は、理由が表示されません。

Section
45 QRコードで友だちを追加しよう

友だちを追加する方法の1つに、QRコードを使って追加する方法があります。QRコードの読み取り画面と、「マイQRコード」画面を切り替えて、友だちに読み取ってもらったり読み取ったりしましょう。

友だちのQRコードを読み取って追加する

1 P.33手順①を参考に「友だち追加」画面を表示し、[QRコード]をタップします。

2 QRコードリーダーが起動するので、友だちのQRコードをフレーム内に合わせて読み取ります。

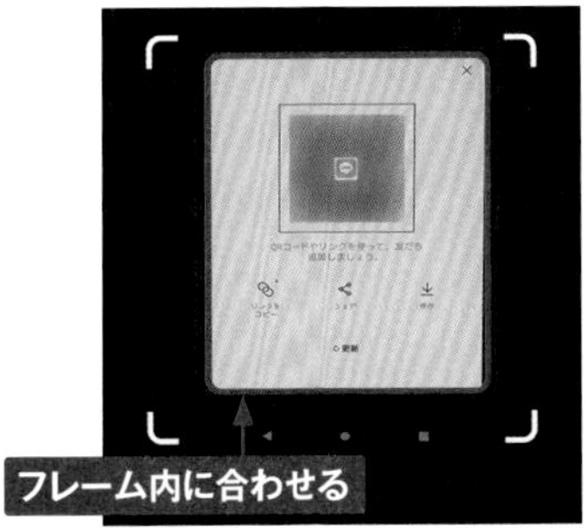

3 [追加]をタップすると友だちが追加されます。

Memo 自分のQRコードを表示・更新する

手順②の画面で[マイQRコード]をタップすると、自分のコードが表示されます。[更新]→[OK]の順にタップすると、既存のQRコードや招待メール内のURLは無効となり、QRコードが新しくなります。定期的に更新してセキュリティを高めましょう。

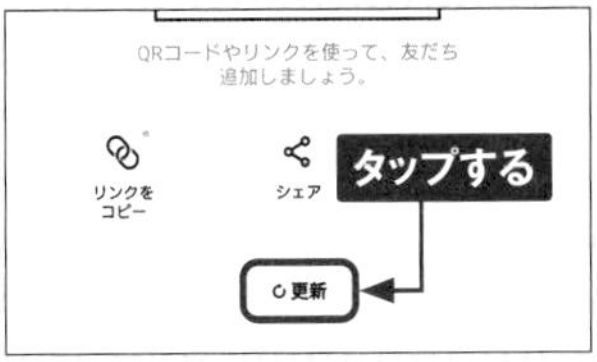

Section 46

アドレス帳を使って友だちを追加しよう

友だちを追加する方法の1つに、スマートフォンのアドレス帳を使用する方法があります。LINEを使用している人がすべて自動的に追加されますが、追加したくない人まで友だちに追加してしまうので、使用の際は注意してください。

アドレス帳を使って自動的に友だちを追加する

1 P.33手順①を参考に「友だち追加」画面を表示し、⚙をタップします。

2 「友だち」画面が表示されるので、［友だち自動追加］→［確認］の順にタップして にします。

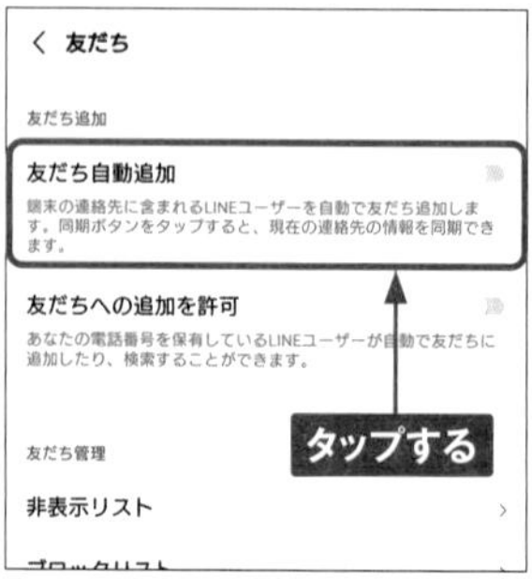

3 アドレス帳が同期され友だちが自動で追加されます。

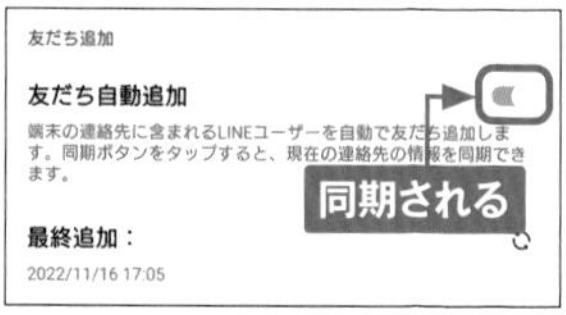

Memo 友だちが追加されない場合は？

「友だち自動追加」をオンにすると、アドレス帳のLINEを使用している人すべてが友だちに追加されます。友だちに自動追加されていない場合は、相手が「友だちへの追加を許可」をオフにしていたり、LINEとアドレス帳に登録している電話番号が異なっている可能性があります。

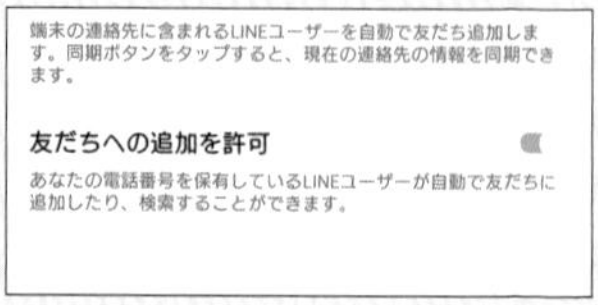

Section 47

友だちを紹介してもらって追加しよう

連絡先のわからない人が別の友だちの友だちの場合は、連絡先の紹介機能を使うことで自分の友だちに追加することができます。トラブルを防ぐため、あらかじめ許可をもらってから別の友だちに操作をお願いしましょう。

友だちを紹介してもらって追加する

① 別の友だちに自分とのトークルームを表示してもらい、＋→［連絡先］の順にタップしてもらいます。

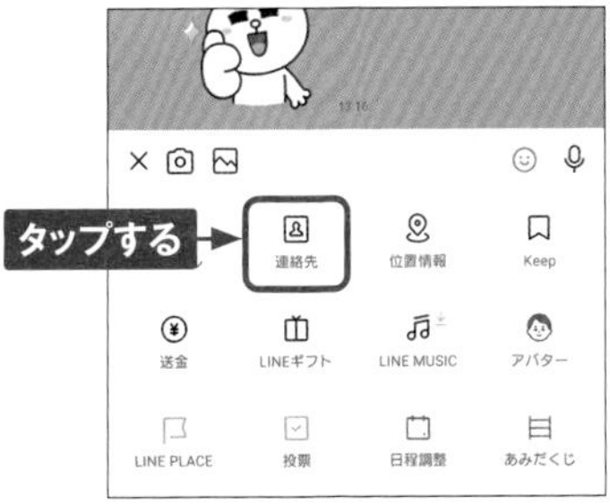

② ［LINE友だちから選択］をタップしてもらいます。

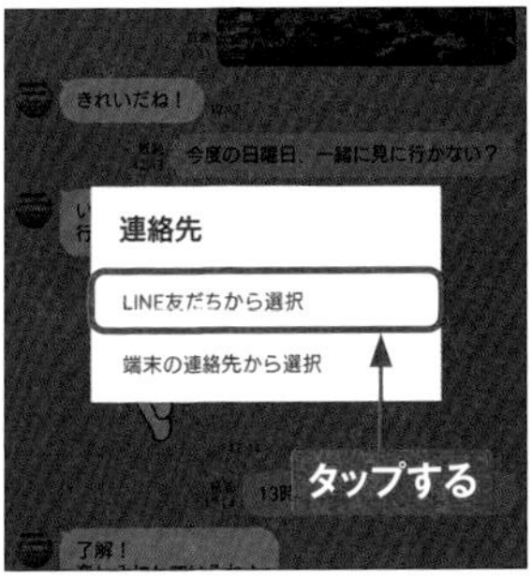

③ 紹介してもらいたい相手をタップして、［転送］（iPhoneでは［送信］）をタップしてもらいます。

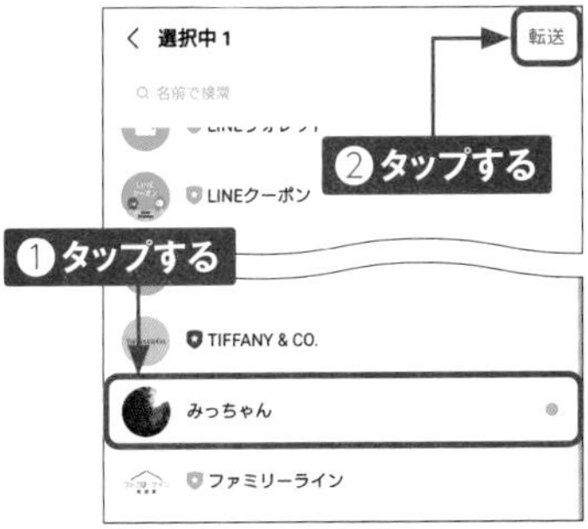

④ 自分のトークルームに紹介された友だちのアカウントが表示されるので、タップして［追加］をタップすると、友だちに追加されます。

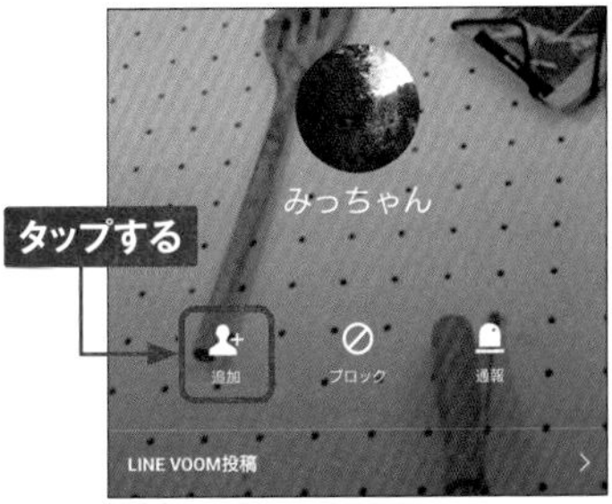

Section 48

友だちをお気に入りに登録しよう

頻繁にトークする友だちは、お気に入りに登録するとよいでしょう。登録すると、「友だちリスト」画面の「お気に入り」カテゴリに表示されます。登録したことは、相手に通知されません。

友だちをお気に入りに追加する

1 ［ホーム］をタップし、［友だち］をタップします。

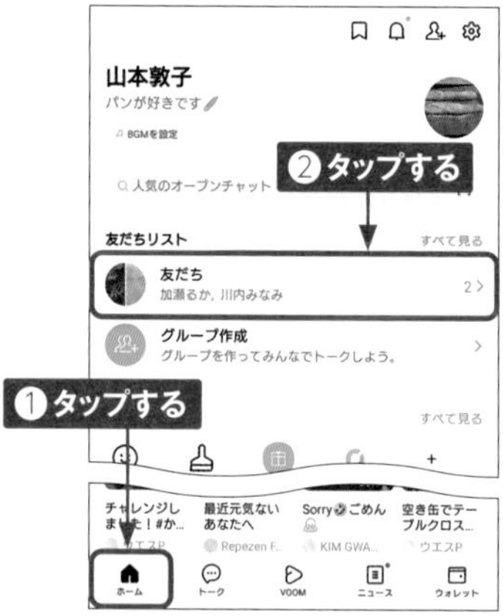

2 「友だちリスト」画面が表示されるので、お気に入りに登録したい友だちを長押しします。

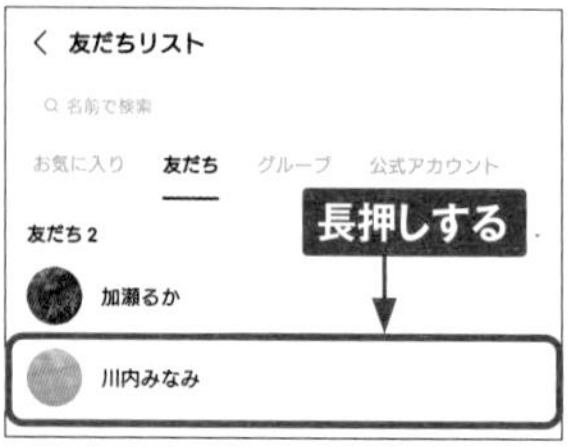

3 ［お気に入り］をタップします。

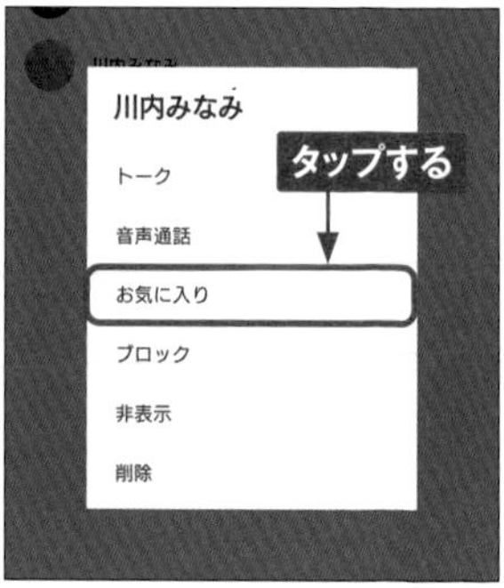

4 「友だちリスト」画面に「お気に入り」が追加され、タップすると、お気に入りに登録した友だちが表示されます。

Section 49

友だちの表示名を変更しよう

LINEに追加した友だちの名前は、友だちが設定したプロフィール名が表示されています。わかりづらい場合は、ニックネームなどを付けて相手の表示名を変更することができます。

友だちの表示名を変更する

1 P.80手順②の「友だちリスト」画面を表示し、表示名を変更したい友だちをタップします。

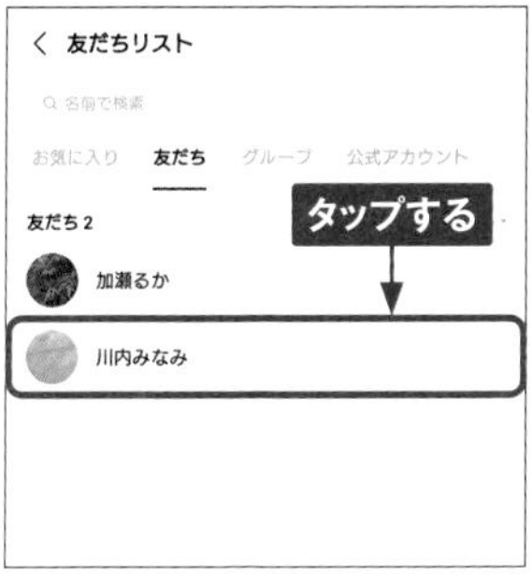

2 ✎をタップします。

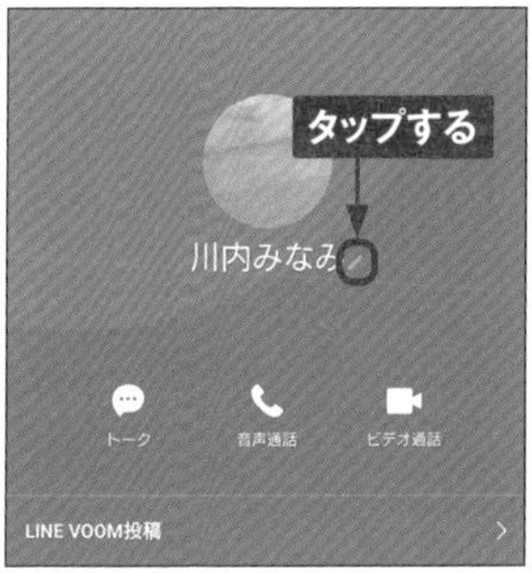

3 変更したい表示名を入力し、[保存] をタップします。

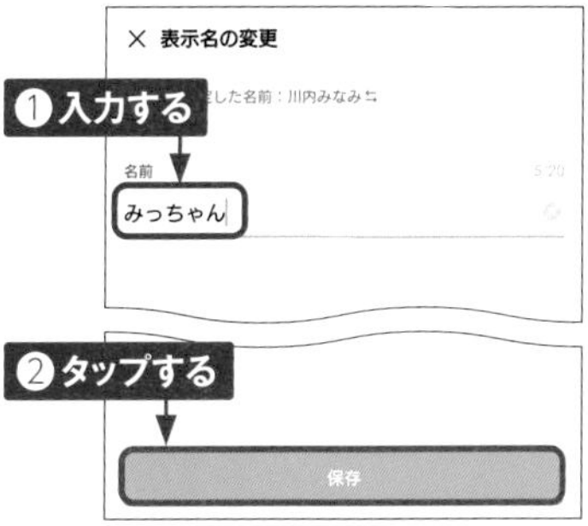

4 表示名が変更されます。

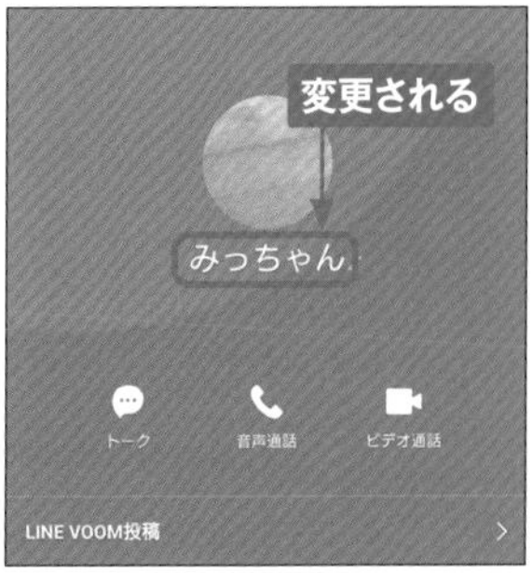

Section **50**

交流の少ない友だちを非表示にしよう

友だちを非表示にすると、友だちリストには表示されなくなります。相手とのトークルームは残るため、変わらずメッセージのやり取りができますが、非表示にしたことは相手にはわかりません。

友だちを非表示にする

1 P.80手順②の「友だちリスト」画面を表示し、非表示にしたい友だちを長押しします。

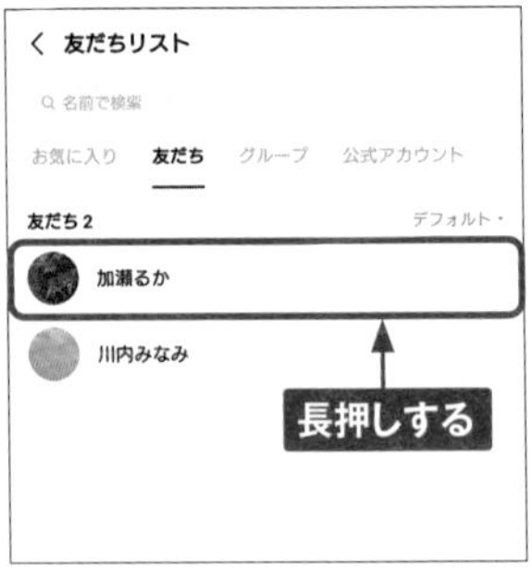

2 ［非表示］をタップします。

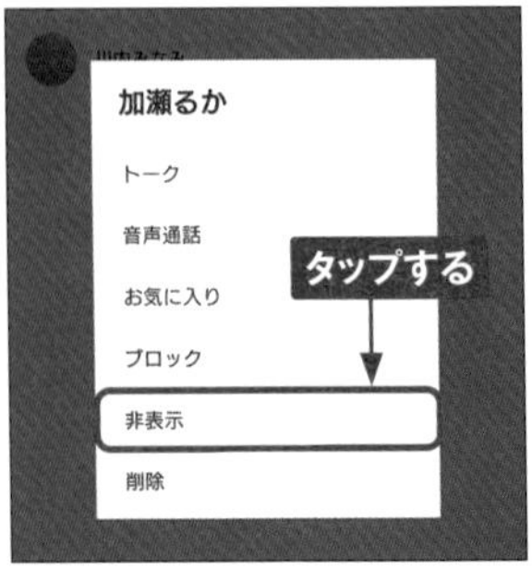

3 ［非表示］をタップします。

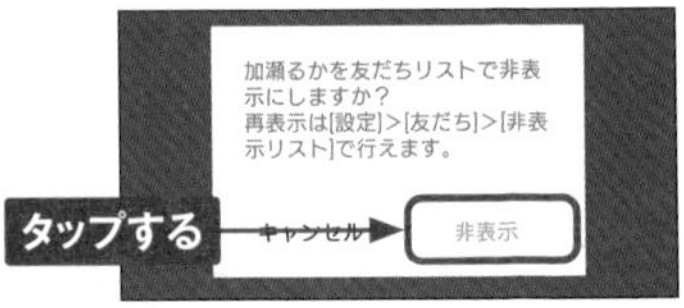

4 友だちが非表示になります。

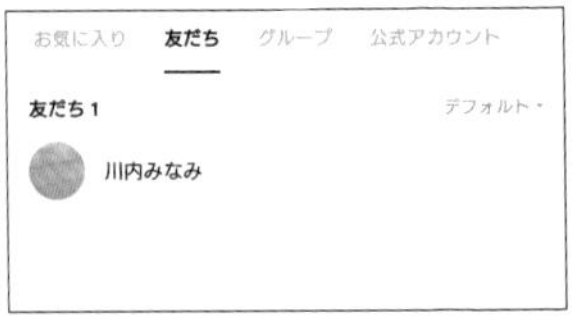

Memo　非表示にした友だちを再度表示する

非表示にした友だちを再度表示するには、P.27を参考に「設定」画面を表示し、［友だち］→［非表示リスト］の順にタップして、再表示したい友だちの［編集］→［再表示］の順にタップします。

Section 51

知らない相手を ブロックしよう

友だちをブロックすると、友だちリストには表示されなくなり、相手からのメッセージも一切届かなくなります。相手とのトークルームは残りますが、「ブロック中」と表示され、こちらからはメッセージを送信することもできなくなります。

友だちをブロックする

① P.80手順②の「友だちリスト」画面を表示し、ブロックしたい相手を長押しします。

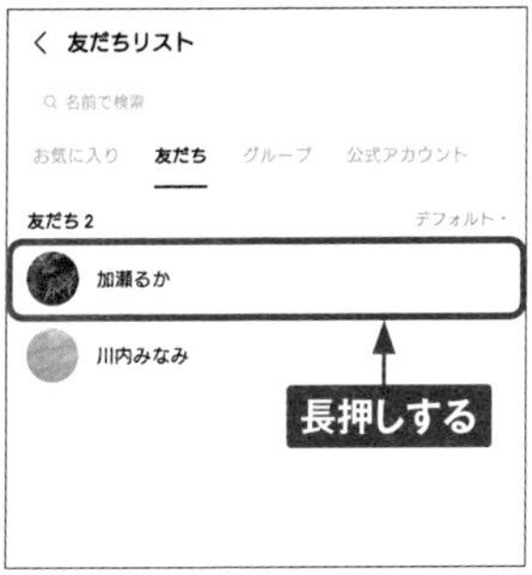

② [ブロック] をタップします。

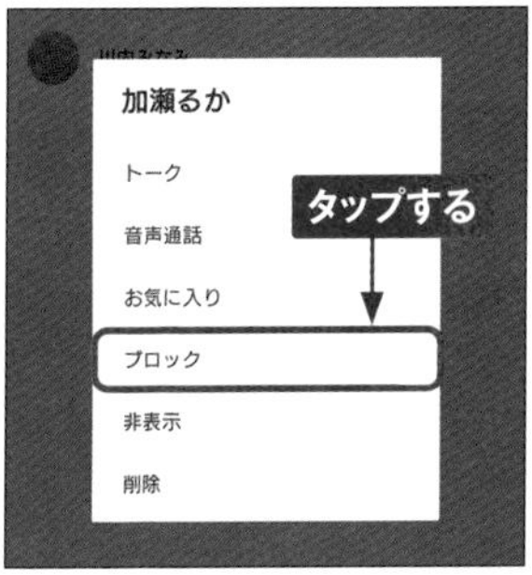

③ [ブロック] をタップすると、相手がブロックされます。

Memo ブロックした友だちを解除する

ブロックした友だちをブロック解除するには、P.27を参考に「設定」画面を表示して [友だち] → [ブロックリスト] の順にタップし、解除したい友だちの [編集] → [ブロック解除] (iPhoneではブロック解除したい友だちをタップして、[ブロック解除] → [OK]) の順にタップします。

Section

52 知らない相手を削除しよう

知らない友だちや迷惑な友だちを削除したい場合は、P.83の方法で1度ブロックしてから削除します。友だちリストから削除することもできますが、先にブロックしないと相手からのメッセージが届いてしまうので注意してください。

友だちを削除する

① P.83を参考に削除したい相手をブロックし、P.27を参考に「設定」画面を表示して［友だち］をタップします。

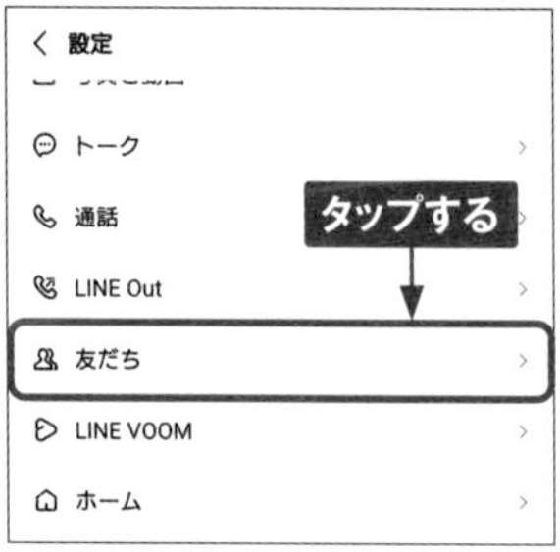

② ［ブロックリスト］をタップします。

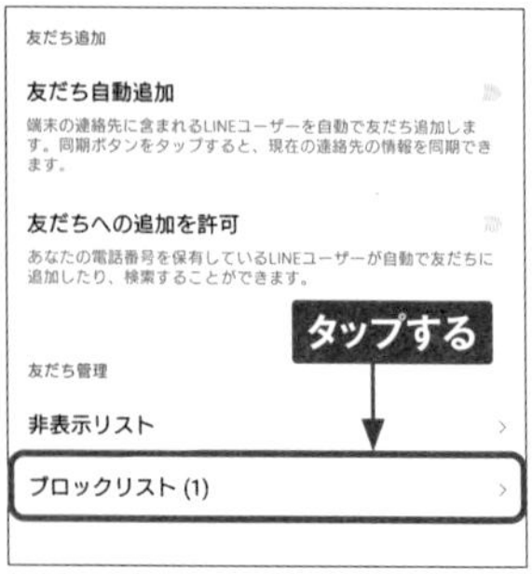

③ 削除したい友だちの［編集］→［削除］（iPhoneでは削除したい友だちをタップして［削除］→［削除］）の順にタップすると、完全に削除されます。必要に応じて、P.74を参考にトークルームも削除しておきましょう。

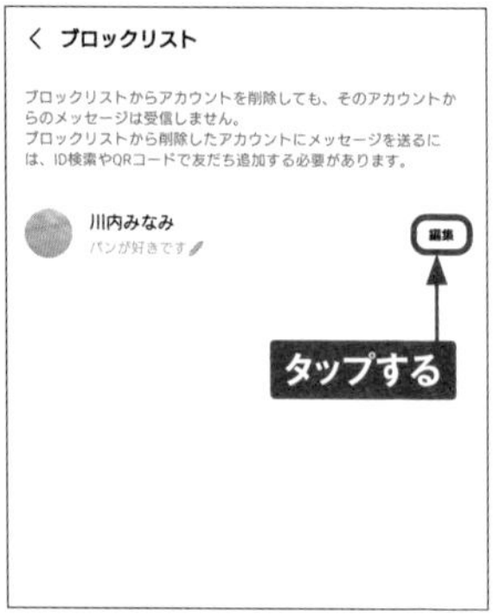

Memo 間違えて削除してしまったら?

間違えて相手を削除してしまい、再度友だちになりたい場合は、P.76の友だち追加方法で再度追加することもできます。

第3章 もっと友だちを追加しよう

LINE
Instagram
Twitter
Facebook

LINE編

第4章

グループを活用しよう

Section 53

グループを作成しよう

LINEでは、1対1だけでなく、グループを作成して複数人でのトークやスタンプなどのやり取りをすることができます。同じ趣味の仲間を招待して、会話を楽しみましょう。なお、これまでの複数人トークの機能は、グループ機能に統一されました。

グループを作成する

1 [トーク] をタップし、 をタップします。

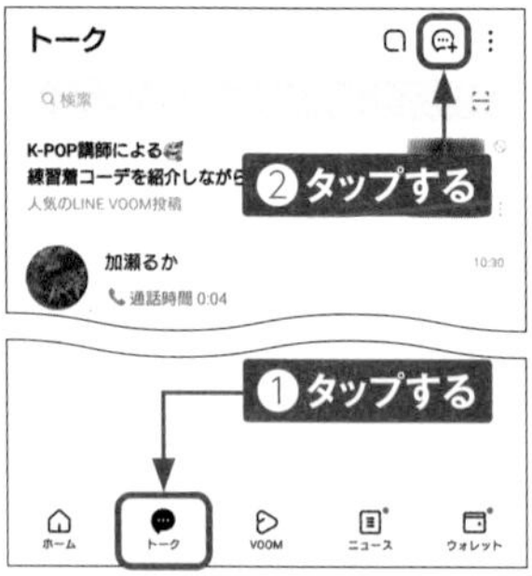

2 [グループ] をタップします。

3 グループに追加したい友だちをタップして選択し、[次へ] をタップします。

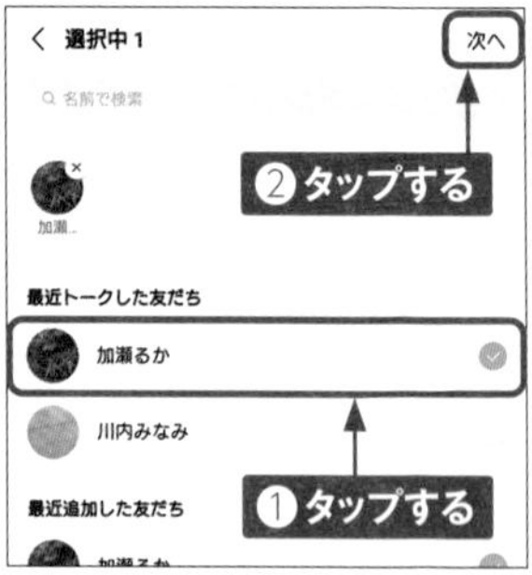

4 グループ名を入力し、ここでは をタップしてオフにします。[作成] をタップします。

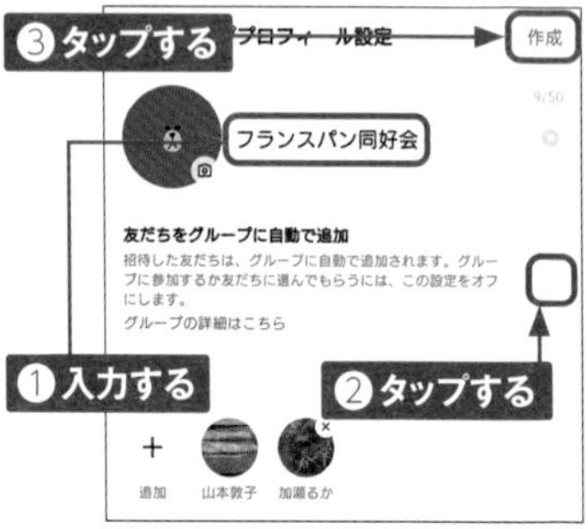

⑤ グループが作成されます。友だちが参加するまで待ちましょう。

⑥ 友だちがグループに参加すると、「○○がグループに参加しました。」と表示されます。

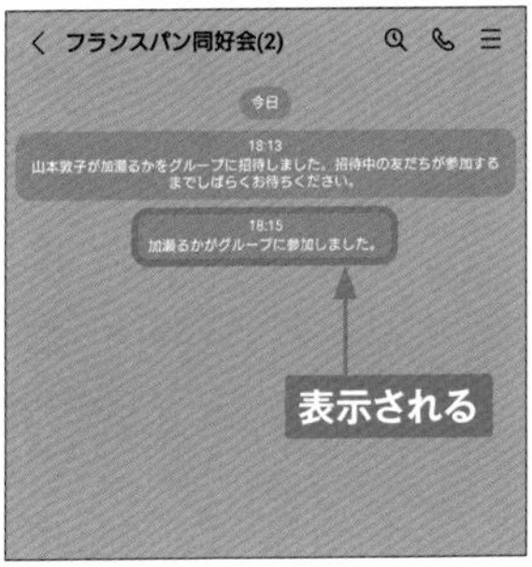

⑦ グループが友だちリストに表示されます。

Memo グループのアイコンを設定する

手順④の画面でグループ名左横のアイコンをタップすると、グループのアイコン画像を変更することができます。画像をタップして✓をタップすると、設定されます。カメラで撮影したり写真を選択したりすることも可能です。

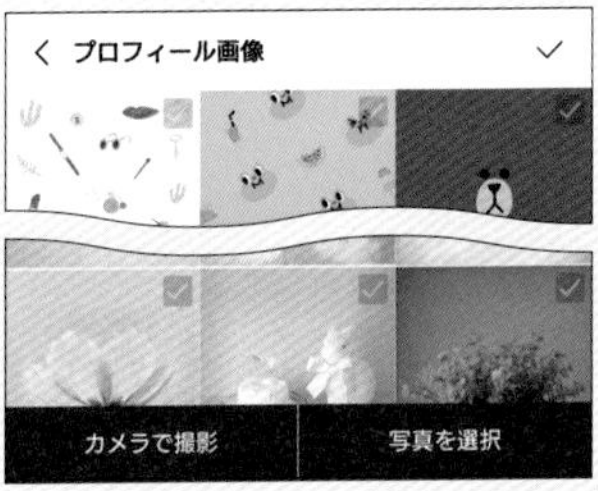

Memo 「友だちをグループに自動で追加」とは?

手順④の画面で「友だちをグループに自動で追加」をオンにしてグループトークを作成すると、「○○が○○をグループに追加しました。」と表示され、友だちが強制的に追加されます。友だちは「参加」または「拒否」を選択できません（P.89手順④参照）。また、グループ作成後にほかの人を招待すると、手順④の画面で行った設定が適用されます。

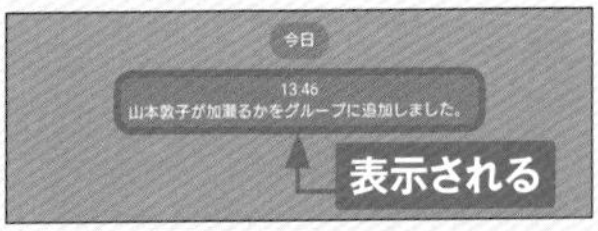

友だちをグループに招待する

1 ［ホーム］をタップし、［グループ］をタップします。

2 友だちを招待したいグループをタップします。

3 ☰をタップします。

4 ［招待］をタップします。

5 招待したい友だちをタップして選択し、［招待］をタップします。

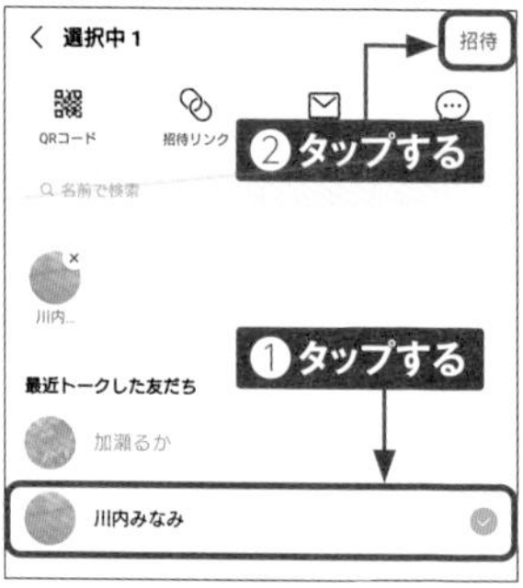

6 友だちが招待されます。

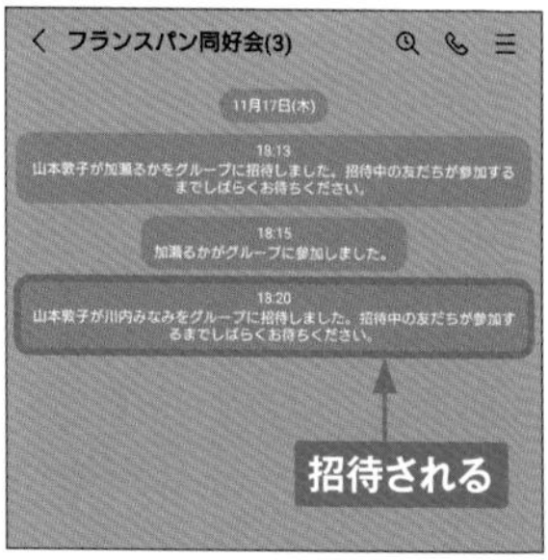

招待されたグループに参加する

1 ［ホーム］をタップし、［グループ］をタップします。

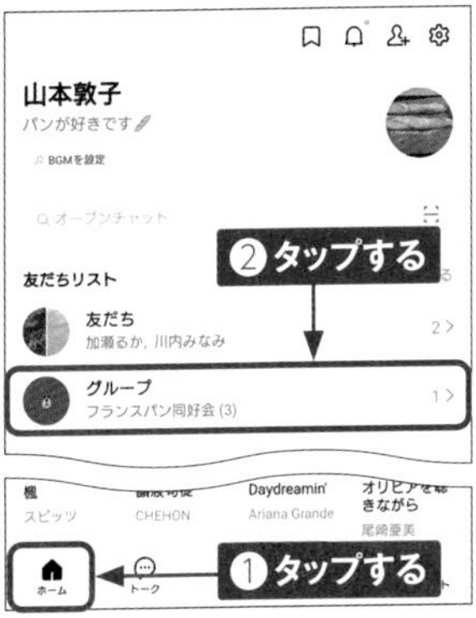

2 ［招待されているグループ］をタップします。

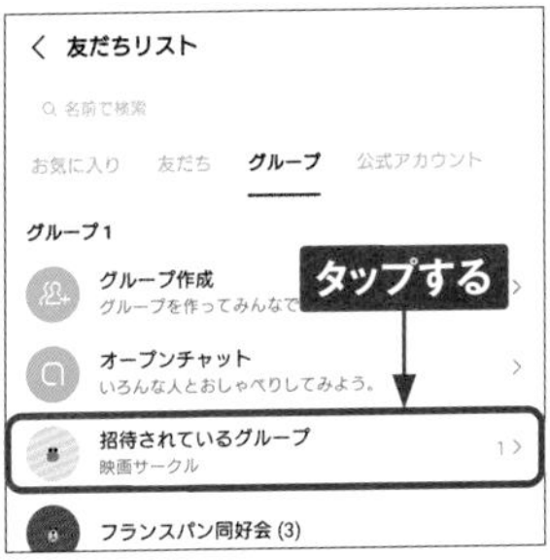

3 新しく招待されているグループをタップします。

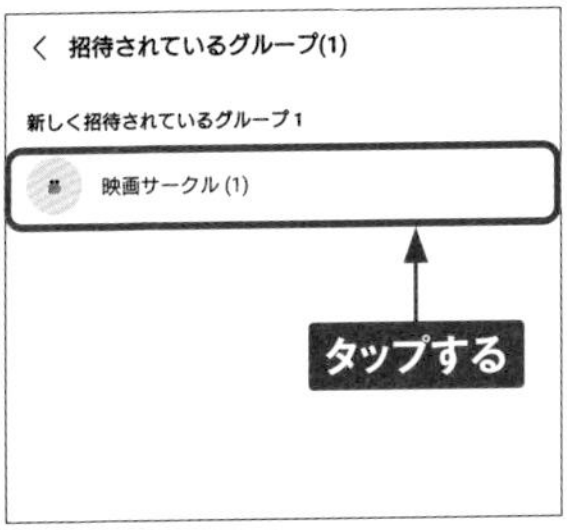

4 ［参加］または［拒否］をタップします。ここでは［参加］をタップします。

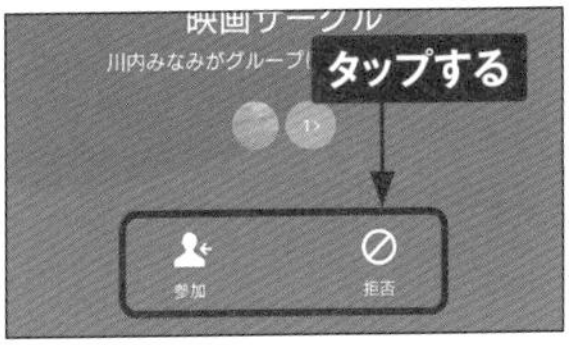

5 ［グループ表示］（iPhoneでは［グループを見る］）をタップします。

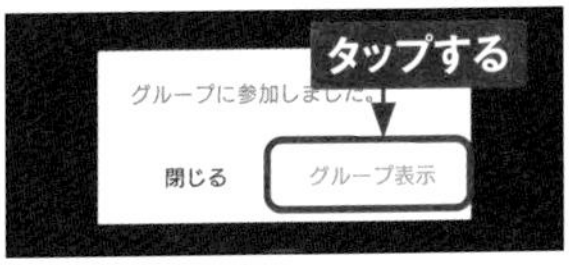

6 トークルームが表示され、グループに参加できます。

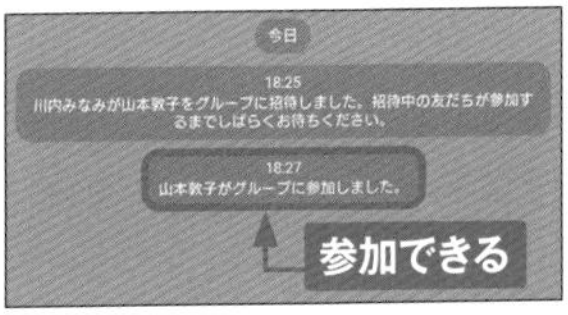

Memo グループに参加／拒否

相手が「友だちをグループに自動で追加」をオフにしてグループを作成すると、招待された友だちは「参加」または「拒否」を選択することができます。［拒否］をタップするとグループには参加できず、参加したい場合は、再度招待してもらう必要があります。

Section
54 グループにメッセージを送信しよう

LINEのグループトークでは、1対1でメッセージをやり取りするときと同様に、文章やスタンプを送信したり、写真やPDFなどを複数人で同時に共有したりすることができます。

グループにメッセージを送信する

1 ［ホーム］をタップし、［グループ］をタップします。

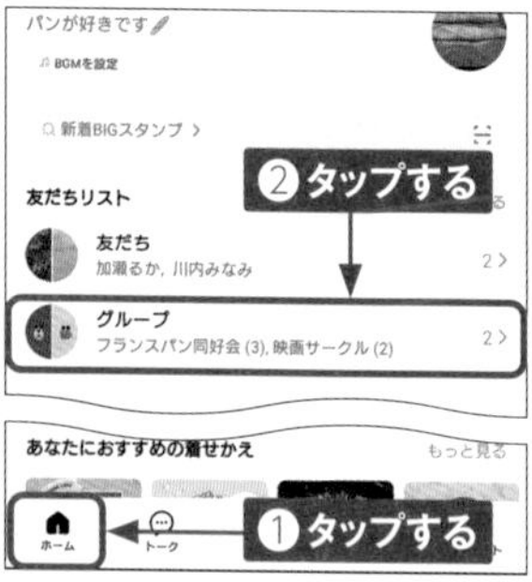

2 メッセージを送りたいグループをタップします。

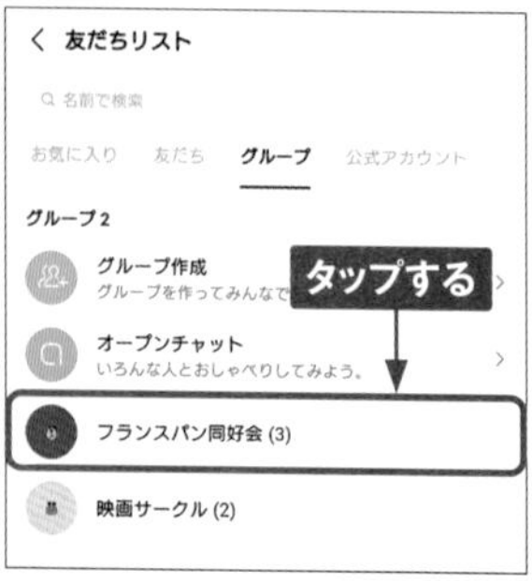

3 ［トーク］をタップします。

4 メッセージを入力し、➤をタップします。

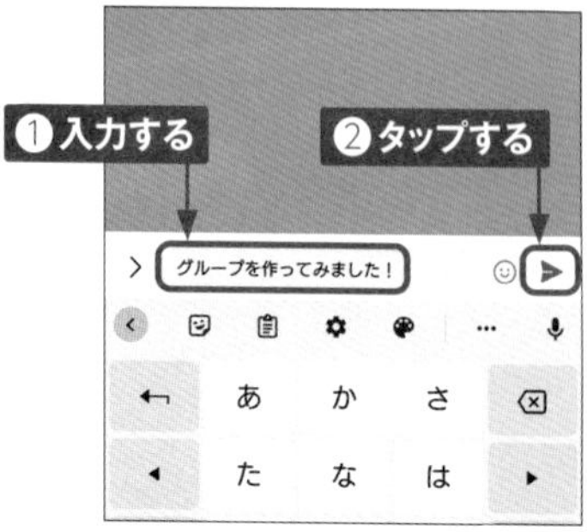

Section

55 グループの特定の人にメッセージを送信しよう

LINEには「メンション」機能というものがあり、特定の相手やグループ全体宛なのかを明確にして、メッセージを送信できます。複数の友だちとメッセージのやり取りをしているときに便利です。

グループの特定の人にメッセージを送信する

1. P.90を参考にグループのトークルームを表示し、入力欄をタップします。

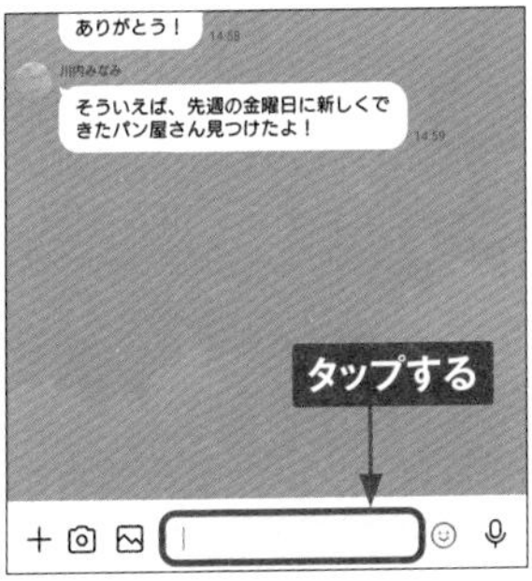
ありがとう！
14:58
川内みなみ
そういえば、先週の金曜日に新しくできたパン屋さん見つけたよ！
14:59
タップする

2. 「@」を半角で入力し、表示された特定の友だちをタップします。

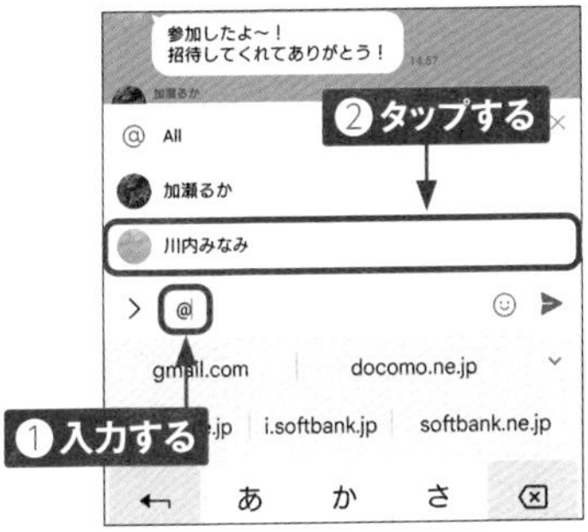
参加したよ～！
招待してくれてありがとう！
14:57
加瀬るか
②タップする
All
加瀬るか
川内みなみ
@
gmail.com
docomo.ne.jp
i.softbank.jp
softbank.ne.jp
①入力する
あ
か
さ

3. メンション相手は青字で表示されます。続いてメッセージを入力し、▶をタップします。

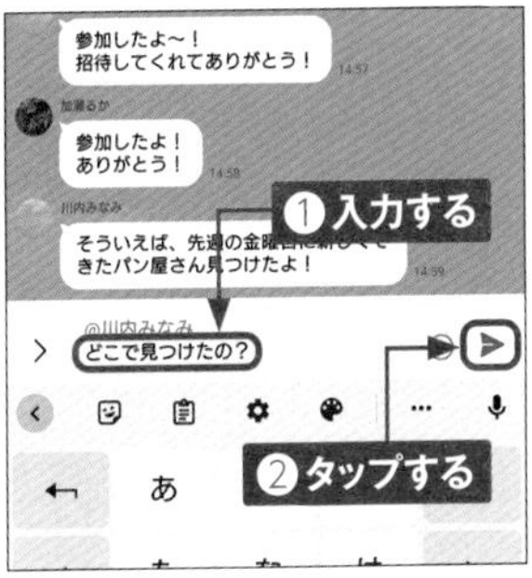
参加したよ～！
招待してくれてありがとう！
加瀬るか
参加したよ！
ありがとう！
川内みなみ
①入力する
そういえば、先週の金曜日に新しくできたパン屋さん見つけたよ！
@川内みなみ
どこで見つけたの？
あ
②タップする

4. メッセージが送信されます。メンション相手にはその旨の通知も届きます。

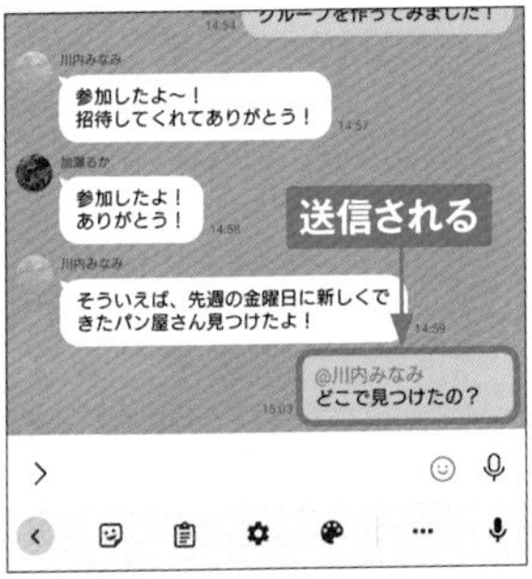
グループを作ってみました！
川内みなみ
参加したよ～！
招待してくれてありがとう！
加瀬るか
参加したよ！
ありがとう！
送信される
川内みなみ
そういえば、先週の金曜日に新しくできたパン屋さん見つけたよ！
@川内みなみ
どこで見つけたの？
15:03

Section
56 グループのメンバーを確認しよう

グループのメンバーに誰がいるのか知りたいときは、メンバーの一覧と各メンバーのプロフィール画面を確認することができます。また、グループのメンバーは、ほかのメンバーを招待したり退会させたりすることも可能です。

グループのメンバーを確認する

1 P.90手順③の画面で、メンバーのプロフィールアイコンまたは（メンバー数）をタップします。

2 グループのメンバーが一覧表示されます。プロフィールを見たいメンバーをタップします。

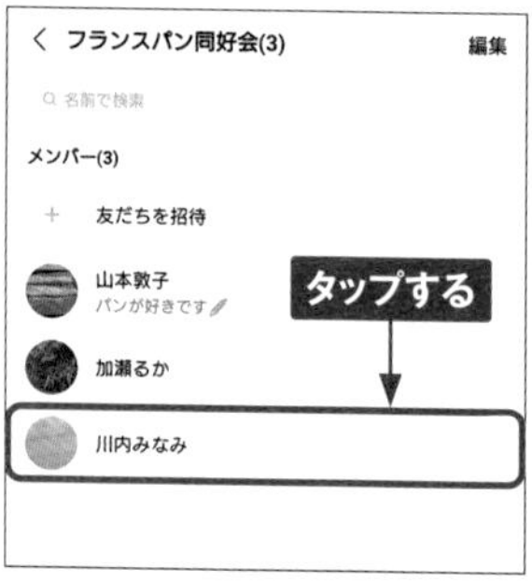

3 メンバーのプロフィールが表示されます。

Memo **グループのメンバーを退会させる**

手順②の画面で［編集］をタップし、退会させたいメンバーの［削除］→［はい］（iPhoneでは退会させたいメンバーの➖→［削除］→［削除］）の順にタップすると、退会させることができます。双方のトークルームには「○○が○○をグループから削除しました。」と表示されます。

Section **57**

グループでビデオ通話をしよう

グループでも、トークルームから音声通話やビデオや通話を発信することができます。メンバーは、通話が進行中であればいつでも参加が可能です。自分を合わせて最大500人までの無料通話が行えます。

グループでビデオ通話をする

1 P.90を参考にビデオ通話したいグループのトークルームを表示し、📞→［ビデオ通話］の順にタップします。

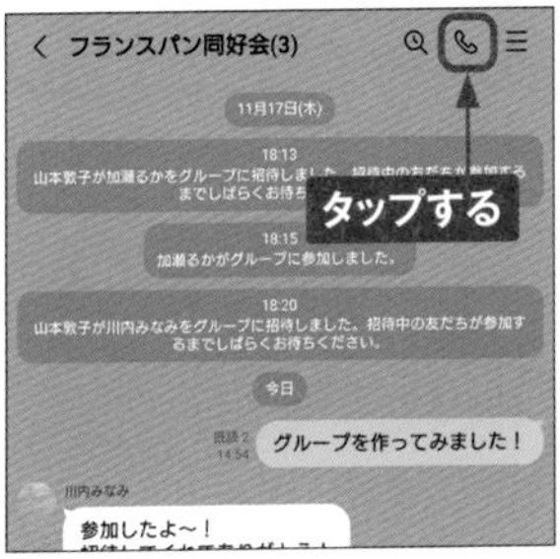

2 ［参加］をタップします。

3 グループのメンバーが参加すると、画面が分割され、通話が開始されます。

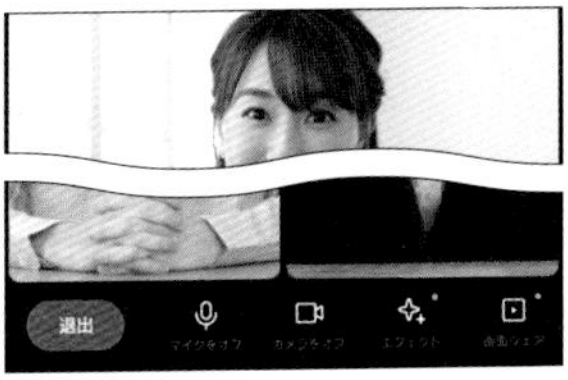

Memo グループのビデオ通話に参加する

グループのメンバーの1人が通話を開始すると、通知が届きます。「LINE」アプリを起動し［トーク］をタップして参加したいグループをタップしましょう。トークルームで［参加］→［参加］→［参加］の順にタップすると、グループ通話に参加できます。

Section
58 グループでアルバムを作成しよう

トークルームでアルバムを作成すると、メンバーとかんたんに写真を共有することができます。写真の閲覧や保存など、使い方は1対1のトークルームの場合と同じです(P.52 ~ 54参照)。

グループのアルバムを作成する

1 P.90を参考にアルバムを作成したいグループのトークルームを表示し、☰をタップします。

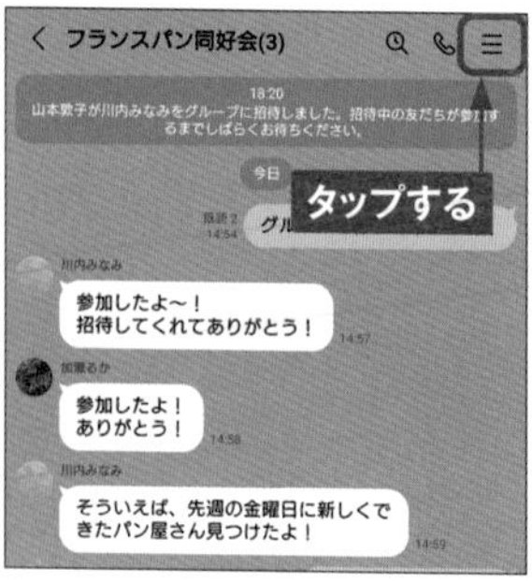

2 [アルバム]をタップします。

3 [アルバムを作成]または●をタップします。

4 アルバムにしたい写真の○をタップし、[次へ]をタップします。

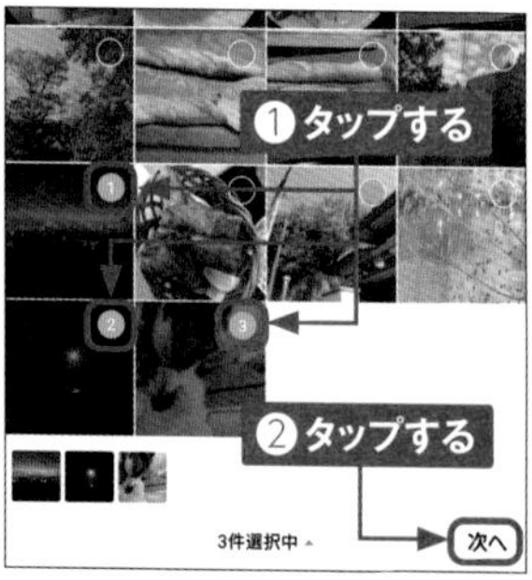

5 アルバムの名前を入力し、[作成]をタップします。

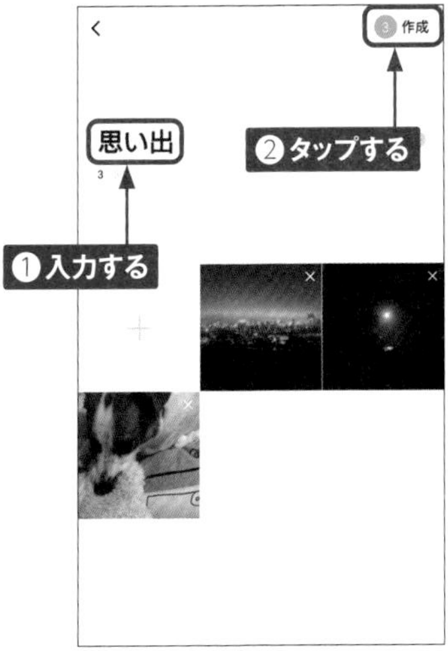

6 アルバムが作成されます。

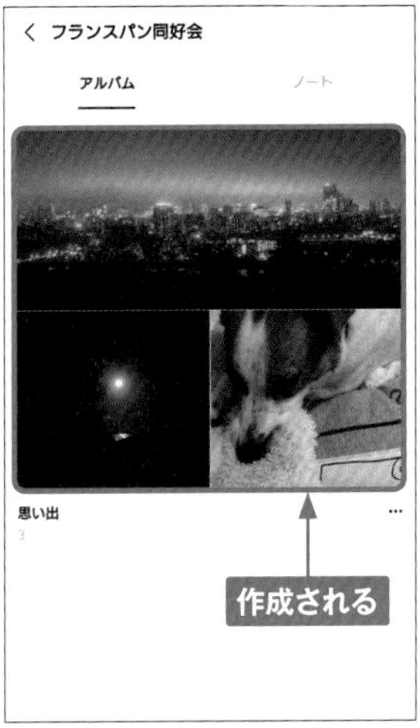

Memo トークルームの写真をアルバムに追加する

トークルーム内の写真をアルバムに追加するには、写真を長押しして［アルバム］をタップし、保存したい写真をすべて選択してから［保存］をタップし、保存先のアルバムをタップして［追加］をタップします。

Memo アルバムの写真をほかのトークルームに転送する

アルバム内の写真をほかのトークルームに転送するには、アルバムの写真一覧画面で写真を長押しし、転送したい写真をすべて選択してから< （iPhoneでは⇧）をタップして、［もっと見る］をタップしてから転送先を選択して［転送］をタップします。

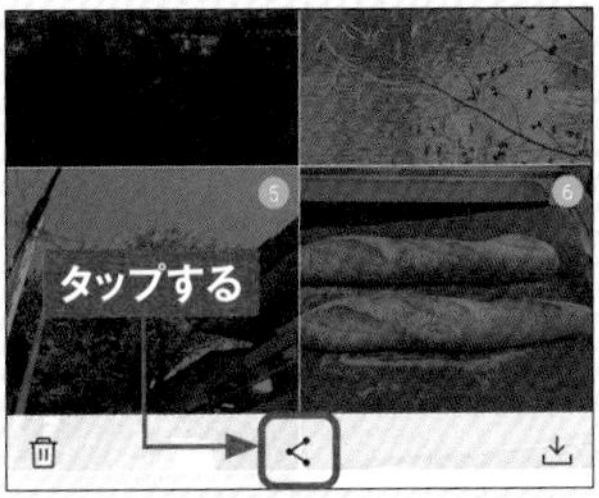

Section
59 グループでノートを使おう

大事なメモを共有したり、相手からのメッセージを保存したりしたいときは、ノートを使いましょう。保存期限がなく、メンバーは誰でも閲覧·投稿ができます。使い方は、1対1のノートの場合と同じです（P.72参照）。

グループのノートに投稿する

1 P.90を参考にアルバムを作成したいグループのトークルームを表示し、☰をタップします。

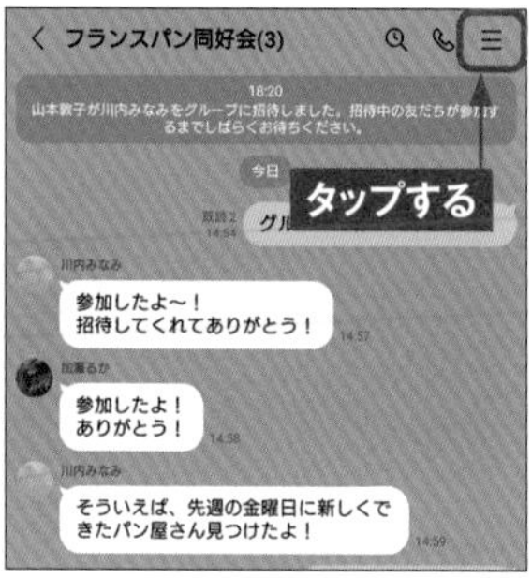

2 ［ノート］をタップします。

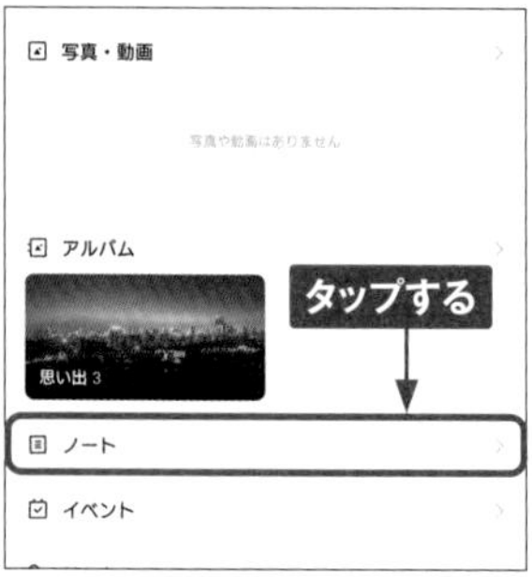

3 ［ノートを作成］もしくは●→［投稿］の順にタップします。

4 ノートに保存したい内容を入力し、［投稿］をタップします。

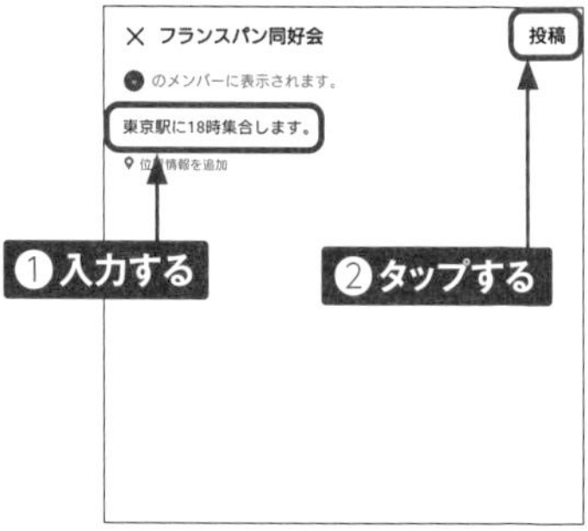

5 ノートが投稿されます。

6 投稿されたノートは、トークルームにも表示されます。

Memo ノートを削除する

投稿したノートはノート一覧から削除できます。手順①～②を参考に「ノート」画面を表示し、︙→［投稿を削除］→［削除］の順にタップすれば、投稿が削除されます。

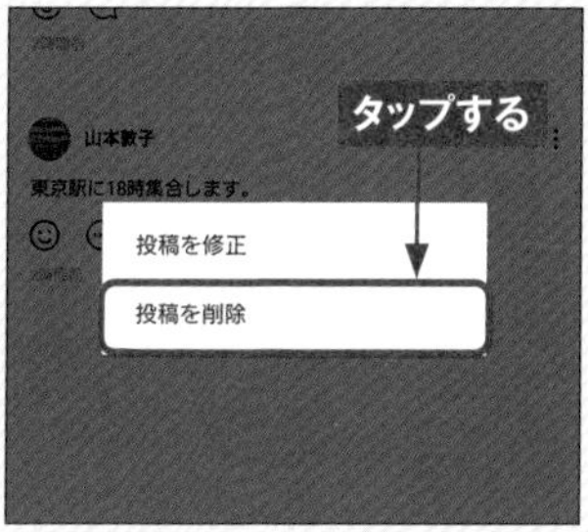

Memo 特定のトークをノートに保存する

大切なメッセージをノートに保存したい場合は、トークルームを表示し、保存したいトークを長押しします。［ノート］→［ノート］→［投稿］の順にタップすると、メッセージがノートに投稿されます。

Section
60 グループから退会しよう

必要がなくなったグループは、退会しましょう。グループを退会すると、トーク履歴もメンバーリストもすべて削除されるため、再度参加するには、誰かに招待してもらう必要があります。

グループから退会する

1 P.90を参考に退会したいグループのトークルームを表示し、≡をタップします。

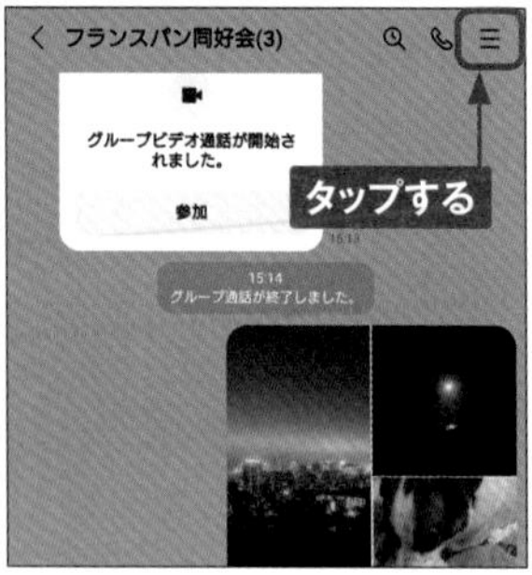

2 ［退会］をタップします。

3 ［はい］（iPhoneでは［退会］）をタップします。

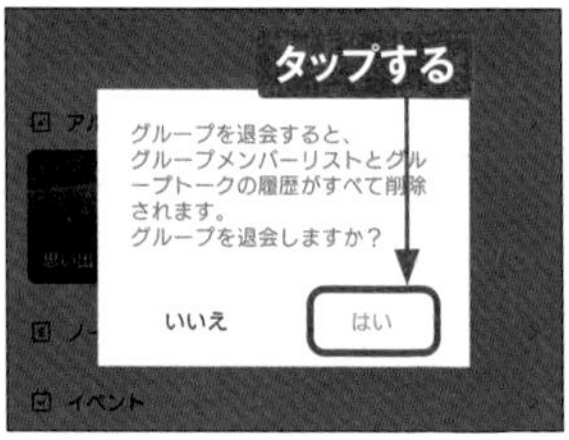

Memo グループを退会した場合

グループのメンバーは、ほかのメンバーを退会させたり（P.92 MEMO参照）、グループから自分が退会したりすることができます。グループを退会すると、「○○がグループを退会しました。」と表示されます。

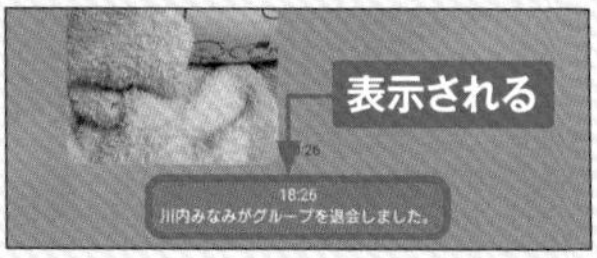

LINE編

第5章

LINEのQ&A

Section 61

LINE Payで買い物するには?

LINE Payは、LINEが提供するモバイル決済サービスです。LINE Payに登録してお金をチャージすると、友だちどうしでお金を送金し合ったり、お店やオンラインショップで買い物するときに、キャッシュレスで支払いをしたりすることができます。

LINE Payでできること

●チャージ

銀行口座やコンビニのATMなどを利用してチャージすることができます。

●出金

LINE Payの残高を、登録した口座などを通して現金化することができます。

●送金

友だちどうしで送金・送金依頼したり、個人や法人の銀行口座に振り込んだりすることができます。

●決済

QRコードやバーコードをスキャンしての決済や、タッチ決済などを行うことができます。

LINE Payを利用する

●LINE Payに登録する

1 [ウォレット]をタップし、[今すぐLINE Payをはじめる]をタップします。なお、送金や銀行口座からのチャージには本人確認が必要です。

2 [はじめる]をタップします。

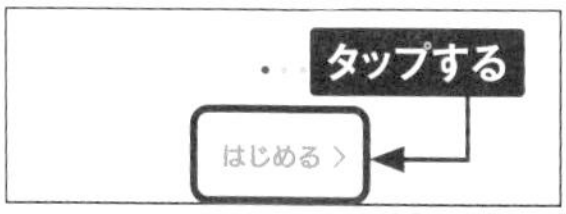

3 規約の をタップして にし、[新規登録]をタップします。

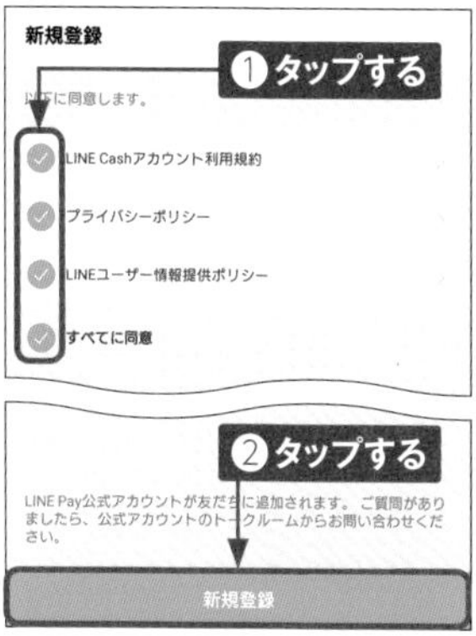

●LINE Payにお金をチャージする

1 左の手順①の画面で[LINE Pay]をタップします。

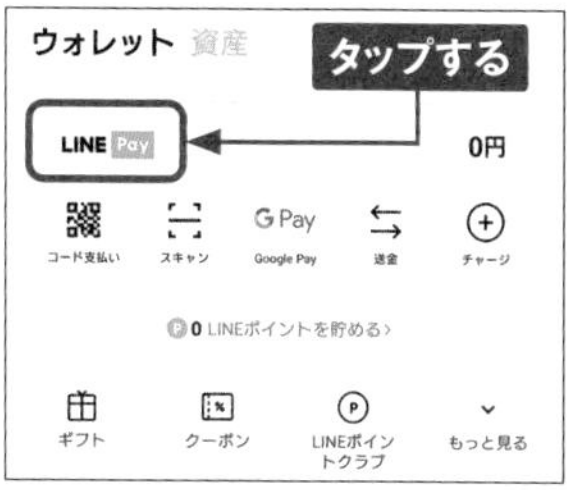

2 +をタップします。

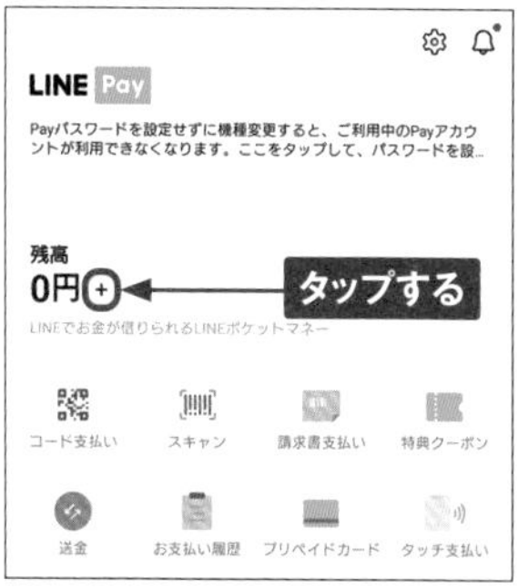

3 チャージ方法が表示されるので、タップして選択し、画面の指示に従って操作します。

Section 62

LINEポイントを溜めると何に使える?

LINEポイントとは、展開されるミッションをクリアすることで楽しく貯められるポイントサービスです。ギフト券やスタンプなどとの交換やLINE Payなどでの支払い時に利用できます。

LINEポイントを入手する

1 P.101手順①の画面で［LINEポイントクラブ］をタップします。

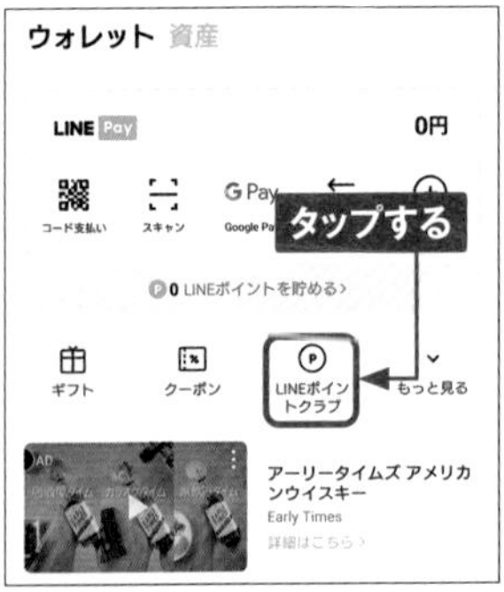

2 初回は［同意して利用する］をタップすると「LINEポイントクラブ」画面が表示されます。任意のミッションをタップします。

3 記載されている条件をタップしてクリアすると、ポイントを獲得できます。

Memo LINEポイントでできること

手順②の画面で［使う］をタップすると、LINEポイントが利用できます。ギフト券やスタンプなどさまざまなアイテムへの交換が可能です。なお、ポイントの有効期限は取得してから180日間となっています。

Section
63 LINE VOOMとは?

「LINE VOOM」とは、LINEの画面下部に表示されている「VOOM」タブで表示される動画プラットフォームです。動画を閲覧したりフォローしたりしてコンテンツを楽しめます。

LINE VOOMとは

「LINE VOOM」とは、LINEユーザーや企業の公式アカウントなどが投稿したショート動画を閲覧できるサービスです。お気に入りのクリエイターのアカウントをフォローしたり、コメントやリアクションをしたりしてユーザーとつながることができます。また、自分でアカウントを作成すれば、フォロワーに向けてコンテンツを発信することもできます。24時間で投稿が自動的に削除される「ストーリー」機能もあります。

「おすすめ」タブでは、フォローしていないおすすめの動画が表示されます。動画にリアクションをしたり、コメントを投稿・閲覧したりすることができます。また、友だちとシェアし合うことも可能です。検索して、目当ての動画を探してもよいでしょう。

「フォロー中」タブでは、フォローしているアカウントの投稿や「ストーリー」を閲覧することができます。ストーリーには、友だちだけでなく広告なども表示されます。また、自分で画像や動画などを作成したり、近況を発信したりすることも可能です。

Section
64 LINEでビデオ会議をするには？

LINEを使って無料のビデオ会議を開催することができます。参加できる人数は、自分を含めて最大500人までです。招待リンクを送れば友だちでない人やLINEを使用していない人でも参加できます。なお、招待リンクの有効期限は90日間です。

LINEミーティングを作成する

1 ［トーク］をタップし、をタップします。

2 ［ミーティング］をタップします。

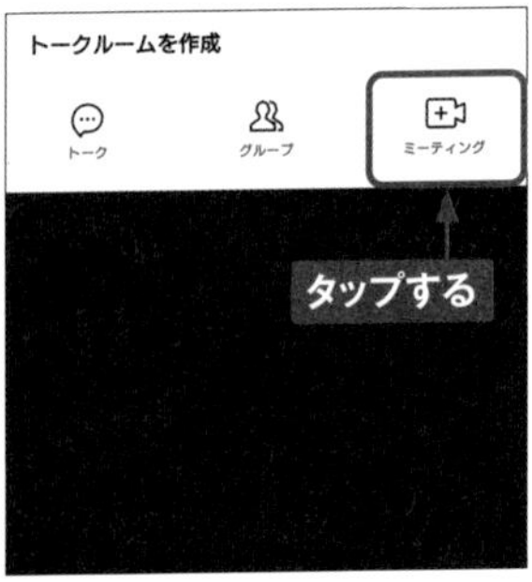

3 ［ミーティングを作成］をタップします。

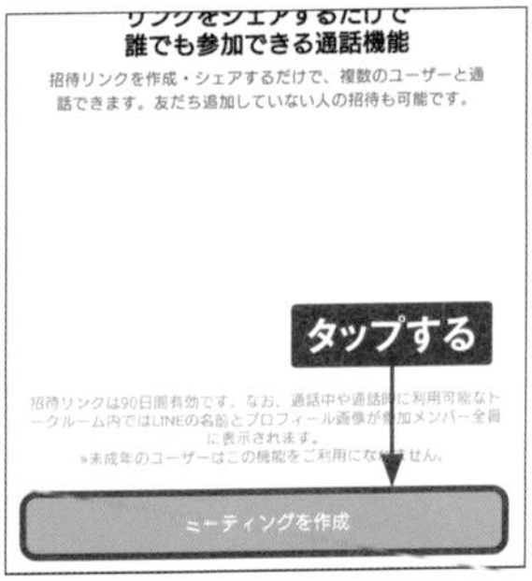

4 ミーティングが作成されます。［開始］をタップすると、ミーティングが開始されます。

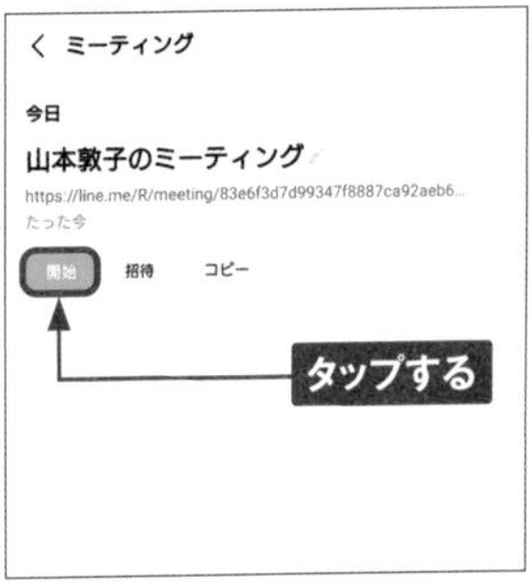

LINEミーティングに招待する

① P.104手順④の画面で［招待］をタップします。［コピー］をタップしてメールなどで招待リンクを送ることもできます。

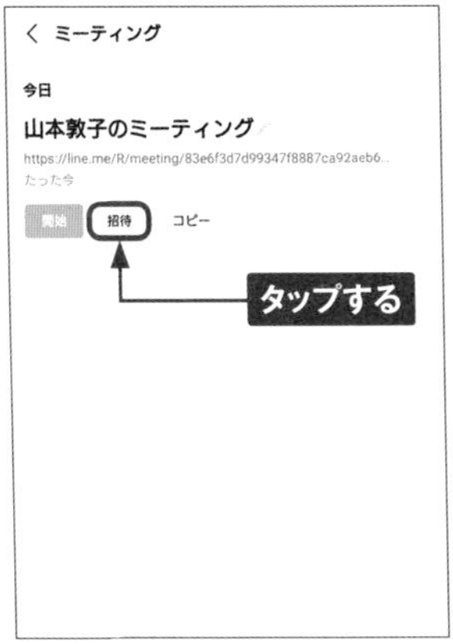

② 招待したい友だちをタップし、メッセージを入力して［転送］をタップします。

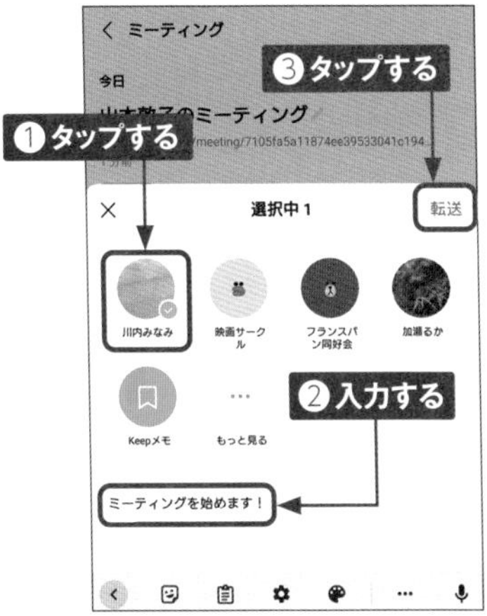

LINEミーティングに参加する

① P.34を参考にトークルームを表示し、リンクをタップします。

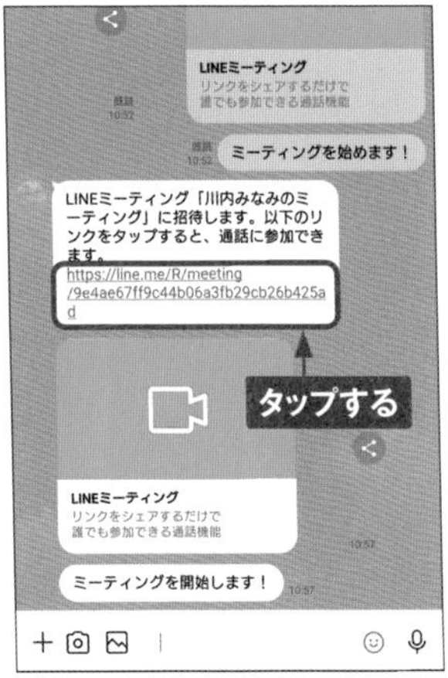

② ［参加］→［確認］の順にタップすると、ミーティングに参加できます。

Section 65

天気予報やニュースなどの便利な情報を届けてもらうには？

LINEでは、防災情報や天気予報、ニュースなどの情報を届けてもらうように設定できます。あらかじめ公式アカウントの「LINEスマート通知」を友だち追加したうえでトークルームから設定しましょう。

LINEスマート通知を設定する

1 P.104手順①の画面で検索欄をタップし、「LINEスマート通知」と入力して をタップします。

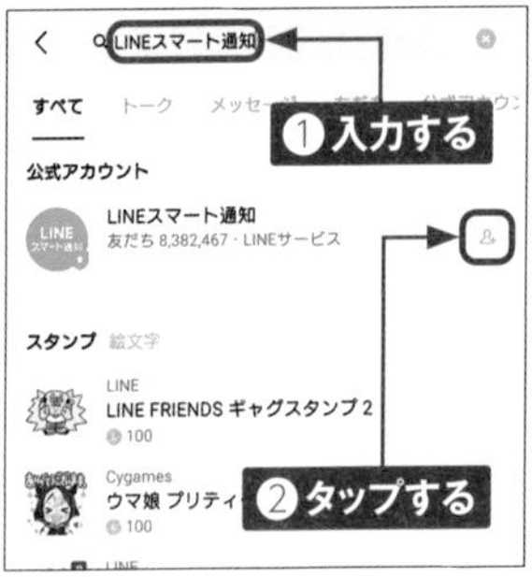

2 友だちに追加されるので［LINEスマート通知］をタップします。

3 ［トーク］をタップします。

4 画面下部の［スマート通知設定］をタップします。

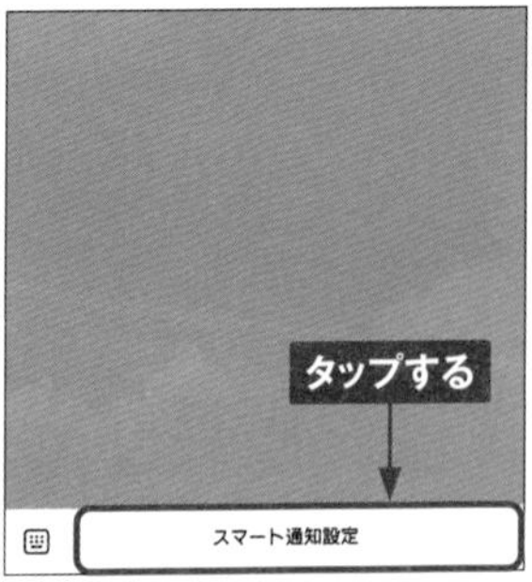

5 設定したい通知（ここでは［天気予報］）をタップします。

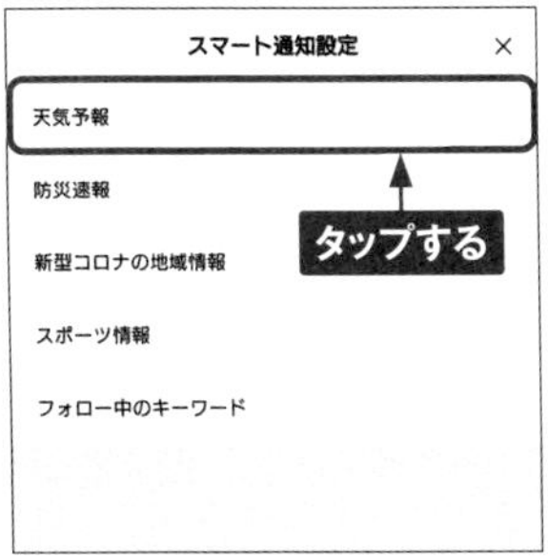

6 「地域の設定」の［未設定］をタップします。

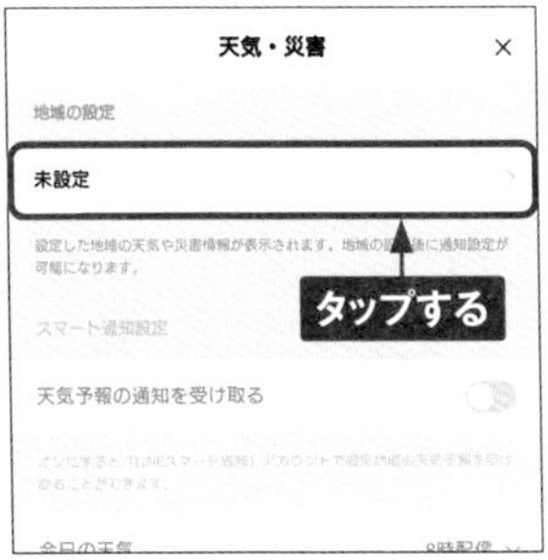

7 画面の指示に従って地域を設定し、［設定する］をタップします。

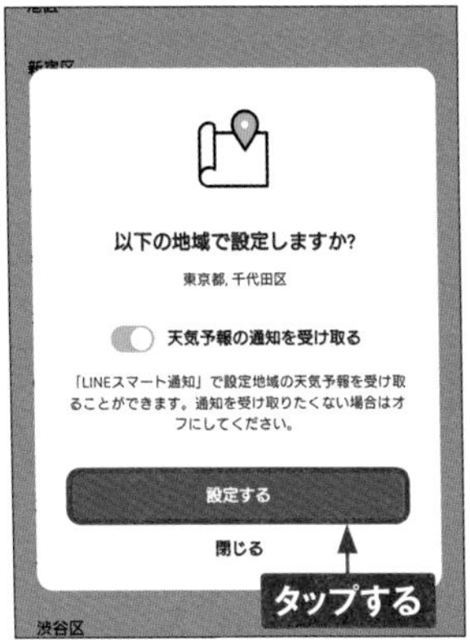

8 初回は［OK］をタップします。

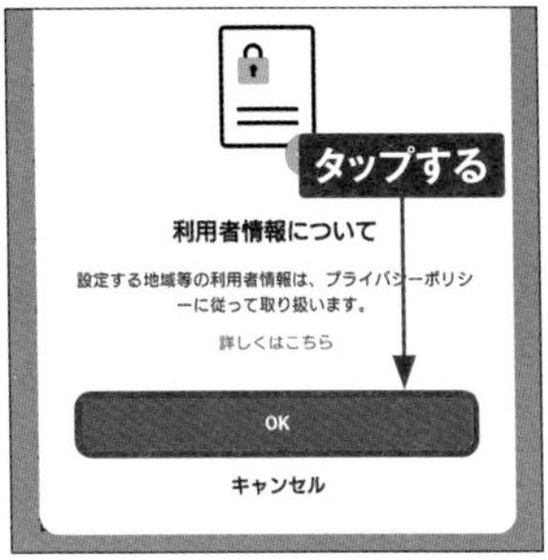

9 通知がオンに設定されます。必要に応じて配信期間などを設定します。

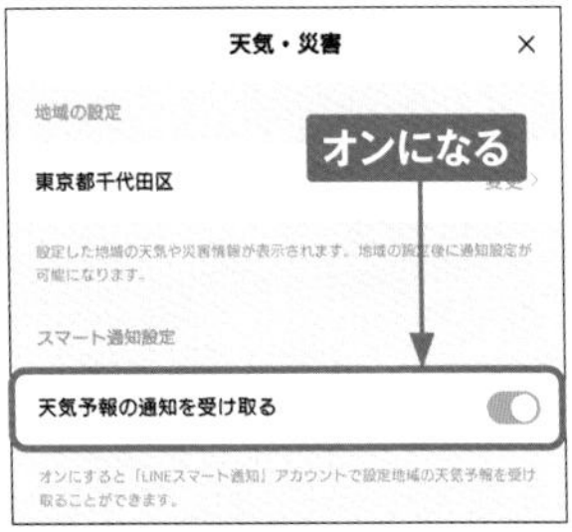

Memo **通知をオフにする**

設定した通知が不要になった場合は、通知をオフにしましょう。手順⑥の画面を表示し、［天気予報の通知を受け取る］をタップしてを にすると、通知をオフにできます。

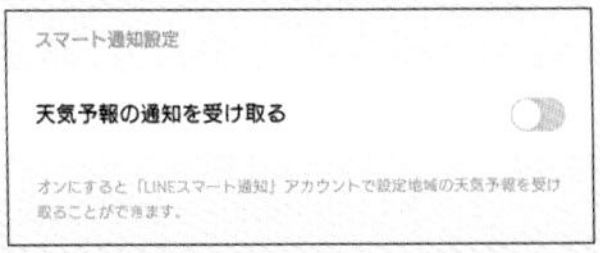

Section 66

オープンチャットでコミュニケーションを楽しむには?

オープンチャットとは、ほかのLINEユーザーと共通のテーマでトークや情報共有ができるサービスです。自分でオープンチャットを作成したり、気になるトークルームに参加したりしてコミュニケーションを楽しみましょう。

オープンチャットに参加する

1 P.104手順①の画面でをタップし、参加したいチャットをタップします。

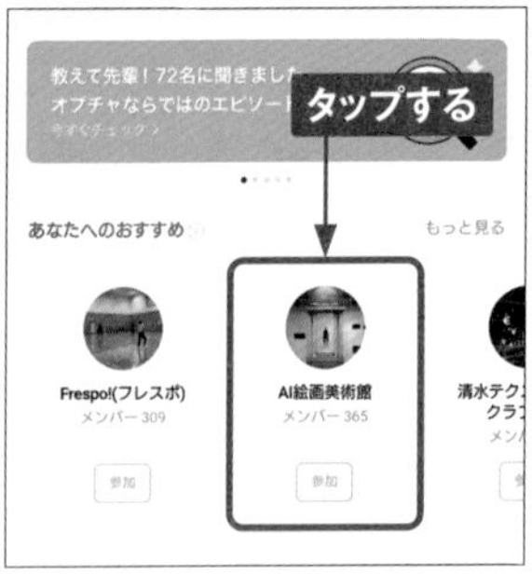

2 説明文を確認し、[新しいプロフィールで参加]をタップします。

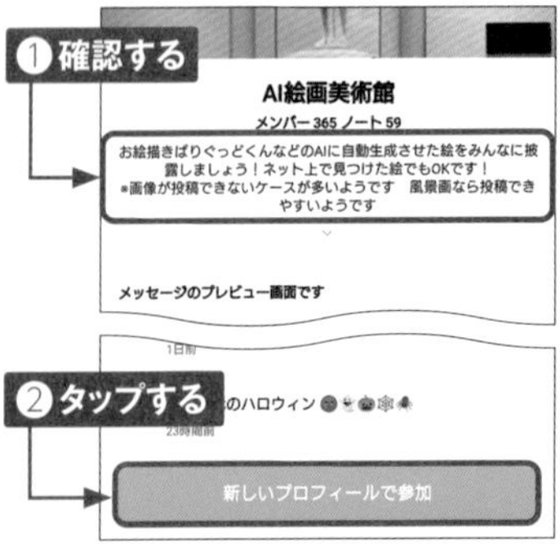

3 自分のプロフィールアイコンとニックネームを設定し、[参加]をタップします。

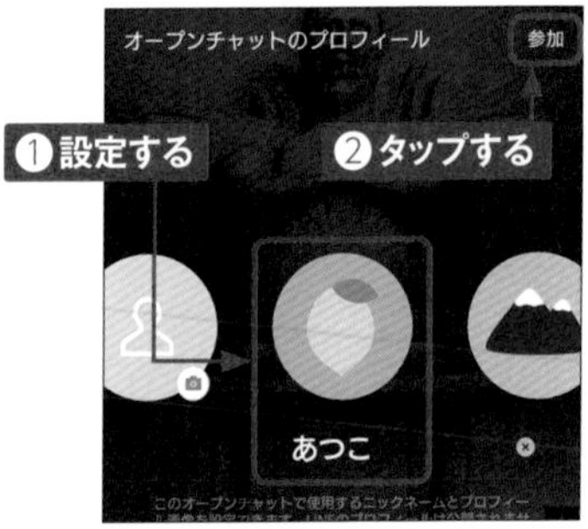

4 トークルームが表示され、チャットに参加できます。

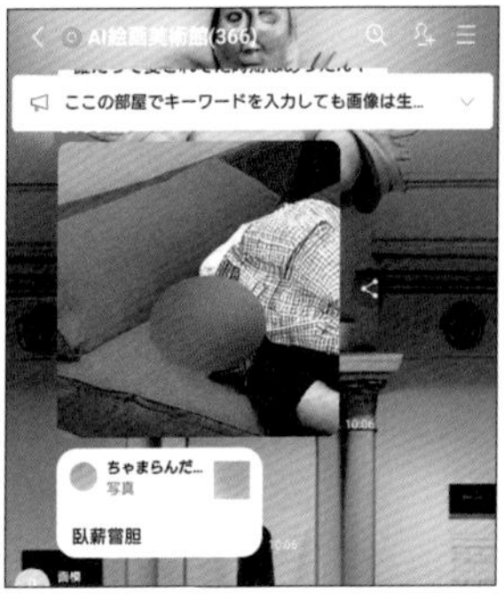

オープンチャットを作成する

1 P.104手順①の画面で をタップします。

2 をタップします。

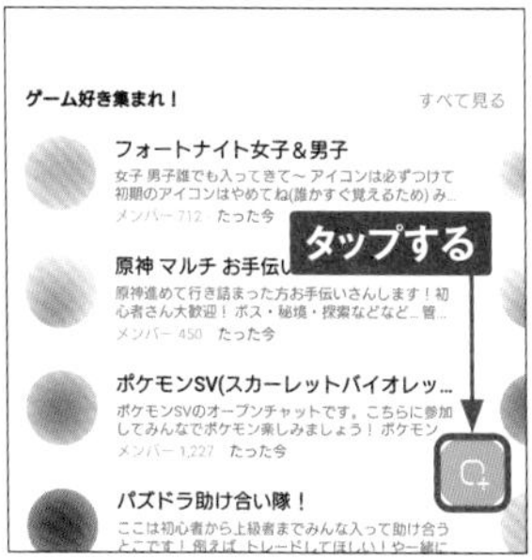

3 初回は［同意］をタップします。

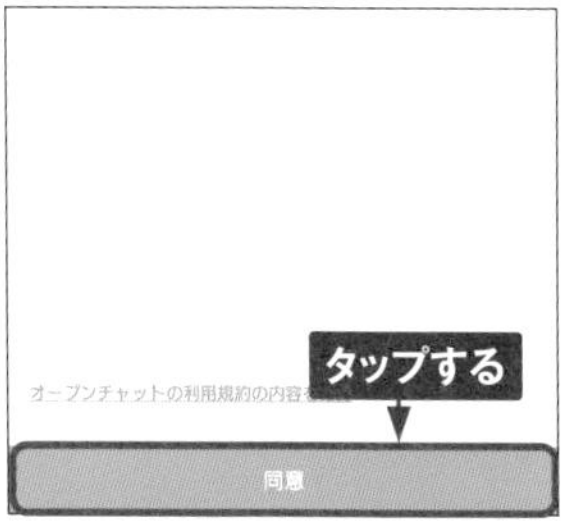

4 オープンチャット名や説明などを入力し、［次へ］をタップします。

5 自分のプロフィールアイコンとニックネームを設定し、［完了］をタップします。

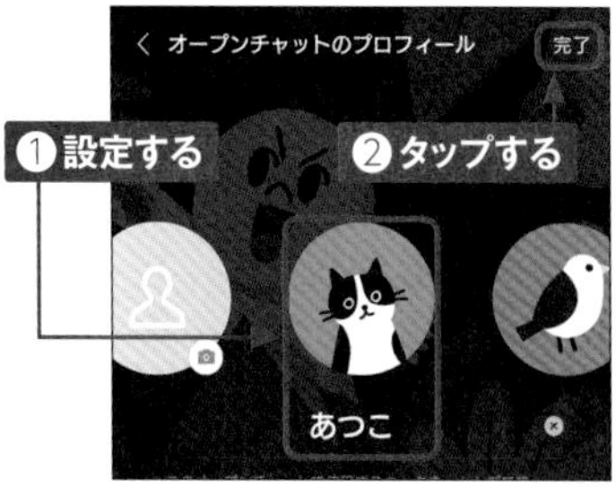

6 オープンチャットが作成されます。

Section 67

カメラの文字認識機能とは?

「文字認識」機能とは、印刷された文字や手書きの文字を読み取って、文章にすることができる機能のことです。読み取った文章をそのまま友だちに送信したり、翻訳したりすることも可能です。

文字認識機能を利用する

1 ［ホーム］をタップし、をタップします。

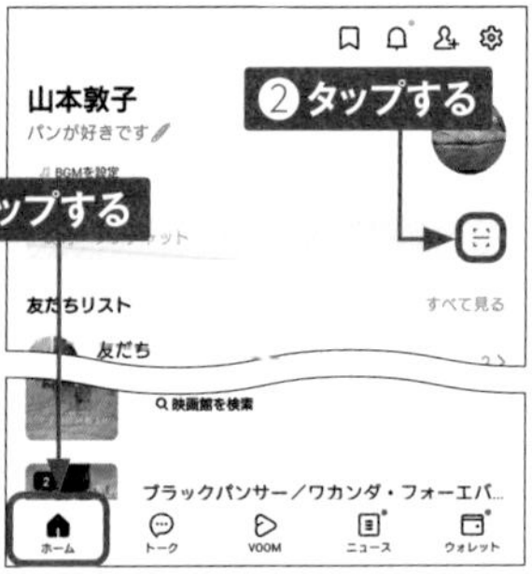

2 ［文字認識］をタップします。

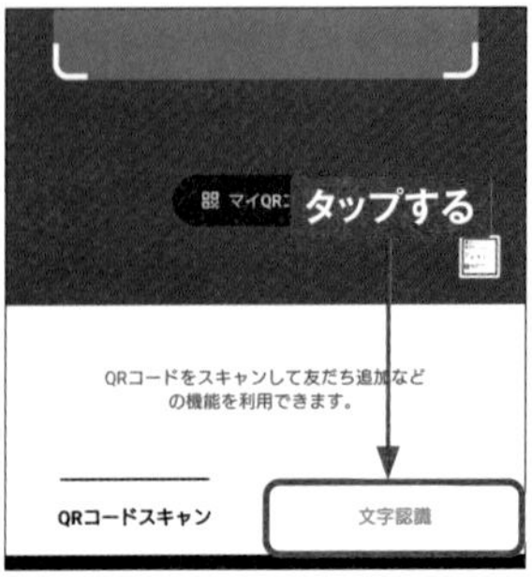

3 画面に文字を写し、をタップして撮影します。

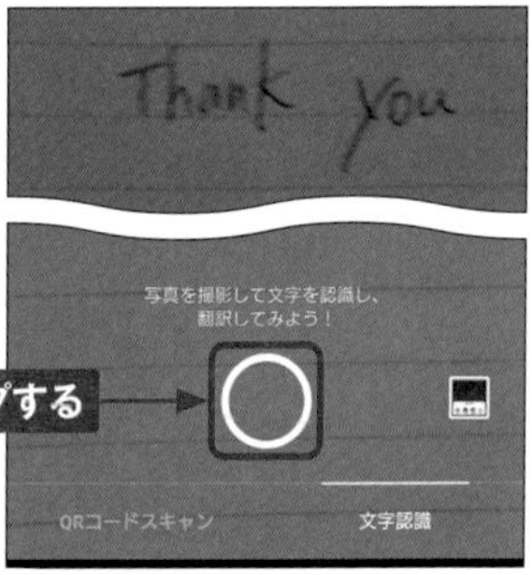

4 文字が読み取られ、テキストが表示されます。［○○に翻訳］をタップすれば翻訳することもできます。

第5章 LINEのQ&A

LINE
Instagram
Twitter
Facebook

Section 68

LINEクーポンや LINEチラシって何?

LINEが提供している「LINEクーポン」や「LINEチラシ」は、日々のお買い物をお得に利用できるサービスです。LINEユーザーであれば誰でも利用できるサービスなので、活用してみましょう。

LINEクーポン・LINEチラシとは

「LINEクーポン」とは、店舗名やカテゴリからお店を検索して、クーポンを利用できるサービスです。飲食店での注文やコンビニ、スーパーや薬局などといった全国5万店舗以上の施設で利用できます。
「LINEチラシ」とは、紙面チラシをLINEで配信するサービスです。お目当てのお店や郵便番号を検索すると、近隣の店舗のチラシやお得な商品情報などを確認できます。

●LINEクーポン

[ウォレット]をタップして[クーポン](表示されない場合は、[もっと見る]をタップ)→[同意してはじめる]の順にタップします。使いたいクーポンをタップして、お店でクーポンを使いましょう。なお、クーポンには有効期限があります。

●LINEチラシ

[ウォレット]をタップして[チラシ](表示されない場合は、[もっと見る]をタップ)→[LINEチラシ利用規約に同意]→[はじめる]の順にタップします。「マイエリア」画面で住所を設定すると、周辺のお店のチラシやお得な情報などを入手することができます。

Section 69 LINEスケジュールでイベントの予定を調整するには?

LINEスケジュールを利用すると、複数の友だちと予定を立てやすくなります。招待されたメンバーは、参加の可否やコメントを入力することができます。イベントは、最終更新日から1カ月を経過すると、削除されます。

LINEスケジュールでイベントの予定を調整する

1 ［ホーム］をタップし、［追加］をタップします。

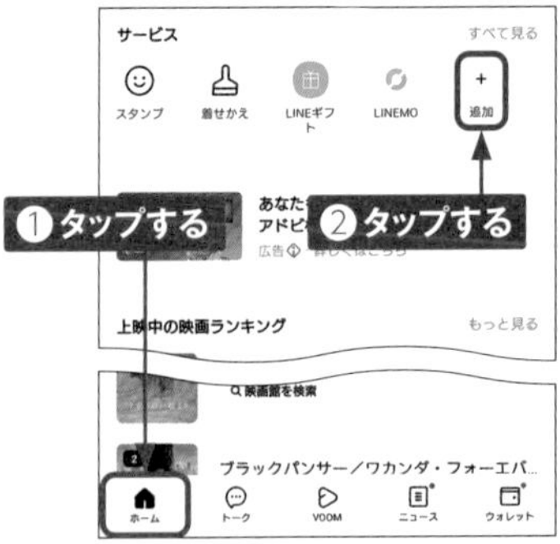

2 ［LINEスケジュール］をタップし、［保存］をタップします。

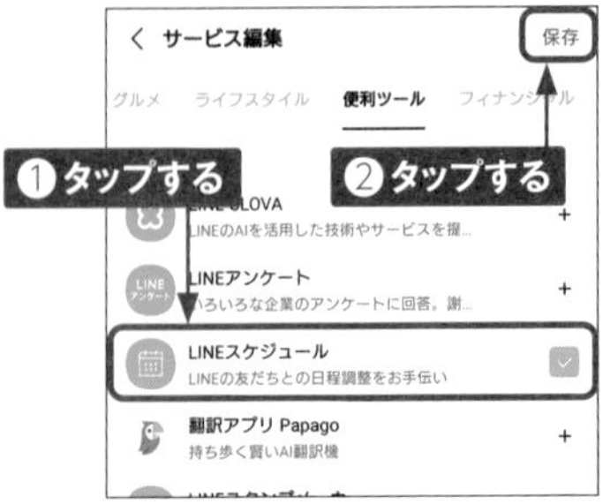

3 「ホーム」画面の「サービス」に追加されるので、［LINEスケジュール］をタップします。

4 ［イベント作成］をタップします。

第5章 LINEのQ&A
LINE
Instagram
Twitter
Facebook

5 イベント名とイベント内容を入力し、［日程選択］をタップします。

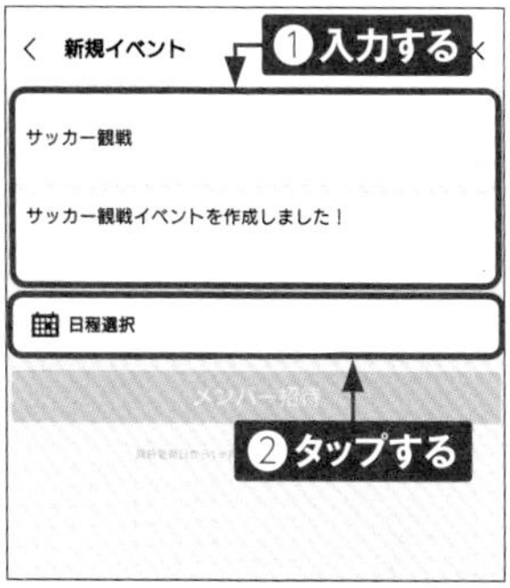

6 日程をタップして選択し、［選択］をタップします。

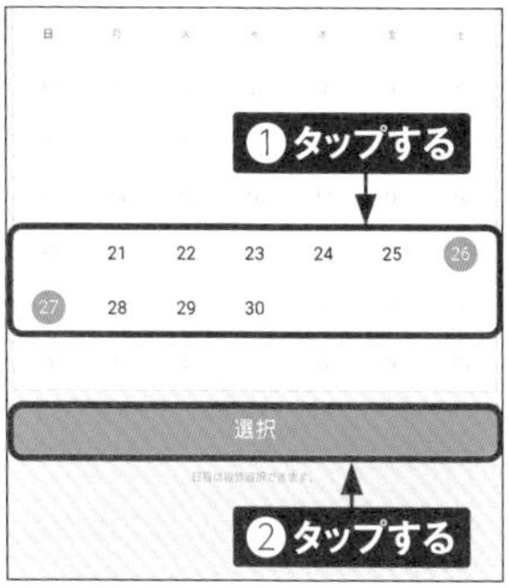

7 ［メンバー招待］をタップします。

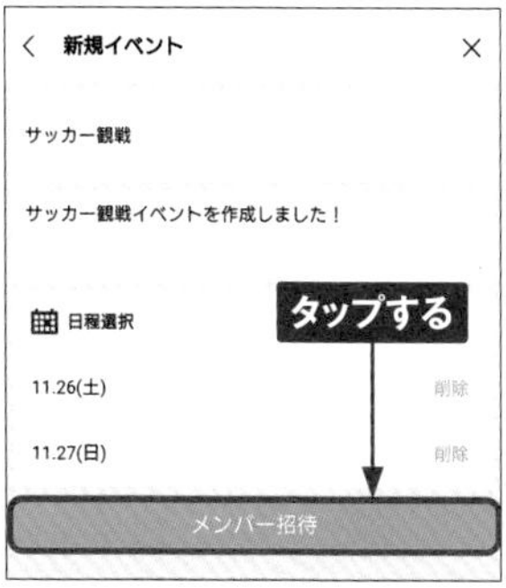

8 招待したいグループやメンバーをタップして選択し、［招待］をタップします。

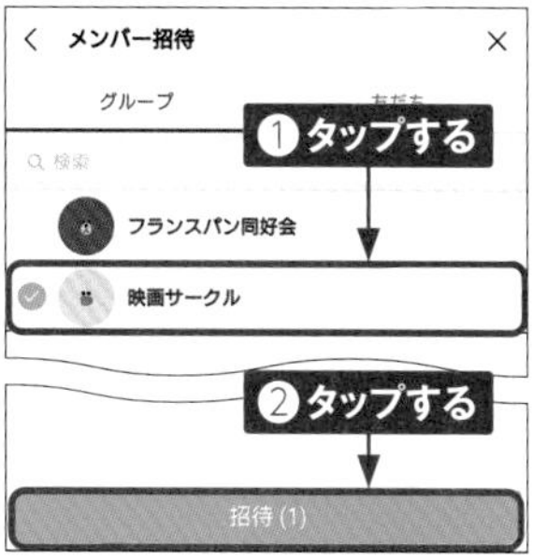

9 メッセージを入力し、［送信］→［OK］の順にタップします。

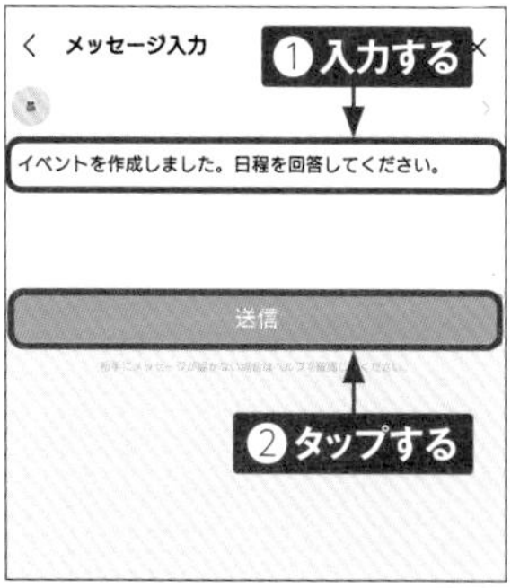

10 イベントが作成され、メンバーに送信されます。

招待されたイベントに回答する

1 P.34またはP.90を参考に、イベントに招待されたトークルームを表示し、［今すぐ確認］をタップします。

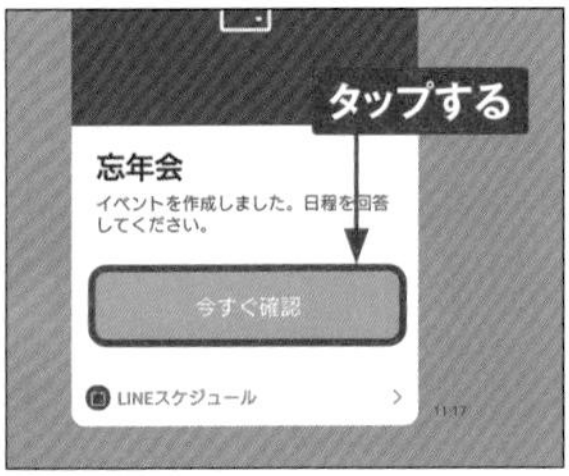

2 ［回答する］をタップします。

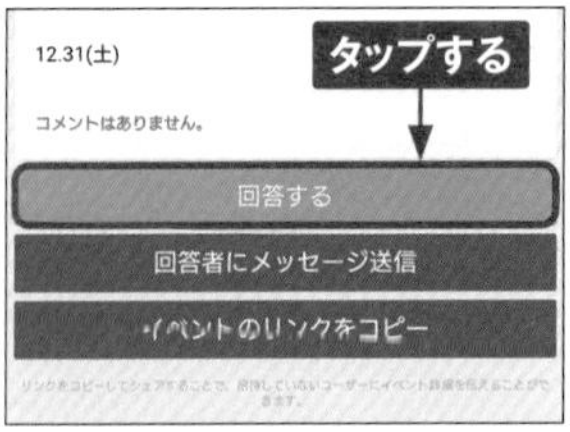

3 ［○］［△］［×］をタップして回答し、任意でコメントを入力して［選択］→［OK］の順にタップします。

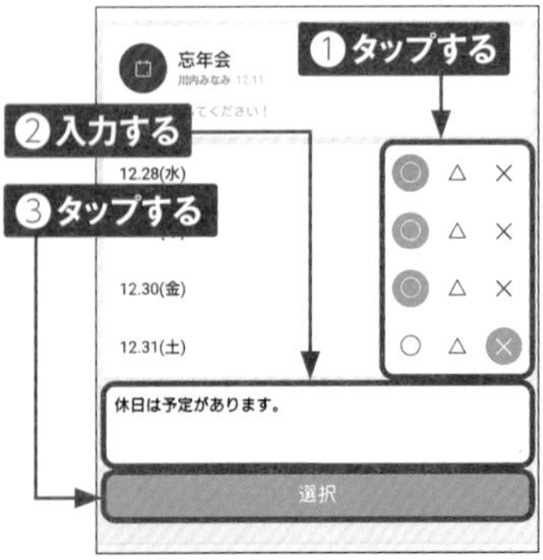

4 回答が完了します。

5 イベントの回答内容を確認したい場合は、手順③の画面で任意の日付をタップします。

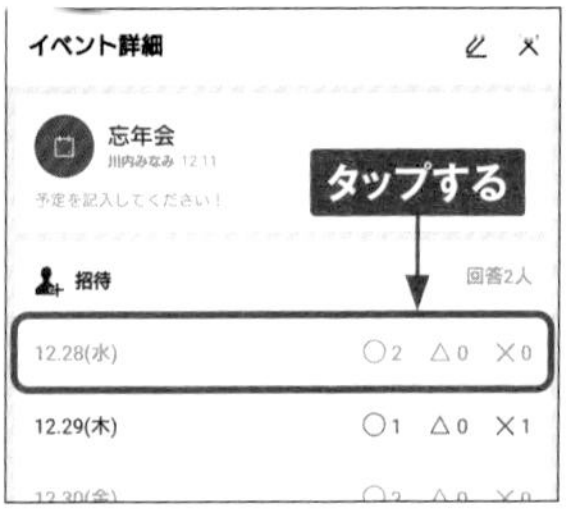

6 ユーザー名と回答内容が一覧で表示されます。

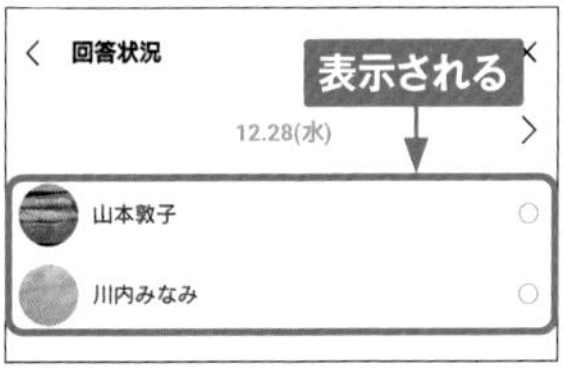

Section
70 使用しないタブを変更するには?

LINEでは、画面下部に表示される「ニュース」タブを「通話」タブに切り替えることができます。「通話」タブでは、過去の発着信履歴が一覧で表示されます。履歴をタップすると、さらに詳細な履歴が確認できます。

タブを変更する

1 P.27を参考に「設定」画面を表示し、[通話]をタップします。

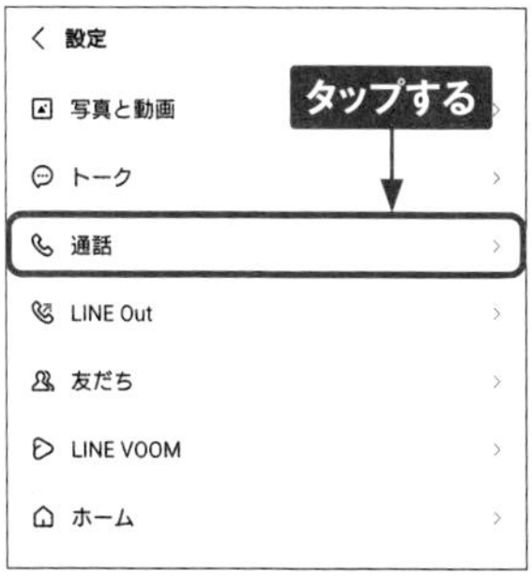

2 [通話／ニュースタブ表示]をタップします。

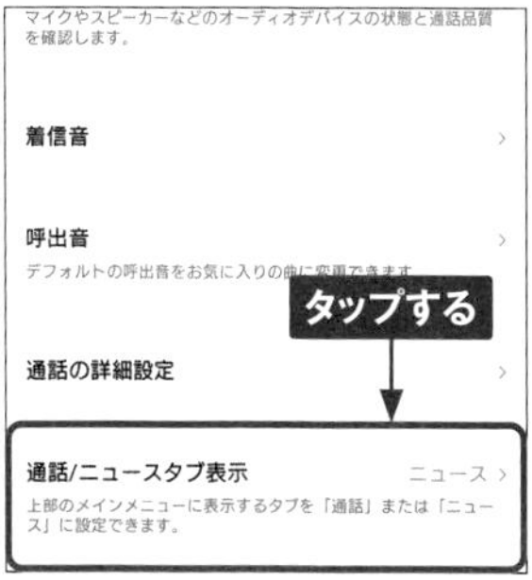

3 [通話]をタップします。

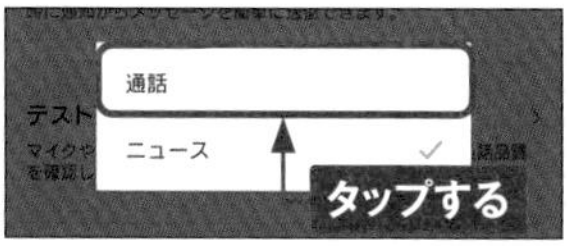

4 [変更]（iPhoneでは×）をタップすると、タブが変更されます。

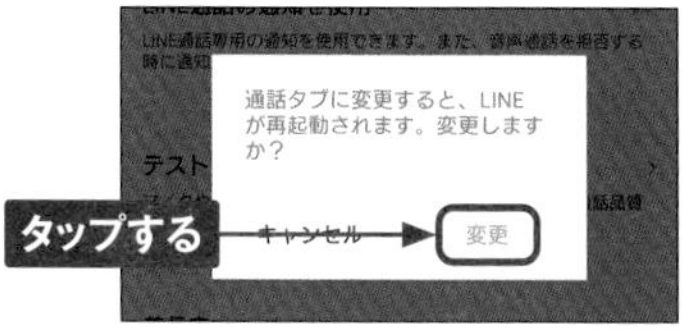

5 [通話]をタップすると、発着信履歴が表示されます。

Section 71

通知音や着信音を変更するには?

メッセージなどの通知音は、自由に変更することができます。好みの通知音を選択してほかの通知音と聞き分けられるようにしましょう。また、通話の着信音や呼出音を変更することも可能です。

Androidスマートフォンで通知音を変更する

① P.27を参考に「設定」画面を表示し、[通知]をタップします。

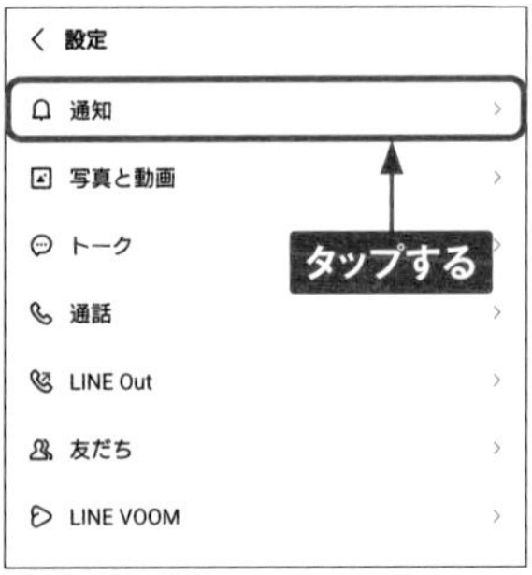

② [LINE通知音を端末に追加]→[メッセージ通知]の順にタップします。

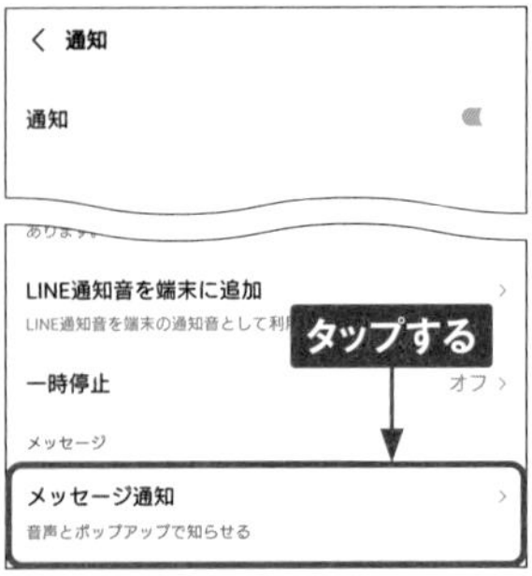

③ [音]をタップします。

④ 設定したい音をタップし、[OK]をタップします。

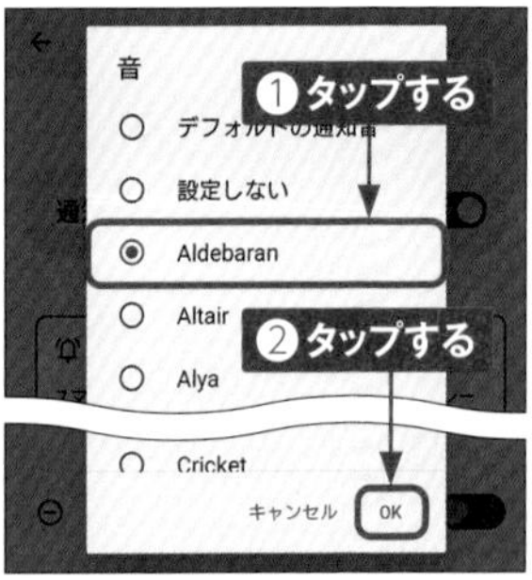

iPhoneで通知音を変更する

1 P.27を参考に「設定」画面を表示し、[通知] をタップします。

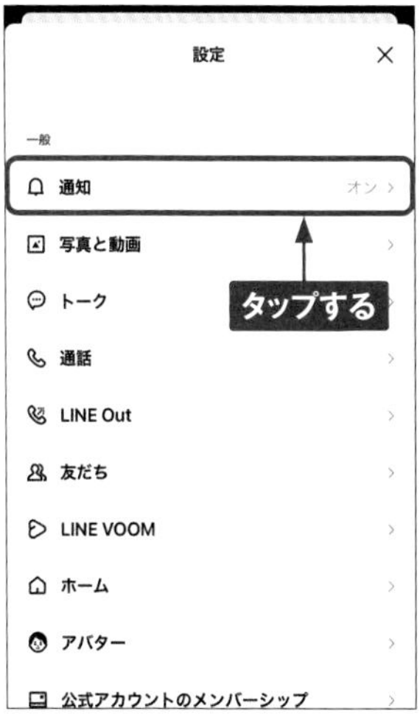

2 [通知サウンド] をタップします。

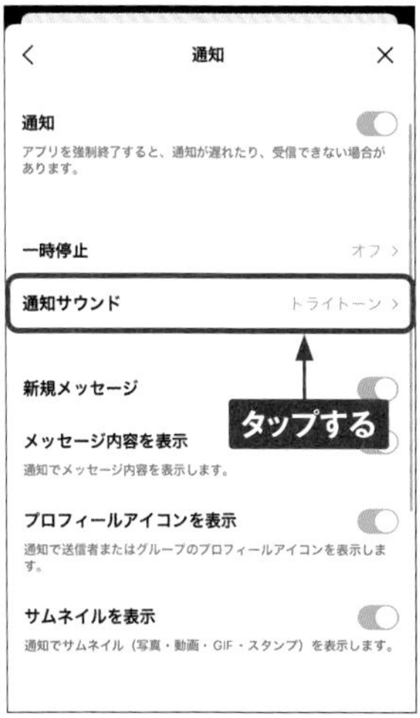

3 設定したい音をタップし、くをタップします。

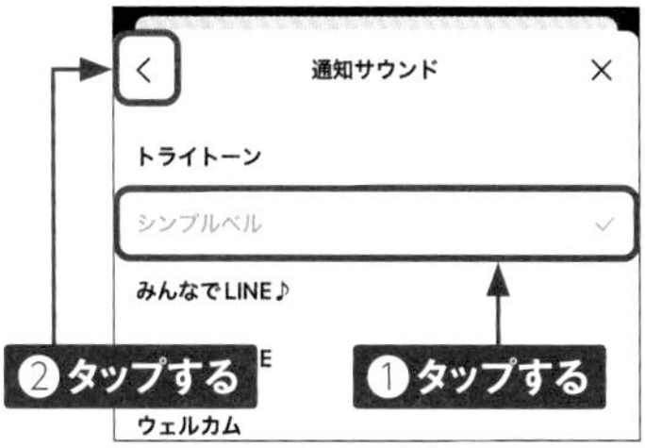

4 通知音が変更されます。

Memo 着信音や呼出音を変更する

通話の着信音や呼出音を変更するには、AndroidスマートフォンとiPhoneともに、手順①の画面で [通話] をタップし、[着信音] または [呼出音] をタップします。着信音の場合は、変更したい音の⤓をタップして変更し、呼出音の場合は、[LINE MUSICで呼出音を作成] をタップして呼出音を作成します。

Section
72 通知方法をカスタマイズするには?

LINEの通知設定には、通知の表示・非表示や一定期間通知を遅らせる「一時停止」など、さまざまな種類があります。細かく設定するには、「LINE」アプリ上だけでなく、スマートフォン本体の通知設定も変更する必要があります。

Androidスマートフォンで通知方法を変更する

1 P.27を参考に「設定」画面を表示し、[通知]をタップします。

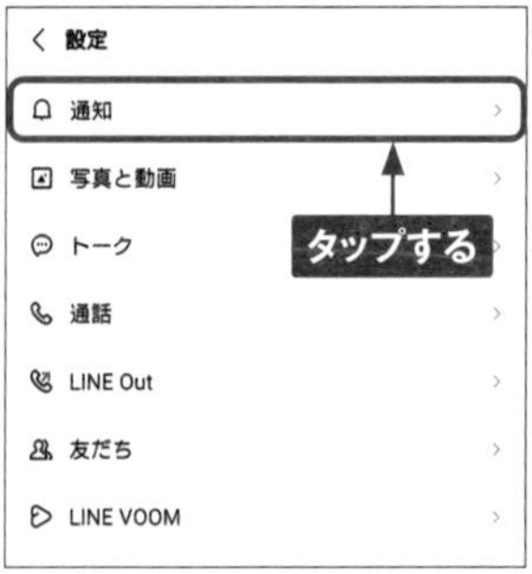

2 カスタマイズしたい通知方法(ここでは[メッセージ通知])をタップします。

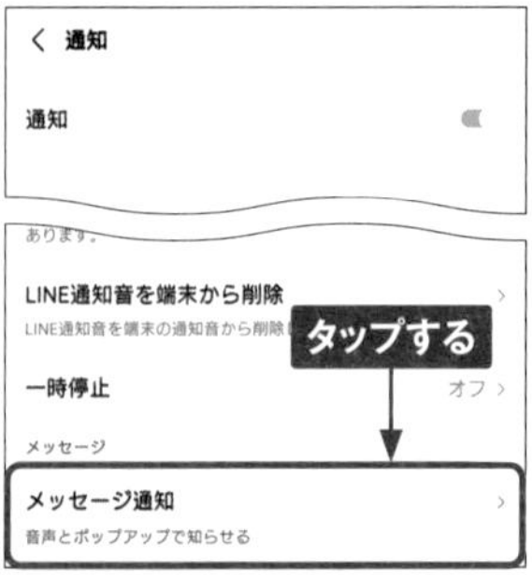

3 変更したい項目(ここでは[通知の表示])をタップします。

4 通知の表示がオフに設定されます。

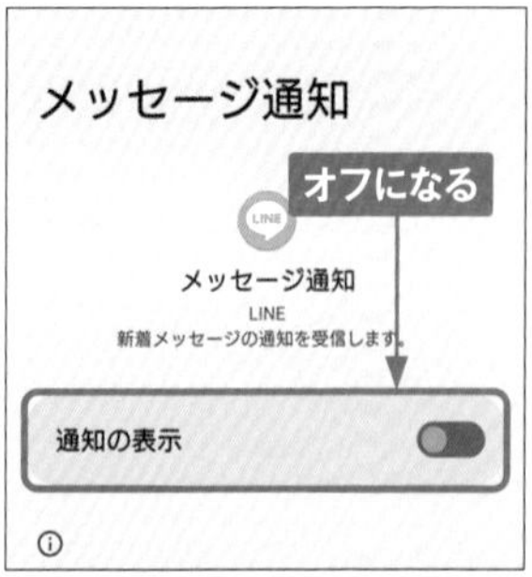

iPhoneで通知方法を変更する

1 P.27を参考に「設定」画面を表示し、［通知］をタップします。

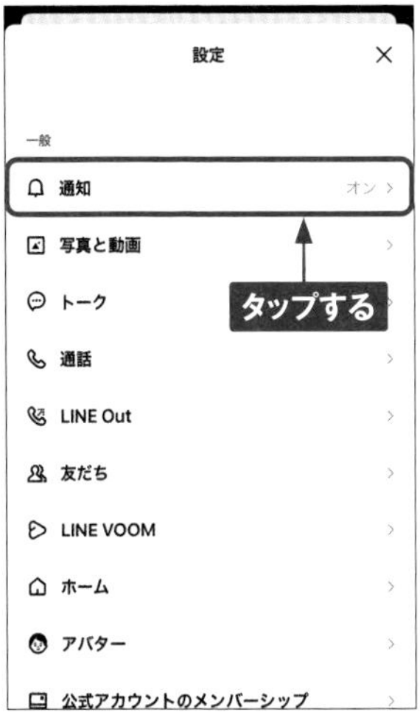

2 カスタマイズしたい通知方法（ここでは「新規メッセージ」の）をタップしてオフにします。

3 通知の表示がオフに設定されます。

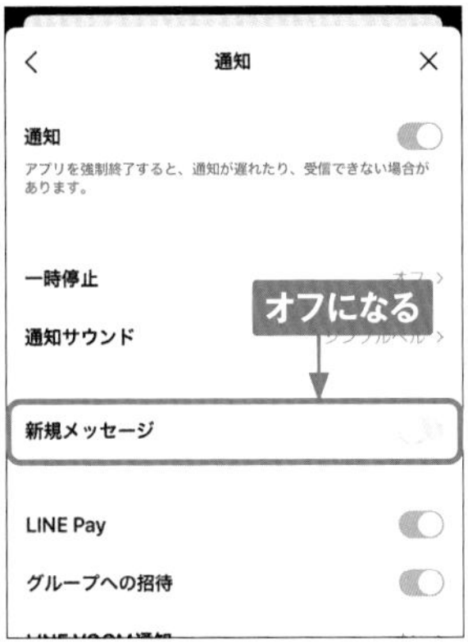

Memo **通知方法を変更できる項目**

手順②の「通知」画面では、さまざまな通知方法を設定できます。新規メッセージのほかにも、「LINE Pay」「グループへの招待」「LINE VOOM通知」「オープンチャット」「アプリ内通知」などが設定可能です。

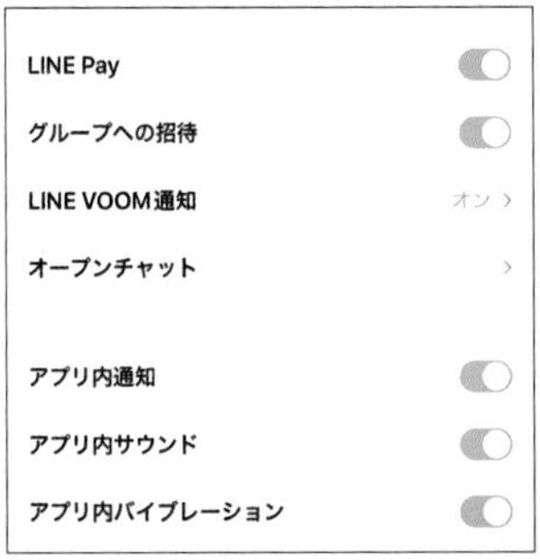

Section
73 通知にメッセージが表示されないようにするには?

LINEのメッセージを受信すると、画面上部に相手のアイコンとメッセージが表示されます。通知を表示したいがメッセージなどを見られたくない場合は、「メッセージ内容を表示」をオフにします。

通知の内容表示をオフにする

1 P.27を参考に「設定」画面を表示し、[通知]をタップします。

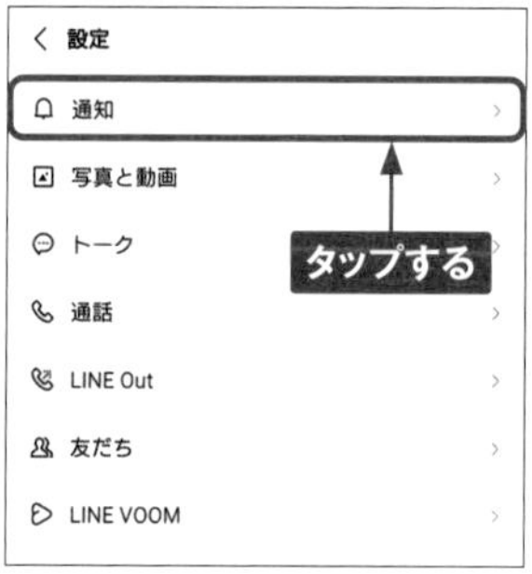

2 [メッセージ内容を表示]をタップします。

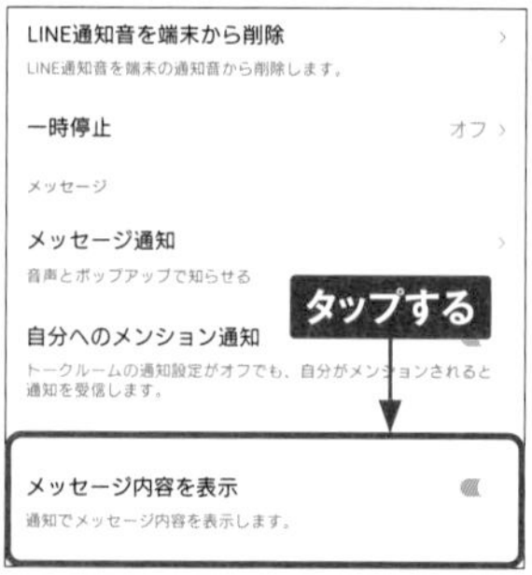

3 [メッセージ内容を表示]がオフになります。

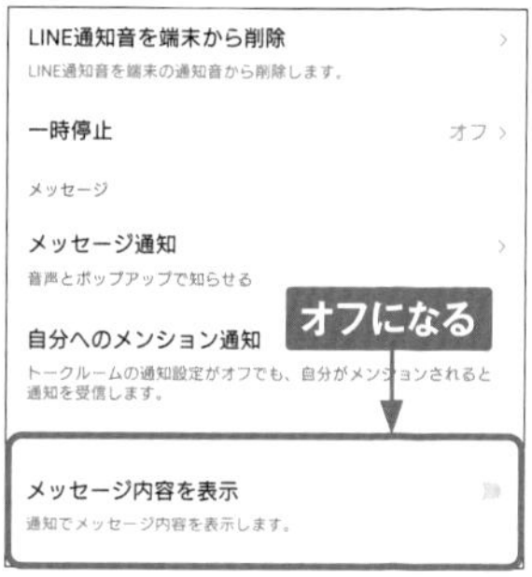

4 通知のメッセージ内容とアイコンが表示されなくなります。

Section 74 不要なキャッシュやデータを削除するには？

キャッシュとは、アプリの動作を速めるため一時的に保存されているデータのことです。増えすぎるとかえって動作が重くなるので定期的に削除しましょう。なお、キャッシュを削除してもトーク履歴や画像などデータ自体が消えることはありません。

LINEのキャッシュやデータを削除する

1 P.27を参考に「設定」画面を表示し、[トーク] をタップします。

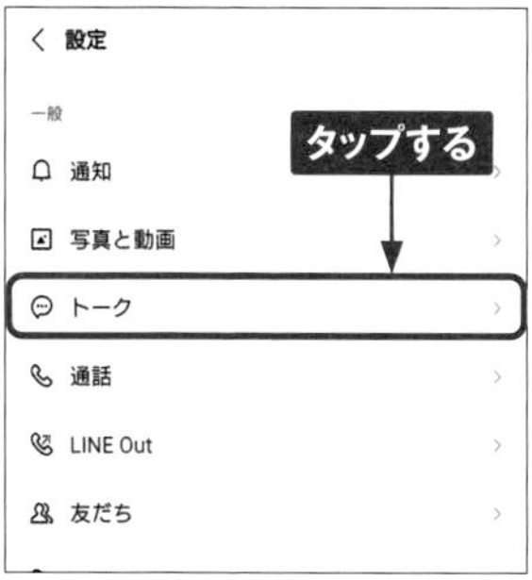

2 [データの削除] をタップします。

3 「キャッシュ」の [削除] をタップして削除します。

Memo データを削除する

手順3の画面で「写真」や「動画」などの [削除] をタップすると、それらのデータそのものが削除されるので注意してください。また、[トークごとにデータを削除] をタップすると、トークルームを選んでデータやアルバムのキャッシュを削除することができます。

Section 75

友だちを自動追加しない／されないようにするには？

望まない相手を意図せず友だちに追加してしまったり、相手に勝手に友だちに追加させられたりしてしまうことは、あらかじめ設定を変更して防ぐことができます。本書ではどちらもオフにしてアカウントを登録していますが、念のため確認しておきましょう。

友だちを自動追加しない／されないようにする

1 P.78手順①～②を参考に「友だち」画面を表示し、［友だち自動追加］（iPhoneでは→［OK］）をタップします。

< 友だち
タップする
友だち追加
友だち自動追加
端末の連絡先に含まれるLINEユーザーを自動で友だち追加します。同期ボタンをタップすると、現在の連絡先の情報を同期できます。
最終追加：
2022/11/21 13:07
友だちへの追加を許可
あなたの電話番号を保有しているLINEユーザーが自動で友だちに追加したり、検索することができます。

2 「友だち自動追加」がオフになり、友だちが自動追加されないようになります。

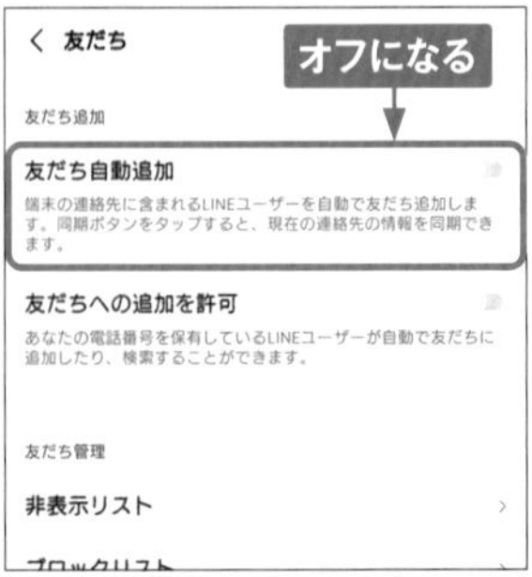

< 友だち
オフになる
友だち追加
友だち自動追加
端末の連絡先に含まれるLINEユーザーを自動で友だち追加します。同期ボタンをタップすると、現在の連絡先の情報を同期できます。
友だちへの追加を許可
あなたの電話番号を保有しているLINEユーザーが自動で友だちに追加したり、検索することができます。
友だち管理
非表示リスト

3 ［友だちへの追加を許可］（iPhoneでは→［OK］）をタップします。

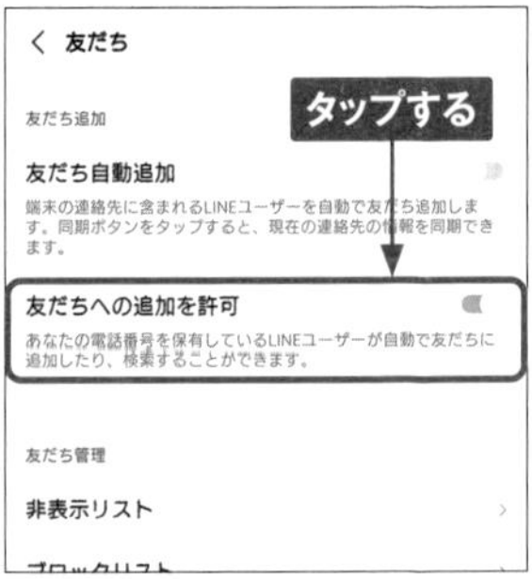

< 友だち
タップする
友だち追加
友だち自動追加
友だちへの追加を許可
あなたの電話番号を保有しているLINEユーザーが自動で友だちに追加したり、検索することができます。
友だち管理
非表示リスト

4 「友だちへの追加を許可」がオフになり、友だちからの自動追加や検索がされなくなります。

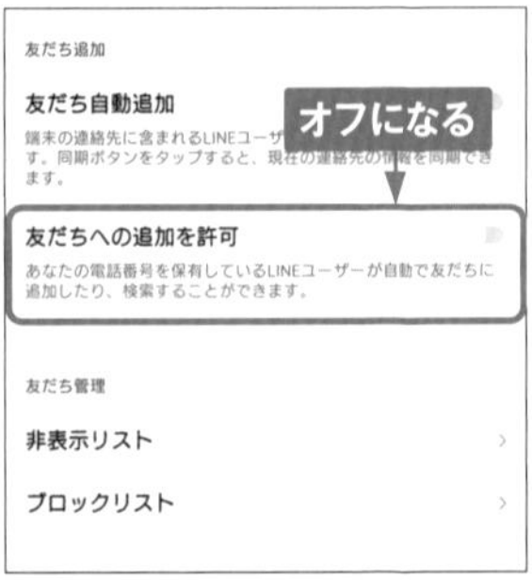

友だち追加
友だち自動追加
オフになる
友だちへの追加を許可
あなたの電話番号を保有しているLINEユーザーが自動で友だちに追加したり、検索することができます。
友だち管理
非表示リスト
ブロックリスト

第5章 LINEのQ&A

LINE Instagram Twitter Facebook

Section

76 不審なメッセージや迷惑な人を通報するには？

スパム行為や迷惑メッセージなどを受け取ったら、すぐにブロックする方法もありますが、詐欺やアカウントの乗っ取り被害に遭わないためにも、通報してLINEの運営側に知らせましょう。

不審なメッセージや迷惑な人を通報する

1 不審な人からメッセージがあった場合は、トークルームを表示し、［通報］をタップします。

く 川内みなみ
タップする
友だちではないユーザーです
追加
ブロック
通報

2 通報する理由をタップして選択し、［同意して送信］をタップします。

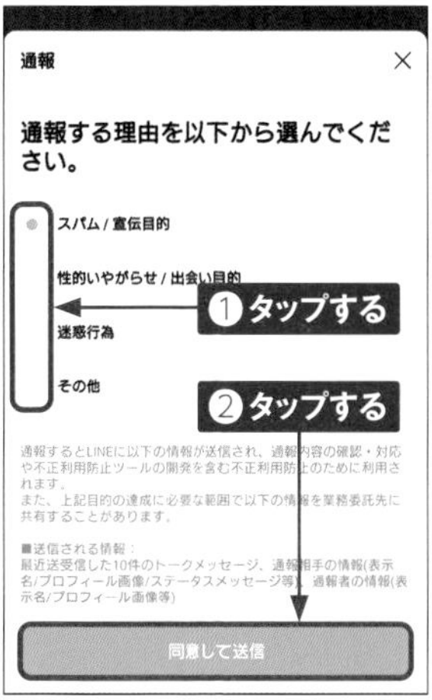

通報
通報する理由を以下から選んでください。
スパム / 宣伝目的
性的いやがらせ / 出会い目的
①タップする
迷惑行為
その他
②タップする
通報するとLINEに以下の情報が送信され、通報内容の確認・対応や不正利用防止ツールの開発を含む不正利用防止のために利用されます。
また、上記目的の達成に必要な範囲で以下の情報を業務委託先に共有することがあります。
■送信される情報：
最近送受信した10件のトークメッセージ、通報相手の情報(表示名/プロフィール画像/ステータスメッセージ等)、通報者の情報(表示名/プロフィール画像等)
同意して送信

3 ［ブロック］をタップすると、相手からのメッセージは受信できなくなります。

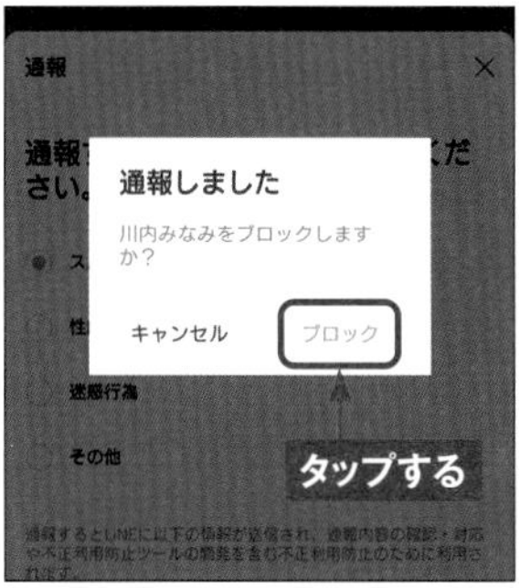

通報
通報しました
川内みなみをブロックしますか？
キャンセル
ブロック
迷惑行為
その他
タップする

Memo 通報するとどうなる？

不審な人を通報すると、LINEの運営側に通知され、通報内容に基づいて調査されます。悪質であると判断された場合は、通報されたアカウントが凍結されます。なお、通報しても自分の情報が相手に知られることはありません。

Section 77 不審なメッセージが届かないようにするには?

LINEでは、自分が友だちに追加をしていなくても、相手が友だちに追加していればメッセージが届いてしまいます。あらかじめ、自分が友だちに追加していない相手からのメッセージは届かないように設定しておくと安心です。

友だち以外のメッセージの受信を拒否する

① P.27を参考に「設定」画面を表示し、[プライバシー管理]をタップします。

設定
検索
プロフィール
個人情報
タップする
アカウント
プライバシー管理
年齢確認
Keep

② [メッセージ受信拒否]（iPhoneでは ）をタップします。

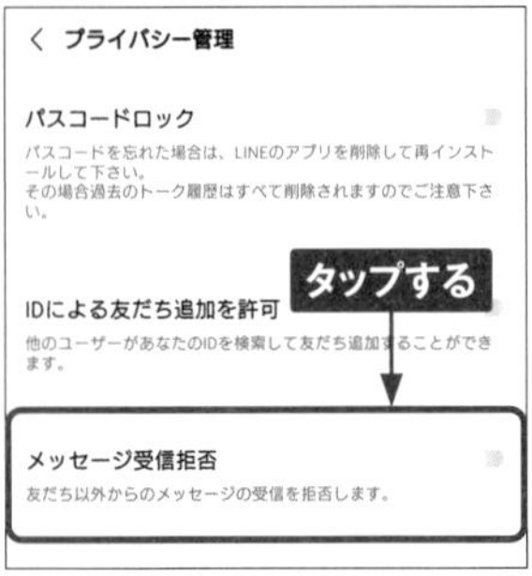

プライバシー管理
パスコードロック
パスコードを忘れた場合は、LINEのアプリを削除して再インストールして下さい。
その場合過去のトーク履歴はすべて削除されますのでご注意下さい。
タップする
IDによる友だち追加を許可
他のユーザーがあなたのIDを検索して友だち追加することができます。
メッセージ受信拒否
友だち以外からのメッセージの受信を拒否します。

③ 「メッセージ受信拒否」がオンになり、友だち以外からメッセージを受信しなくなります。

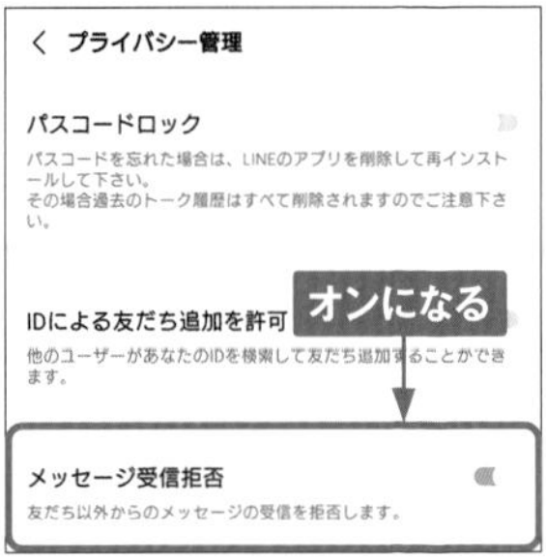

プライバシー管理
パスコードロック
パスコードを忘れた場合は、LINEのアプリを削除して再インストールして下さい。
その場合過去のトーク履歴はすべて削除されますのでご注意下さい。
オンになる
IDによる友だち追加を許可
他のユーザーがあなたのIDを検索して友だち追加することができます。
メッセージ受信拒否
友だち以外からのメッセージの受信を拒否します。

Memo メッセージ受信拒否中にメッセージが届いた場合

「メッセージ受信拒否」をオンからオフにしても、オンにしている間に届いたメッセージは表示されません。送った相手はメッセージを受信拒否にしているかどうかわからないので、確実な知り合いからメッセージか届いている場合は、一時的にオフにしてから再送してもらいましょう。

Section

78 機種変更のときに情報を引き継ぐには?

機種変更を行った際、同じLINEのアカウントを引き継ぐことができます。古いスマートフォンと新しいスマートフォンを用意して、QRコードを読み取るだけで引き継ぎが行えます。なお、あらかじめトーク履歴はバックアップしておくとよいでしょう。

アカウントの引継ぎを行う

1 P.27を参考に「設定」画面を表示し、[トークのバックアップ・復元]をタップします。

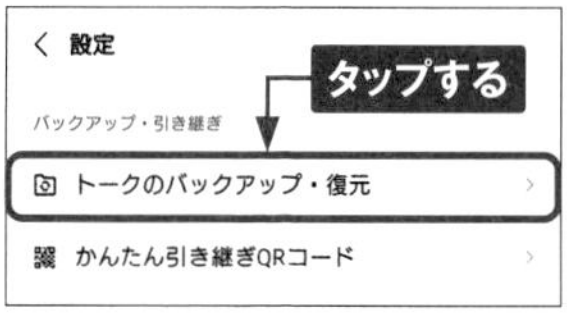

2 [今すぐバックアップ]をタップし、画面の指示に従ってトーク履歴のバックアップを行います。

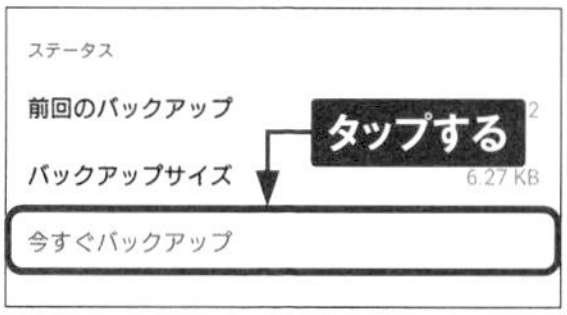

3 引き継ぎ先スマートフォンで「LINE」アプリを起動し、[ログイン]をタップします。

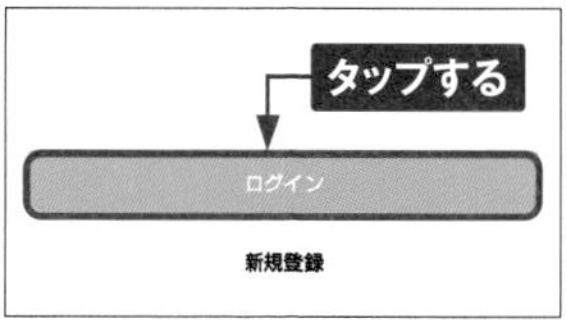

4 [QRコードでログイン]→[QRコードをスキャン]の順にタップします。

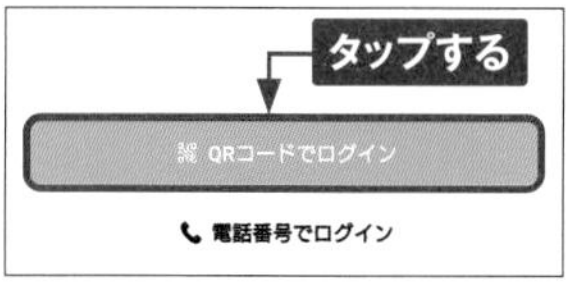

5 引き継ぎ元のスマートフォンでP.27を参考に「設定」画面を表示し、[かんたん引き継ぎQRコード]をタップします。

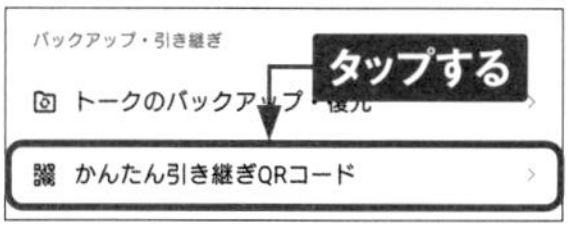

6 表示されたQRコードを、引き継ぎ先のスマートフォンで読み取り、画面の指示に従って本人確認やトーク履歴の復元を行い引き継ぎを完了させます。

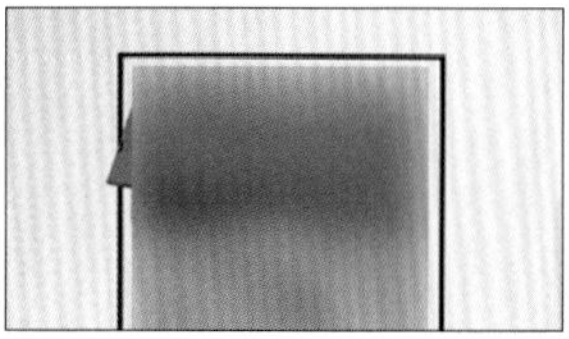

Section

79 LINEのアカウントを削除するには?

「LINE」アプリをアンインストールしても、アカウントやアプリ内の情報は残っています。LINEを完全にやめたい場合は、LINEのアカウントを削除してから、アプリを削除します。

LINEのアカウントを削除する

① P.27を参考に「設定」画面を表示し、[アカウント] をタップします

② [アカウント削除] をタップします。

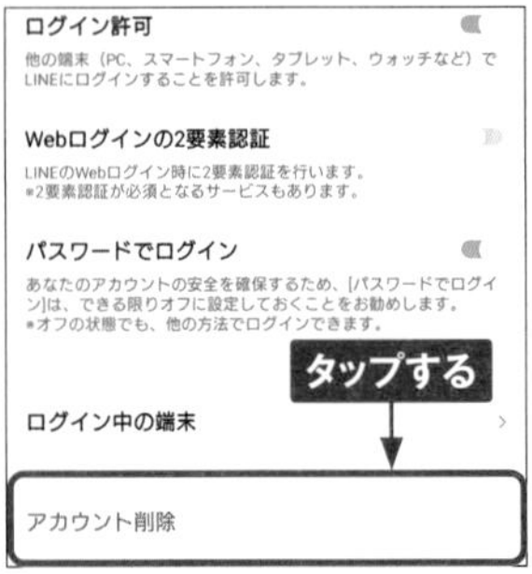

③ [次へ] をタップします。

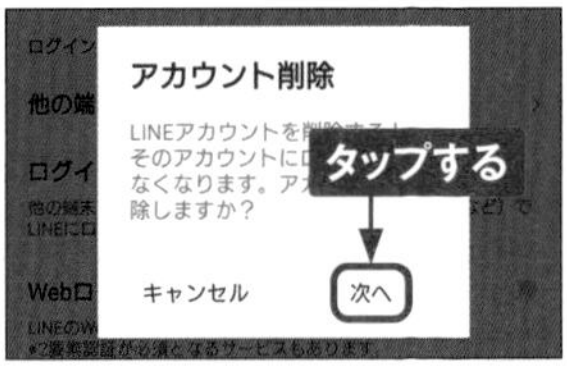

④ 確認事項をタップし、[アカウント削除] をタップします。

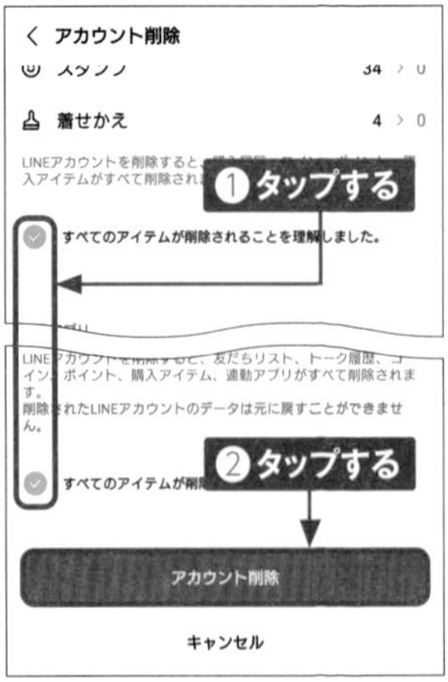

Instagram編

第1章

Instagramを はじめよう

Section 01

Instagramのアカウントを登録しよう

Instagramは、写真や動画をメインに人々と共有するSNSです。電話番号やメールアドレス、Facebookのアカウントを使って登録します。ここでは、電話番号を使ってアカウントを登録します。

Instagramのアカウントを登録する

1 「Instagram」アプリを起動し、[メールアドレスか電話番号で登録]をタップします。

2 ここでは、電話番号を入力し、[次へ]をタップします。

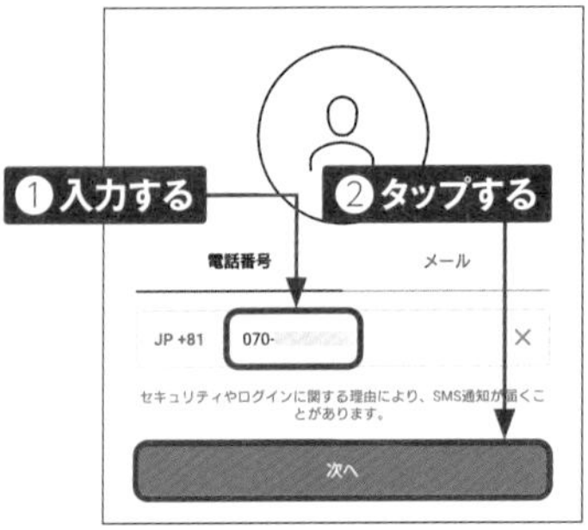

3 SMSで送られてきた認証コードを入力し、[次へ]をタップします。

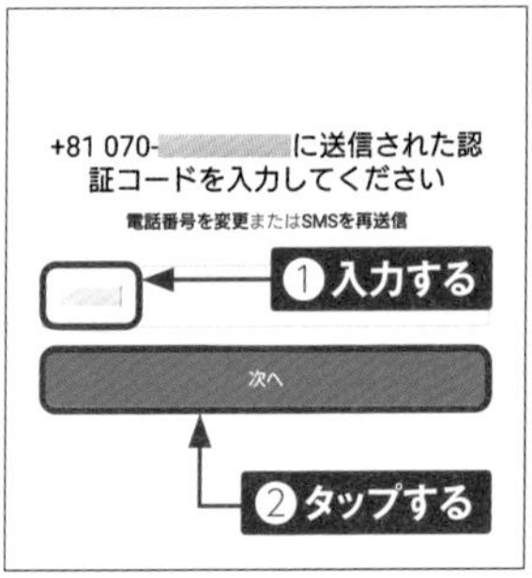

4 名前と登録するパスワードを入力し、[連絡先を同期せずに次に進む]をタップします。

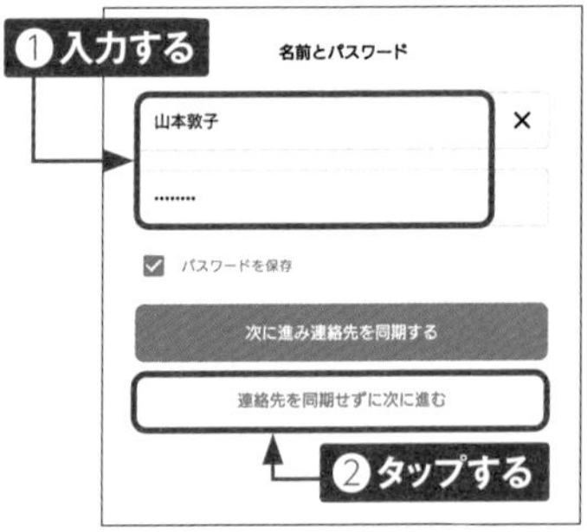

5 誕生日を設定し、[次へ] をタップします。

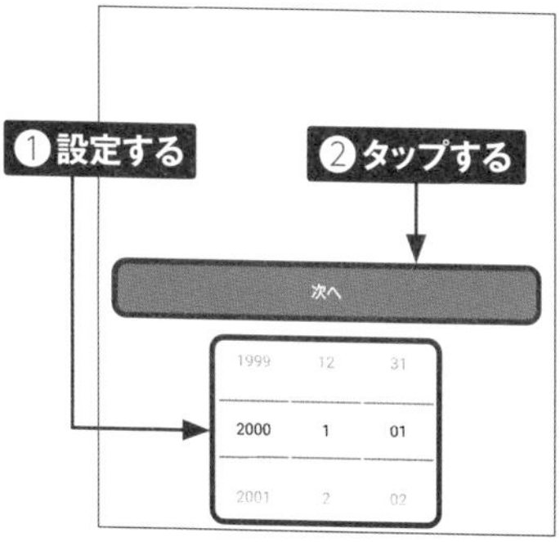

6 ユーザーネームはあとからでも変更できるので、[登録] をタップします。

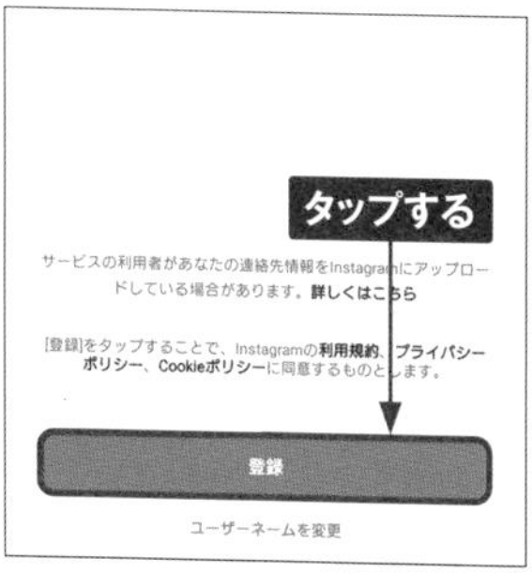

7 [スキップ] → [スキップ] の順にタップします。

8 プロフィール写真はあとからでも設定できるので、[スキップ] をタップします。

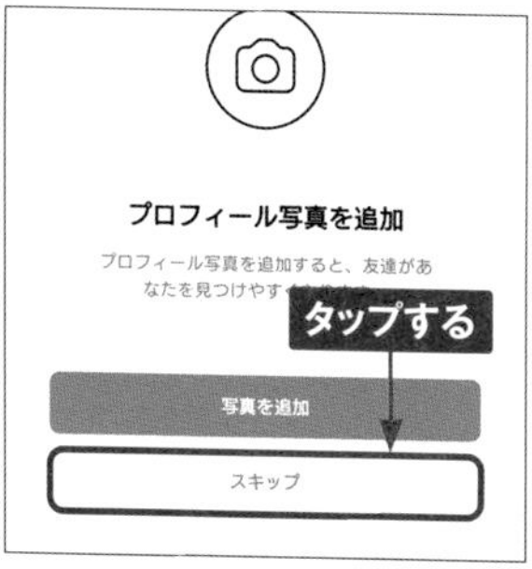

9 →をタップします。

10 アカウントが登録され、Instagramの「ホーム」タブが表示されます。

Section

02 Instagramの「ホーム」タブの見方を覚えよう

アカウントを登録したら、まずはInstagramの「ホーム」タブの見方と「設定」画面の表示方法を覚えましょう。画面構成は、AndroidスマートフォンとiPhoneではほとんど差違がありませんが、アカウントによって一部アイコンの形状が異なります。

「ホーム」タブの画面構成

❶	24時間以内にストーリーズを投稿した自分とフォロー中のユーザーアイコンが表示されます。
❷	写真や動画の新規投稿やストーリーズ、リール動画の作成ができます。
❸	フォローされたりメッセージを受信したりすると、通知されます。
❹	個別にダイレクトメッセージを送信したり通話をしたりすることができます。
❺	フィードです。ユーザーが投稿したコンテンツが表示されます。
❻	「ホーム」タブが表示され、フォローしている人の写真を閲覧したり、自分で写真を投稿したりすることができます。
❼	おすすめの写真や動画が一覧で表示され、キーワードを入力すれば検索することができます。
❽	ユーザーが投稿した「リール動画」と呼ばれるショート動画が表示されます。
❾	服や日用雑貨などさまざまな商品が表示され、ショッピングが楽しめます。
❿	自分のプロフィール画面が表示されます。

「ホーム」タブと「設定」画面の表示方法

① Instagramの「ホーム」タブ以外の画面を表示しているときに、⌂をタップします。

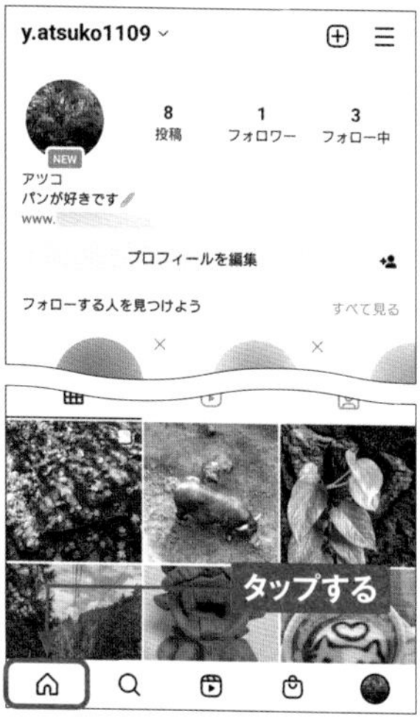

② Instagramの「ホーム」タブが表示されます。画面右下のプロフィールアイコンをタップします。

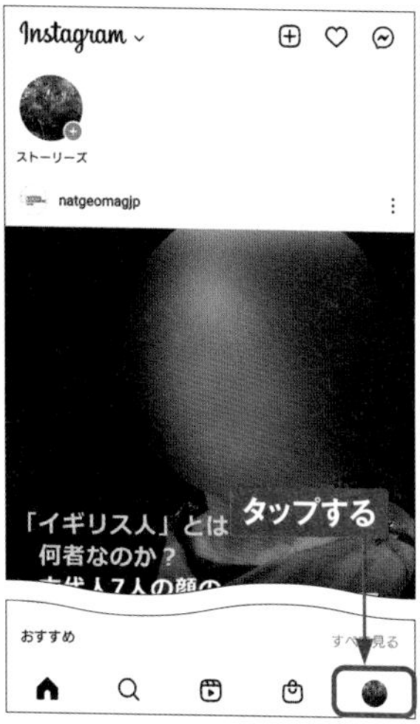

③ プロフィール画面が表示されます。≡→［設定］の順にタップします。

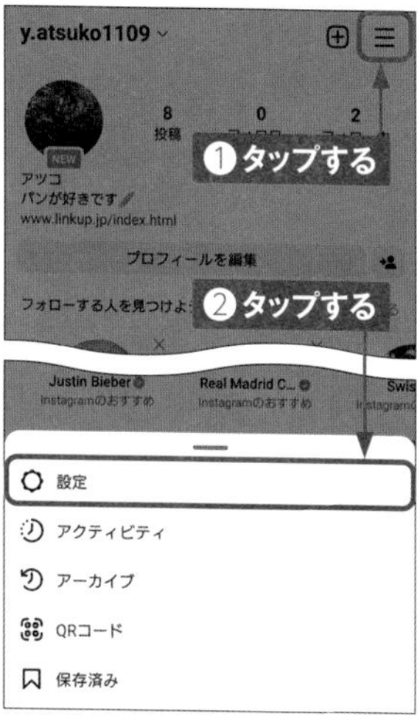

④ 「設定」画面が表示されます。画面左上の← （iPhoneでは＜）をタップすると、1つ前の画面に戻ります。

Section 03

プロフィールを登録しよう

Instagramのプロフィールでは、ほかのユーザーに公開する「名前」「ユーザーネーム」「自己紹介」「リンク」「アイコン」などを設定することができます。ほかのユーザーにもわかりやすい内容にしましょう。

プロフィールを登録する

① をタップし、［プロフィールを編集］をタップします。

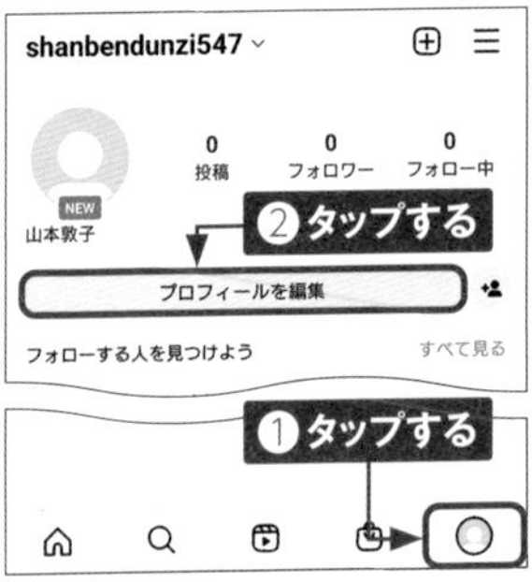

② ［自己紹介］や［リンクを追加］をタップしてプロフィールを編集します。ここでは［自己紹介］をタップします。

③ 自己紹介文を入力し、✓（iPhoneでは［完了］）をタップします。

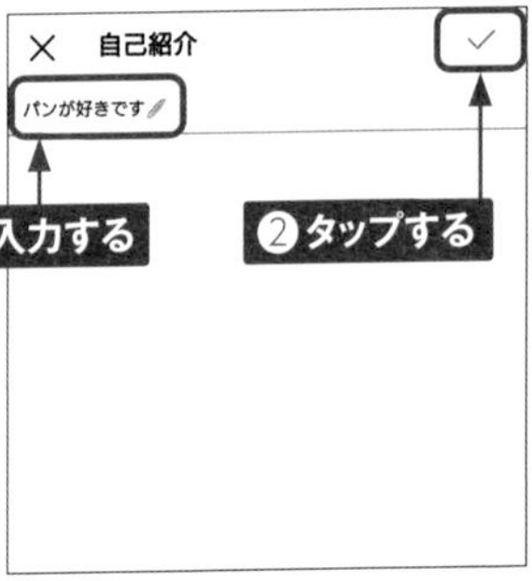

④ ✓（iPhoneでは［完了］）をタップします。

プロフィールアイコンを登録する

① P.132手順②の画面を表示し、［写真やアバターを編集］をタップします。

② ［新しいプロフィール写真］（iPhoneでは［ライブラリから選択］）をタップします。

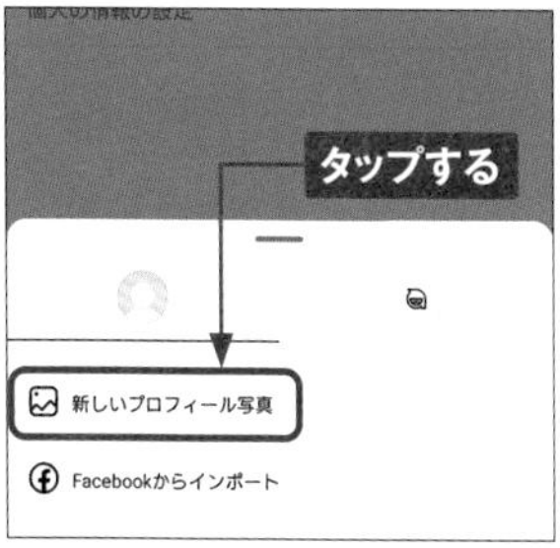

③ アイコンにしたい写真をタップして選択し、→（iPhoneでは［完了］）をタップします。

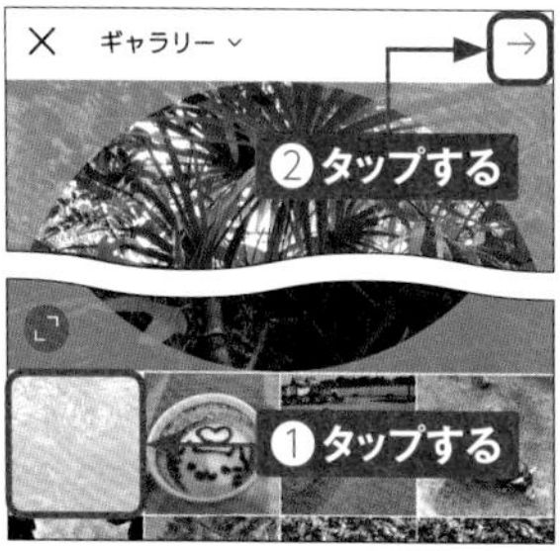

④ フィルターや明るさなどを編集し、→（iPhoneでは［完了］）をタップします。

⑤ アイコンが登録されます。

Memo **非公開情報とは？**

手順①の「プロフィールを編集」画面で、［個人の情報の設定］をタップすると、公開プロフィールでは表示されない情報を入力することができます。

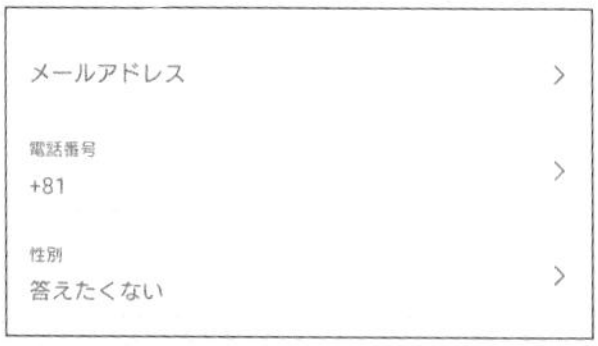

Section 04

名前やユーザーネームを変更しよう

Instagramのアカウントに登録した名前やユーザーネームは、変更することができます。初期状態ではランダムなユーザーネームが割り当てられているので、変更しておきましょう。なお、名前の変更は、14日以内に2回までとなっています。

ユーザーネームを変更する

① P.132手順①を参考にプロフィール画面を表示し、[プロフィールを編集]をタップします。

② 「名前」や「ユーザーネーム」をタップして変更を行います。ここでは「ユーザーネーム」をタップします。

③ 変更したいユーザーネームを入力し、✓(iPhoneでは[完了])をタップします。

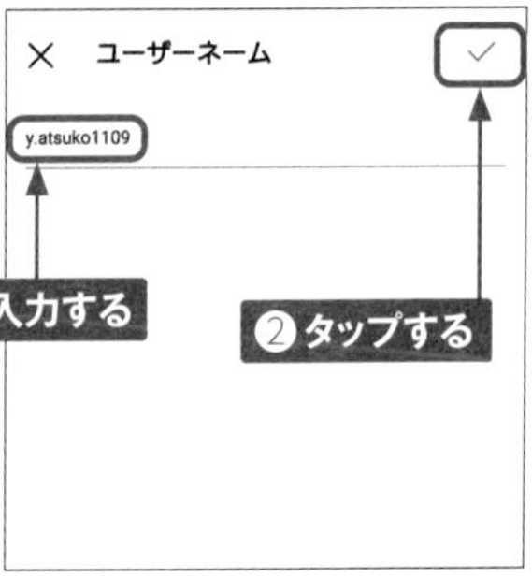

④ ✓(iPhoneでは[完了])をタップします。

Section 05 投稿された写真や動画を見よう

世界中のInstagramユーザーが投稿した写真や動画をリアルタイムで閲覧できることが、Instagramの魅力の1つです。「発見」タブには、自分が見た写真などに基づいたおすすめの写真が表示されます。

投稿された写真を閲覧する

① Qをタップします。

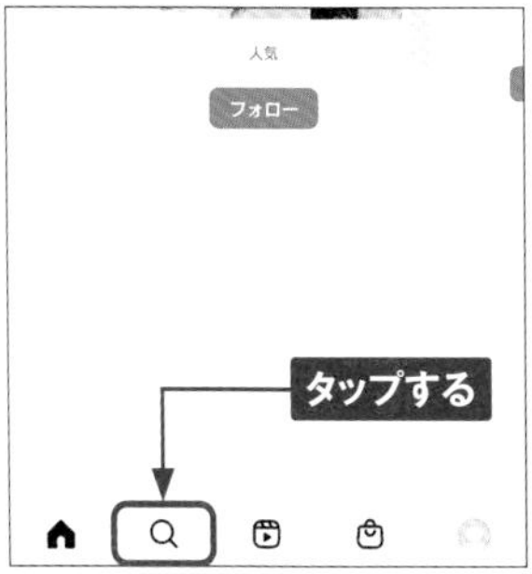

② 「発見」タブに切り替わり、投稿された写真や動画が一覧で表示されます。右上にが表示されているのは動画です。ここでは写真をタップします。

③ 投稿された写真が表示されます。複数の写真が投稿されている場合は、左右にスワイプすると、ほかの写真が表示されます。

④ 画面を上下にスワイプすると、ほかの投稿者の写真や動画を閲覧できます。

Section 06
写真をキーワードで検索しよう

「発見」タブの検索欄にキーワードを入力すると、そのキーワードに関連した写真を検索することができます。食べ物の名前や動物の名前など、見たい写真をWeb検索と同じ要領で探すことができます。

写真をキーワードで検索する

① 🔍をタップします。

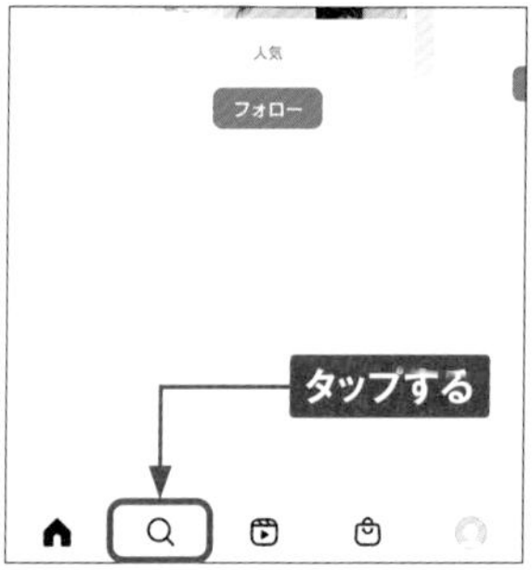

② 「発見」タブが表示されるので、画面上部の検索欄をタップします。

③ 検索したいキーワードを入力し、表示されたキーワードをタップします。

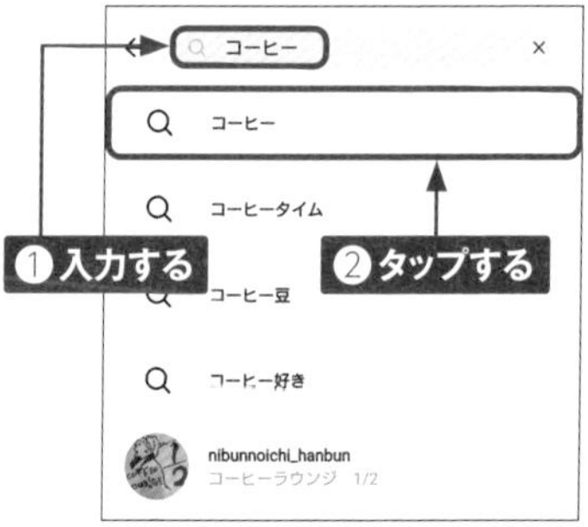

④ キーワードに関連した写真が表示されます。任意の写真をタップすると閲覧できます。

Section

07 写真をユーザーの名前やユーザーネームで検索しよう

「発見」タブの検索欄にユーザーの名前やユーザーネームを入力すると、ユーザーのアカウントを検索することができます。ユーザーネームがわかっている相手や、企業や有名人のアカウントなどを検索したい場合に使用します。

写真を名前やユーザーネームで検索する

① Qをタップします。

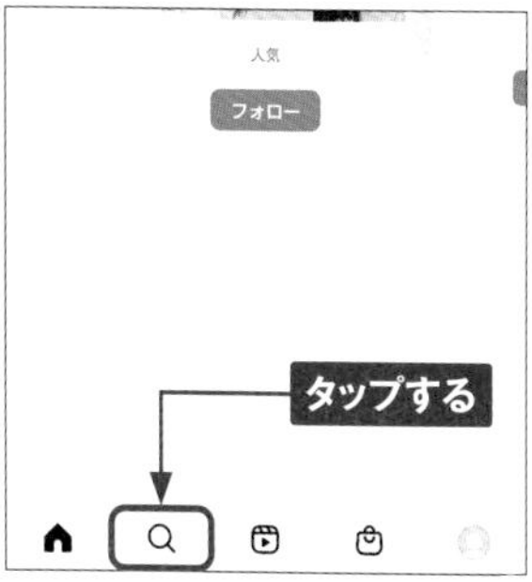

②「発見」タブが表示されるので、画面上部の検索欄をタップします。

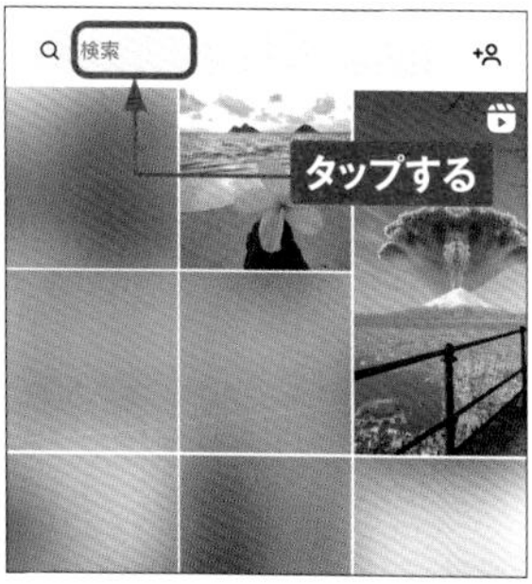

③ 検索したい名前やユーザーネームを入力し、表示されたユーザーネームをタップします。

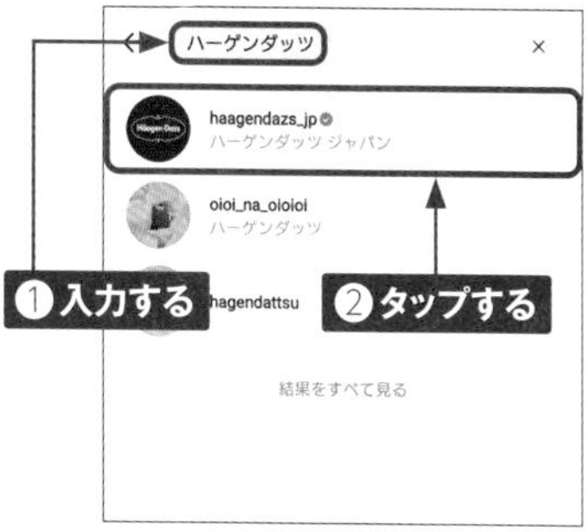

④ ユーザーの「プロフィール」画面が表示されます。任意の写真をタップすると閲覧できます。

Section
08 写真をハッシュタグで検索しよう

「発見」タブの検索欄に「ハッシュタグ」を入力すると、ユーザーが投稿時に付けたタグに基づいて写真を検索することができます。特定のジャンルやテーマの写真を検索したい場合に使用します。

写真をハッシュタグで検索する

① P.135手順①を参考に「発見」タブを表示し、画面上部の検索欄をタップします。

② 検索したいハッシュタグを入力し、［結果をすべて見る］をタップします。

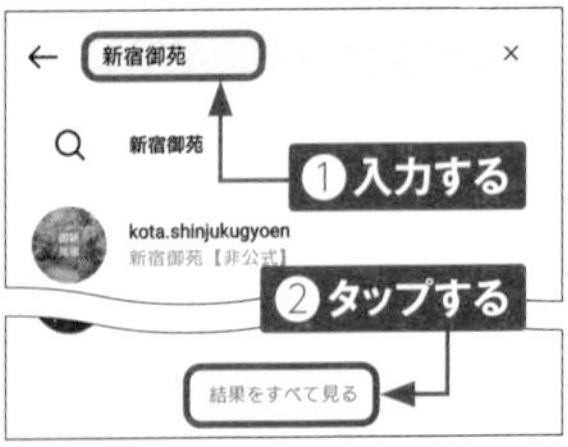

③ #もしくは［タグ］をタップし、任意のハッシュタグをタップします。

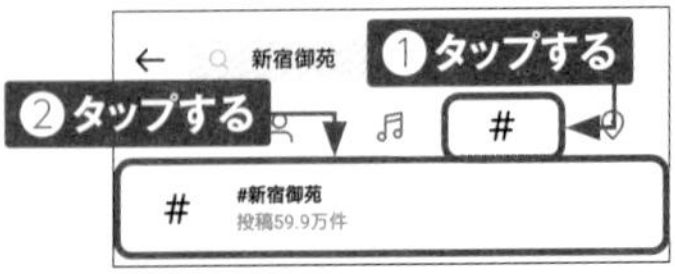

④ ハッシュタグが付いた写真や動画が一覧で表示されます。任意の写真をタップすると閲覧できます。

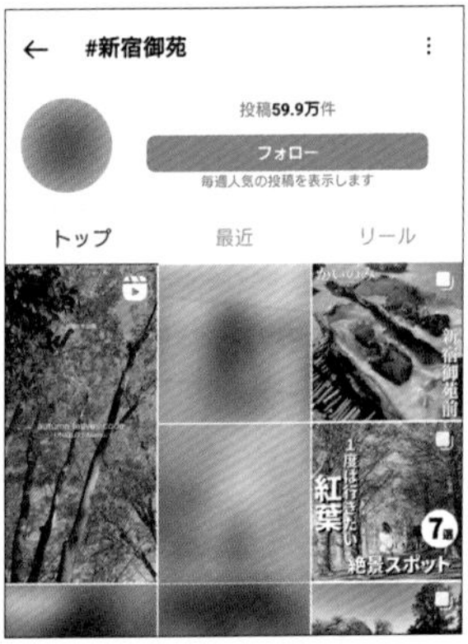

Memo ハッシュタグとは?

ハッシュタグとは、キーワードの前に「#」（ハッシュマーク）が付く投稿タグです。ハッシュタグを付けることで、Instagram内の投稿をかんたんに検索することができます。

Section

09 写真を場所名で検索しよう

「発見」タブの検索欄に場所や施設の名前をを入力すると、ユーザーが投稿時に付けた位置情報に基づいて、写真を検索することができます。お店や施設、観光スポットなどの写真を検索したい場合に使用します。

写真を場所名で検索する

① P.135手順①を参考に「発見」タブを表示し、画面上部の検索欄をタップします。

② 検索したい場所を入力し、[結果をすべて見る]をタップします。

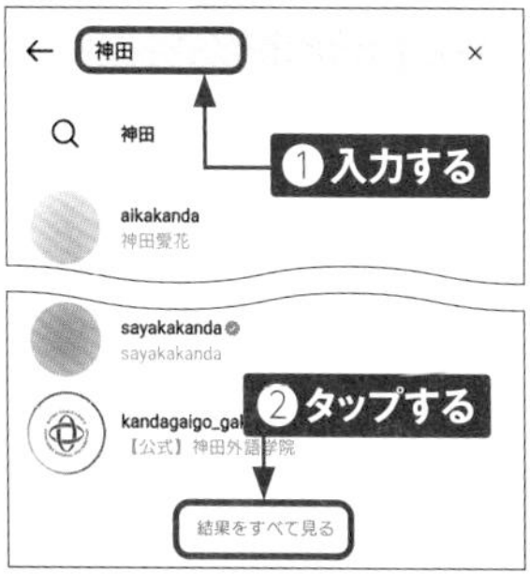

③ もしくは［場所］をタップし、任意の場所名をタップします。

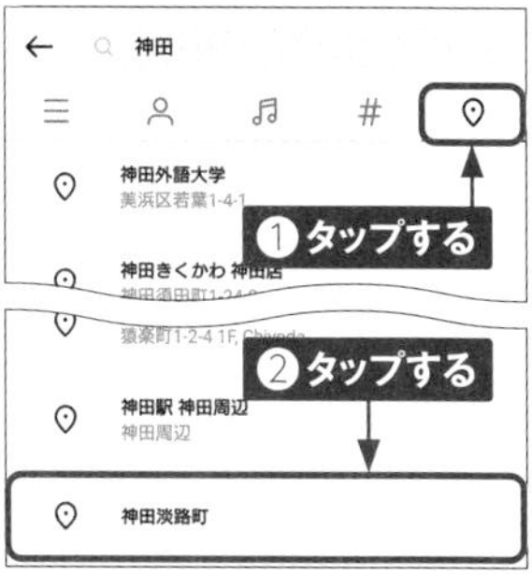

④ 位置情報を付けて投稿された写真や動画が一覧で表示されます。任意の写真をタップすると閲覧できます。

Section 10

写真に「いいね!」を付けよう

気に入った写真には「いいね!」を付けることで、投稿者に意思表示することができます。また、「いいね!」を付けた投稿は、あとでまとめて閲覧することが可能です(P.199参照)。

第1章 Instagramをはじめよう

写真に「いいね!」を付ける

① 投稿された写真の左下にある♡をタップします。

② 「いいね!」が付けられます。取り消したい場合は、再度♥をタップします。

③ 「いいね!」が取り消されます。

Memo ダブルタップで「いいね!」を付ける

手順①の画面で気に入った写真をダブルタップすることでも、「いいね!」が付けられます。取り消したい場合は、手順②を参考に再度♥をタップすると、「いいね!」が取り消されます。

LINE
Instagram
Twitter
Facebook

Section 11

写真にコメントを付けよう

気に入った写真には「いいね!」を付けるだけでなく、コメントを付けることもできます。コメントを残すことで、投稿者から返信があり、コミュニケーションが取れるかもしれません。

写真にコメントを付ける

① 投稿された写真の左下にあるを タップします。

② コメントを入力し、[投稿](iPhoneでは[投稿する])をタップします。

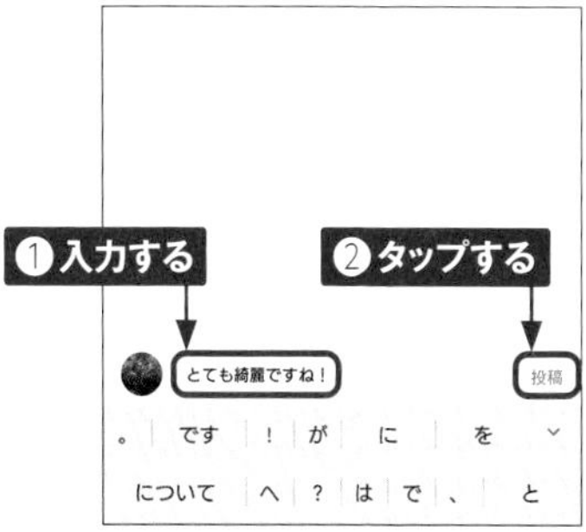

③ コメントが投稿されます。

④ 投稿したコメントを削除したい場合は、コメントを長押しし、 (iPhoneではコメントを左方向にスワイプして) をタップします。

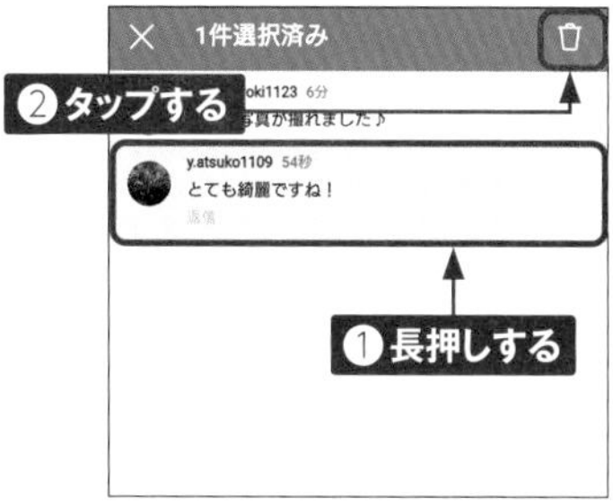

Section 12 写真をコレクションに保存しよう

気に入った写真をコレクションに保存しておくと、プロフィール画面の「保存済み」からいつでも写真を閲覧することができます。なお、スマートフォンに保存されるわけではないので、相手が写真を削除すると閲覧できなくなります。

写真をコレクションに保存する

1 投稿された写真の右下にある□をタップします。

2 ［コレクションに保存］をタップします。

3 保存先を入力して、［完了］（iPhoneでは［保存］）をタップします。2回目以降は保存先を選択するか、＋をタップして保存先を作成します。

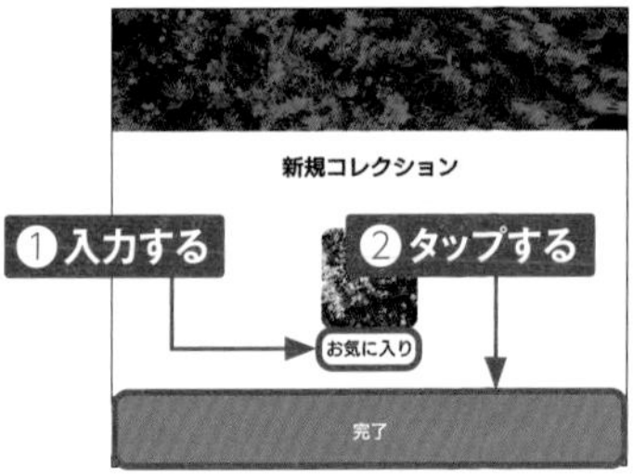

4 コレクションに保存されます。コレクションの閲覧と整理は、P.198を参照してください。

Instagram編

第2章

Instagramに投稿しよう

Section 13
写真を撮影して投稿しよう

Instagramでの写真や動画の閲覧に慣れてきたら、さっそく写真を投稿してみましょう。その場で撮影した写真をすぐに投稿することができます。なお、撮影した写真は1080×1080ピクセルの正方形サイズとなります。

写真を撮影して投稿する

1 ⌂をタップし、⊞をタップします。

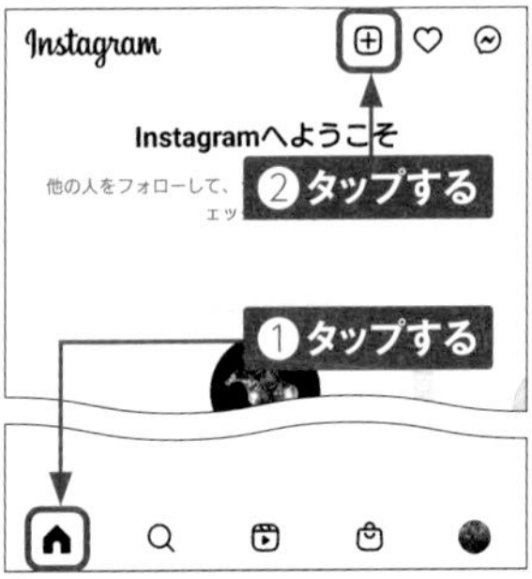

2 「写真と動画の撮影を「Instagram」に許可しますか?」画面が表示された場合は、[アプリの使用時のみ] または [今回のみ] をタップします。

3 「音声の録音を「Instagram」に許可しますか?」画面が表示された場合は、[アプリの使用時のみ] または [今回のみ] をタップします。

4 「新規投稿」画面で◎をタップします。

⑤ 被写体にカメラを向けて、◎をタップして撮影します。

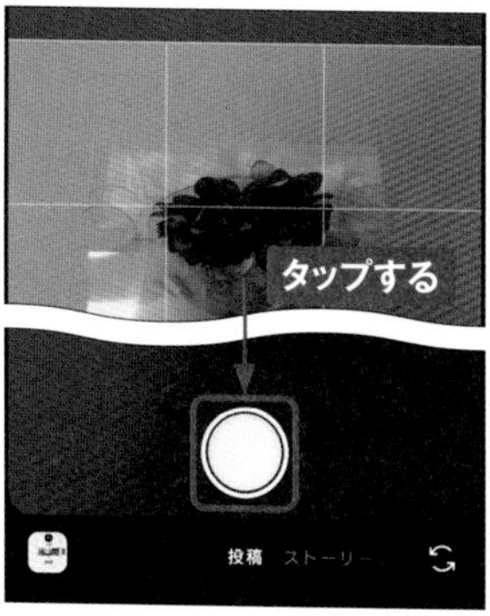

⑥ 撮影した写真が表示されたら、内容を確認して→（iPhoneでは［次へ］）をタップします。

⑦ ［OK］をタップします。

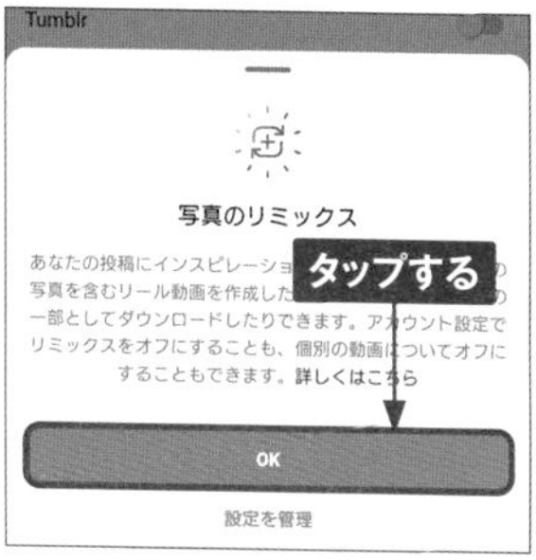

⑧ 任意でキャプションを入力し、✓（iPhoneでは［シェア］）をタップします。

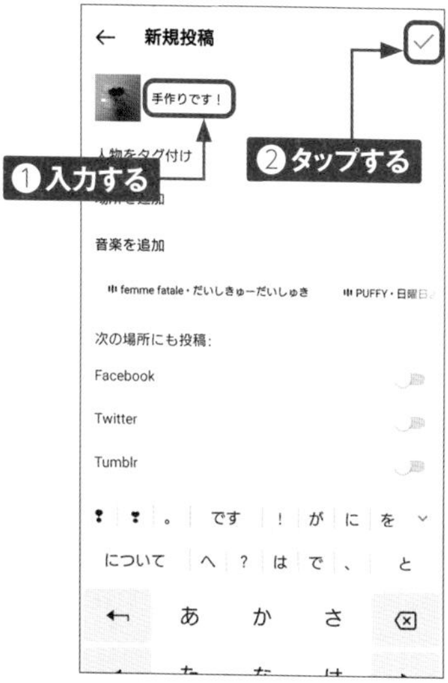

⑨ 写真が投稿されます。

Section 14

動画を撮影して投稿しよう

静止画だけでなく、動画を投稿することもできます。投稿できる動画の長さは最長60秒で、再生回数が表示される長さは3秒以上となっています。なお、投稿された動画はリール動画（P.188参照）として扱われます。

動画を撮影して投稿する

1 ⌂をタップし、⊕をタップします。

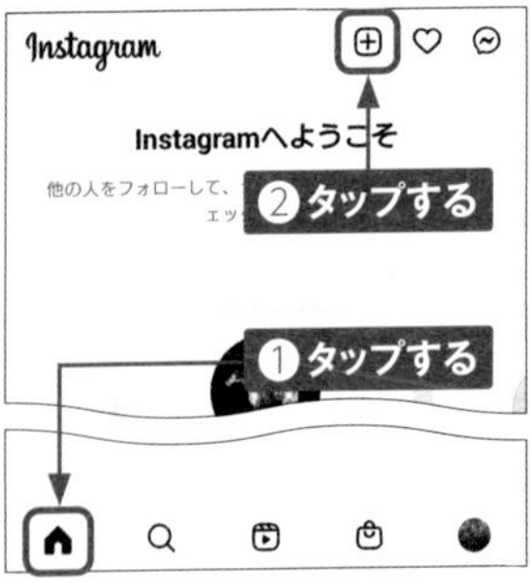
Instagram
Instagramへようこそ
他の人をフォローして、
エッ
②タップする
①タップする

2 「新規投稿」画面で◎をタップします。

新規投稿
タップする
ギャラリー

3 被写体にカメラを向け、◯を長押して、被写体を撮影します。

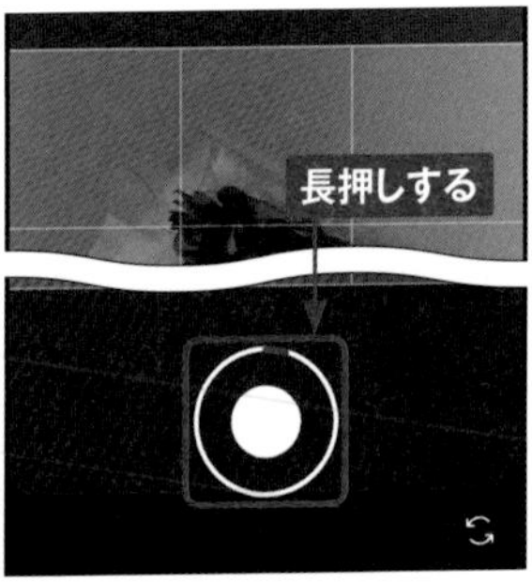
長押しする

4 指を離すと撮影が終了します。リール動画の説明が表示された場合は、［OK］をタップします。

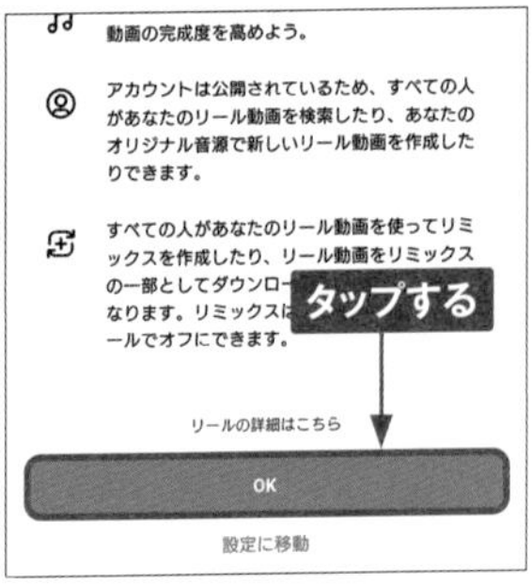
動画の完成度を高めよう。
アカウントは公開されているため、すべての人があなたのリール動画を検索したり、あなたのオリジナル音源で新しいリール動画を作成したりできます。
すべての人があなたのリール動画を使ってリミックスを作成したり、リール動画をリミックスの一部としてダウンロー
なります。リミックスは
ールでオフにできます。
タップする
リールの詳細はこちら
OK
設定に移動

5 撮影した動画が表示されたら、内容を確認して［次へ］をタップします。

6 任意でキャプションを入力し、［シェア］をタップします。

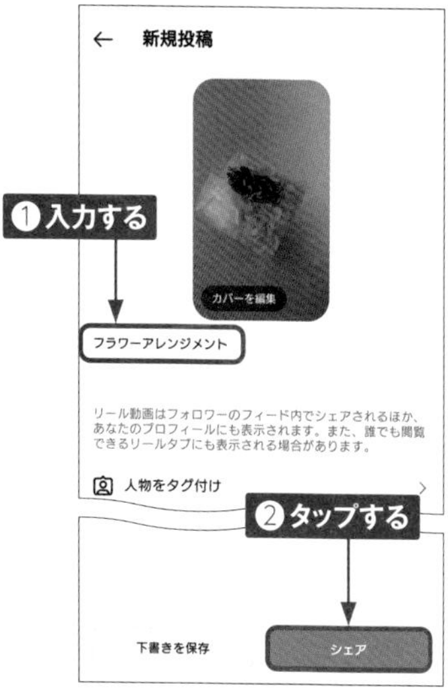

7 動画が投稿されます。

Memo 下書きを保存する

投稿する前にキャプションなどを入力して内容を編集し、続けて2回前の画面に戻ると、「下書きとして保存しますか?」画面が表示されます。［下書きを保存］（iPhoneでは［編集を保存］）をタップすると、下書きが保存され、P.146手順②の画面に表示されます。

Section 15
スマートフォンに保存してある写真を投稿しよう

スマートフォンに保存してある撮影済みの写真も投稿することができます。写真サイズは、1080×1080ピクセルの正方形サイズだけでなく、1080×566ピクセルの横長サイズ、1080×1350ピクセルの縦長サイズにも対応しています。

スマートフォンに保存してある写真を投稿する

① P.144手順①を参考に「新規投稿」画面を表示します。

② 投稿したい写真をタップし、→（iPhoneでは［次へ］）をタップします。

③ 写真の編集については、P.150～155を参照してください。ここでは、→（iPhoneでは［次へ］）をタップします。

④ 任意でキャプションを入力し、✓（iPhoneでは［シェア］）をタップします。

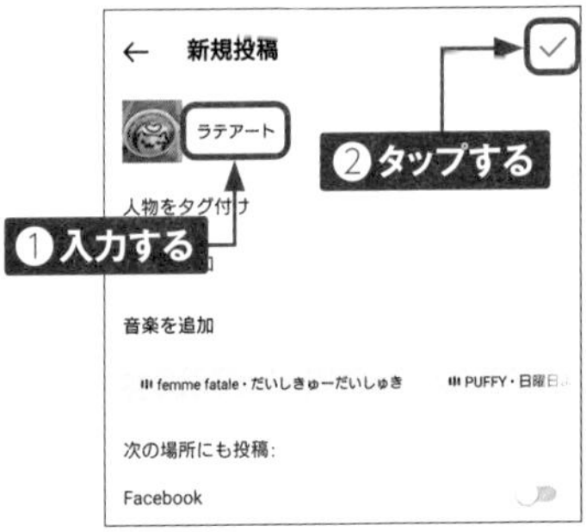

Section 16

スマートフォンに保存してある動画を投稿しよう

スマートフォンに保存してある撮影済みの動画も、編集したり長さを調整したりして投稿することができます。お気に入りの動画を世界中のユーザーに見てもらいましょう。

スマートフォンに保存してある動画を投稿する

① P.144手順①を参考に「新規投稿」画面を表示します。

② 投稿したい動画をタップし、→（iPhoneでは［次へ］）をタップします。

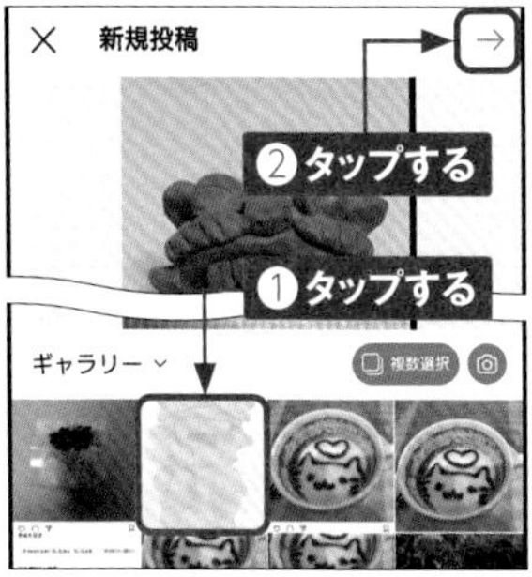

③ 動画の編集については、P.156を参照してください。ここでは、［次へ］をタップします。

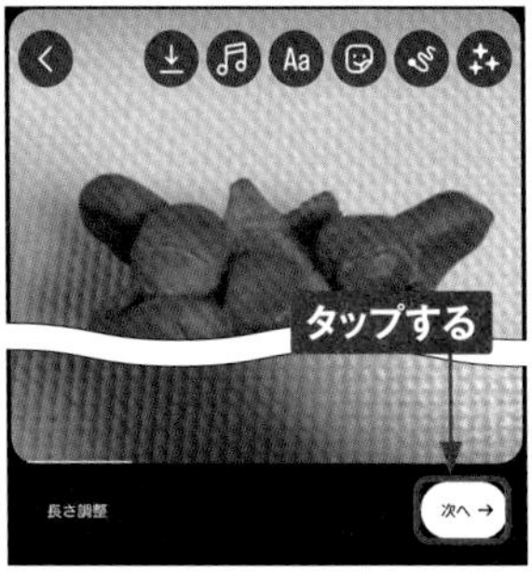

④ 任意でキャプションを入力し、［シェア］をタップします。

Section
17 フィルターで写真を加工しよう

インスタグラムの編集機能は、「フィルター」と「編集」に分かれています。写真の雰囲気をかんたんに変えられる便利な機能です。シーンに合わせた20種類以上の豊富なフィルターが用意されています。

フィルターとは?

Instagramには明るさや色を調整できるさまざまなレタッチ機能が用意されていますが、各機能を使ってレタッチすると時間がかかります。そのようなときは、あらかじめ被写体や雰囲気に合わせたさまざまなプリセットが登録されている「フィルター」を使うと、かんたんにレタッチできて便利です。

① P.148手順③の画面で左下の［フィルター］をタップし、左右にスライドして任意のフィルターをタップします。

② 写真にフィルターが適用されるので確認し、P.148手順③～④を参考に写真を投稿します。

目的別のフィルター使用例

●風景

「Lark」…赤色以外のすべての色を強調し、写真を明るく鮮やかに仕上げてくれます。

「Slumber」…黄色味を加え、色の彩度を減らす効果のあるフィルターです。ビンテージでノスタルジックな印象を与えます。

Lark

Slumber

●食べ物·飲み物

「Ludwig」…明暗のコントラストがはっきりとしていて、使い勝手のよいフィルターです。

「Lo-Fi」…彩度を下げ、影を濃くします。食べ物の写真に最適のフィルターです。

Ludwig

Lo-Fi

●人物·動物

「Juno」…緑色と青色を強くし、肌の色を綺麗に見せてくれるフィルターです。

「Aden」…暖色系を綺麗に見せ、柔らかな印象を与えます。ポートレートに向いています。

Juno

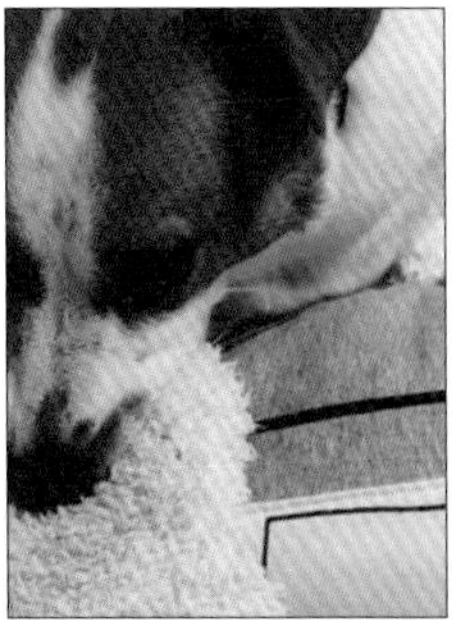

Aden

Section
18 写真の明るさとコントラストを調整しよう

Instagramでは、「明るさ」や「コントラスト」などといった写真の明るさや色調を調整し、深みのある作品に仕上げることができます。風景や人物など、被写体のテーマに応じて加工すると効果的です。

写真の明るさを調整する

① P.148手順③の画面で［編集］をタップし、［明るさ］をタップします。

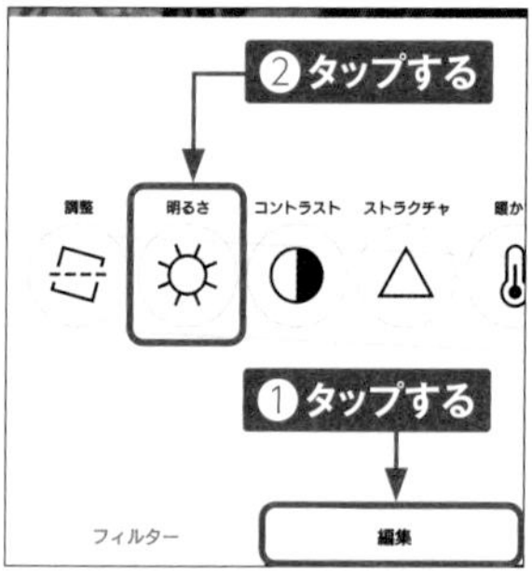

② 表示されるバーを右方向にスライドすると、明るさが増します。

③ バーを左方向にスライドすると、暗さが増します。白飛びしてしまった写真の補正にも利用できます。

④ 調整ができたら［完了］をタップし、P.148手順③～④を参考に写真を投稿します。

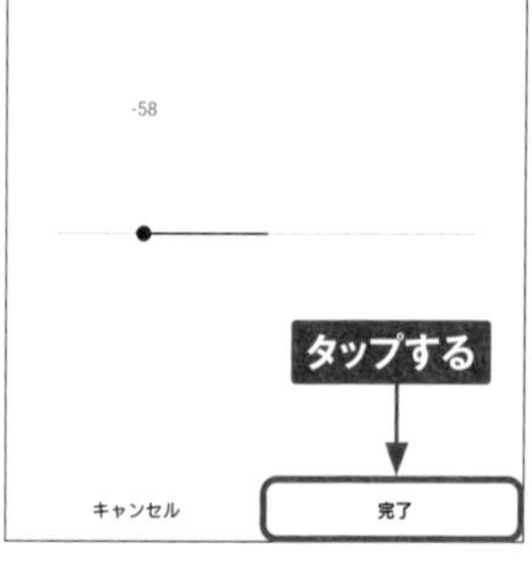

写真のコントラストを調整する

① P.148手順③の画面で［編集］をタップし、［コントラスト］をタップします。

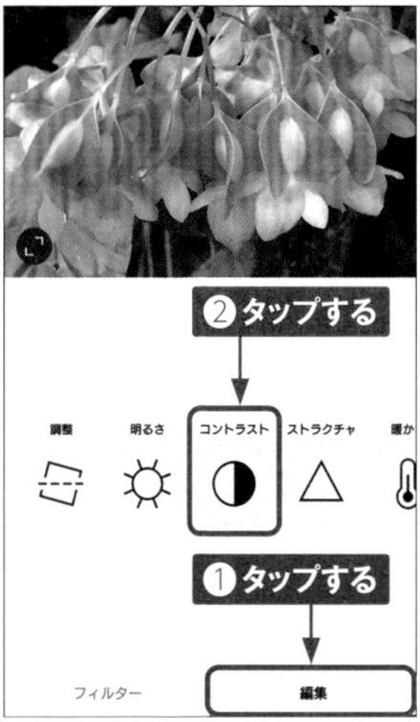

② 表示されるバーを右方向にスライドすると、コントラストが上がり、明暗比が高くなります。

③ 表示されるバーを左方向にスライドすると、コントラストが下がり、明暗比が低くなります。

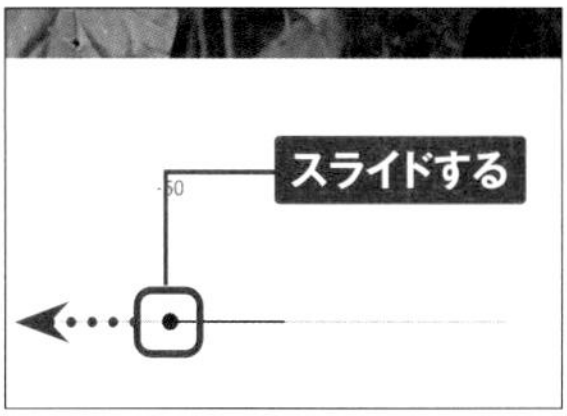

④ 調整ができたら［完了］をタップし、P.148手順③～④を参考に写真を投稿します。

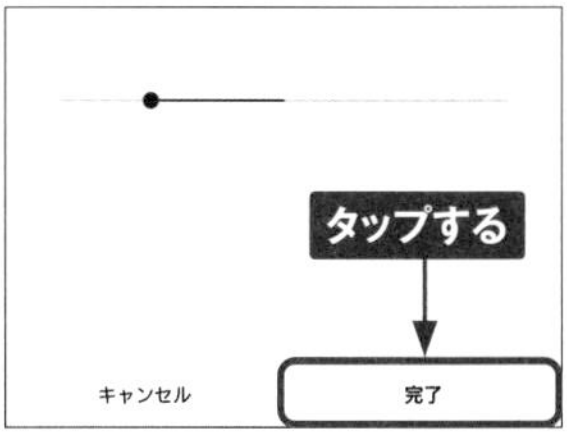

Memo

照度を調整する

手順①の画面上部の は「Lux」（照度）を調整できる機能です。写真を色鮮やかにし、見えなかった細部までくっきりとさせたり、色味をぼかして優しい印象に仕上げたりすることができます。

Section
19 写真の傾きを直そう

撮影した写真はさまざまな編集を加えることができます。写真本体の傾きや歪みを調整することも可能です。綺麗に修整して投稿すれば、閲覧した人によい印象を与えられます。

写真の傾きを調整する

① P.148手順③の画面を表示し、［編集］をタップします。

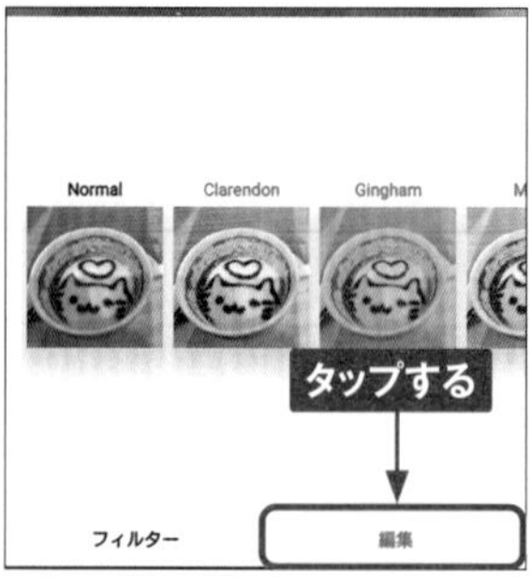

② ［調整］をタップします。

③ スライダーを左右にスライドして、傾きを調整します。

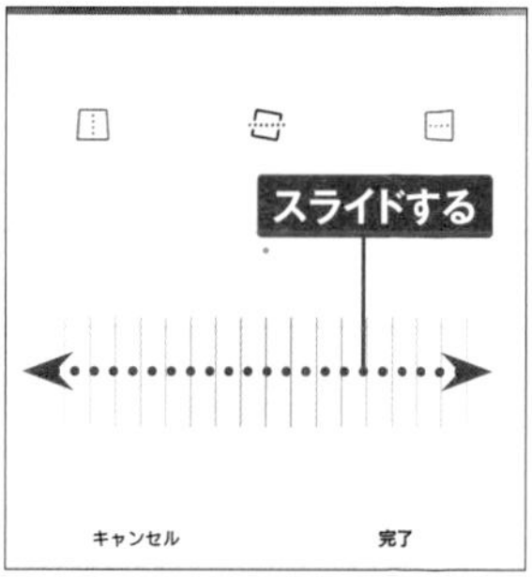

④ ［完了］をタップし、P.148手順③〜④を参考に写真を投稿します。

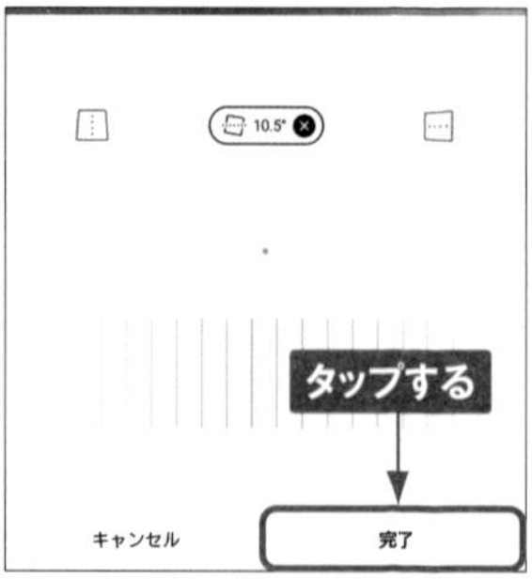

Section
20 写真をトリミングしよう

「調整」画面では、被写体を拡大して投稿したい範囲のみを切り取る（トリミング）ことができます。余計な部分や、気になる部分をうまくトリミングして、理想の写真に仕上げられます。

写真をトリミングする

① P.148手順③の画面を表示し、［編集］をタップします。

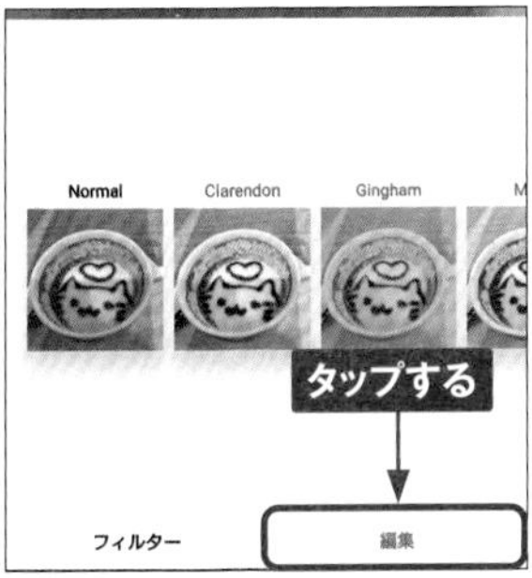

② ［調整］をタップします。

③ 写真をピンチイン／ピンチアウトして、表示したい部分を調整します。

④ ［完了］をタップし、P.148手順③～④を参考に写真を投稿します。

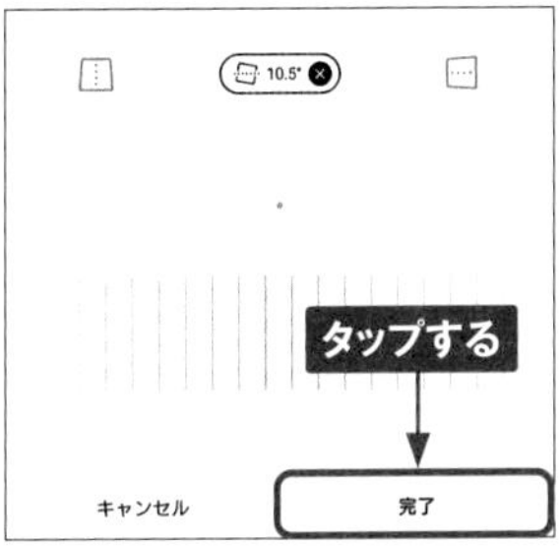

Section
21 動画を編集しよう

Instagramでは、投稿する動画の長さを調整したり、動画にエフェクトや音楽、文字などを付けたりすることが可能です。なお、動画の編集機能はストーリーズ（P.184参照）、リール動画（P.190参照）ともに、それぞれ異なります。

動画を編集する

① P.149手順③の画面で画面上部のアイコン（ここでは）をタップします。

② エフェクトが表示されます。適用したいエフェクトをタップして選択し、動画部分をタップします。

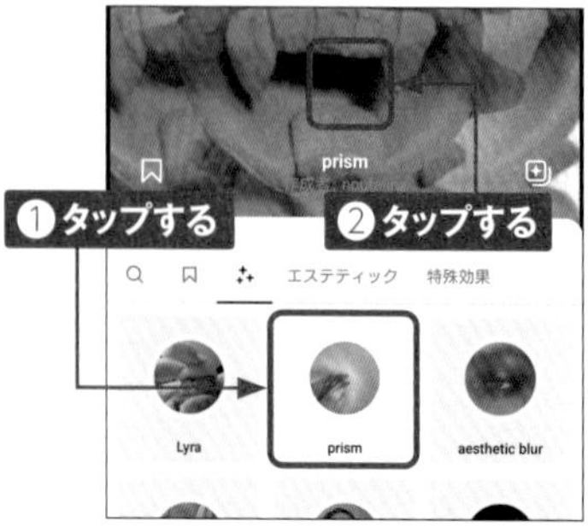

③ 動画にエフェクトが適用されます。左下の［長さ調整］をタップすると、動画の長さを調整できます。［次へ］をタップし、P.149手順③～④を参考に動画を投稿します。

Memo そのほかの編集機能

手順①の画面で をタップすると音楽を追加でき、 をタップすると文字を入力してアニメーションを追加することができます。

Section 22

ハッシュタグを付けて投稿しよう

投稿時にハッシュタグ（P.138MEMO参照）を付けることで、ユーザーが関連する情報を検索したときに、目に留まりやすくなります。ハッシュタグは、新規に作成するほか、すでにあるものを選択することも可能です。

ハッシュタグを付けて投稿する

① P.148手順④などの「新規投稿」画面を表示します。

② キャプションを入力します。

③ 入力したキャプションのあとに「#（半角）キーワード」を入力し、表示される候補をタップして、✓（iPhoneでは［OK］→［シェア］）をタップします。

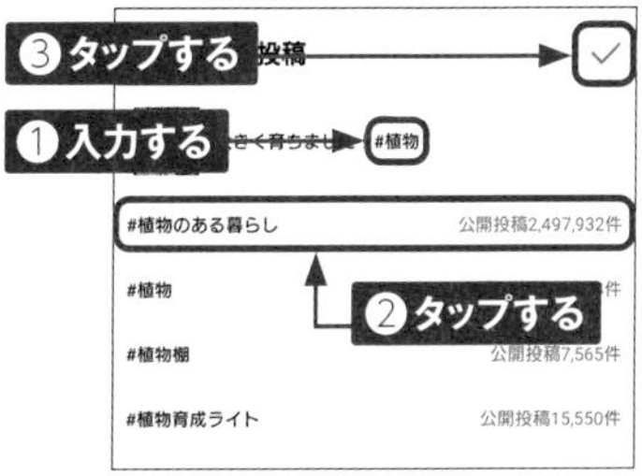

④ 写真が投稿され、ハッシュタグがキャプションの横に表示されます。

Section
23 写真に位置情報を付けて投稿しよう

写真に位置情報を追加して投稿すると、現在地やスポットの情報などを閲覧者にシェアすることができ便利です。しかし、居場所がわかってしまうリスクもあるので、任意のタイミングで削除しましょう。

写真に位置情報を付けて投稿する

① P.148手順④などの「新規投稿」画面を表示し、[場所を追加] をタップします。

② 場所を入力し、表示される候補をタップします。

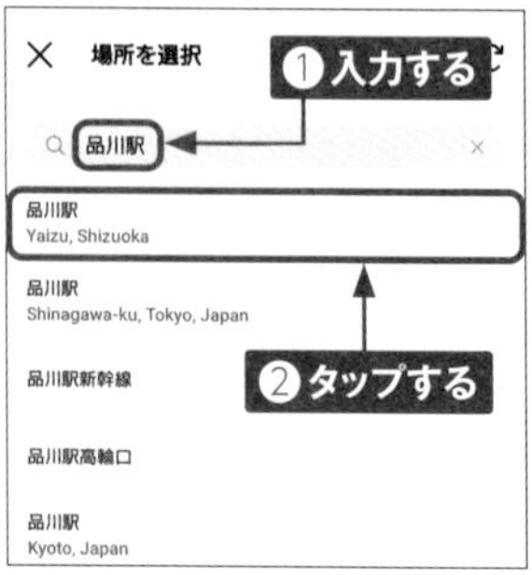

③ ✓（iPhoneでは [シェア]）をタップします。

④ 写真が投稿され、位置情報が写真の上部に表示されます。

写真の位置情報を削除する

① 位置情報を削除したい投稿を表示し、⋮（iPhoneでは…）をタップします。

② ［編集］をタップします。

③ 位置情報をタップします。

④ ×（iPhoneでは［位置情報を削除］）をタップします。

⑤ ✓（iPhoneでは［完了］）をタップします。

Section
24 写真に友達をタグ付けしよう

タグ付けとは、写真や動画に関連するアカウントを紐付けることです。友達をタグ付けすれば、写真から友達との思い出を記録できるだけでなく、閲覧した人がタグのアカウントに移動することが可能です。

写真に友達をタグ付けする

① P.148手順④などの「新規投稿」画面を表示し、［人物をタグ付け］（iPhoneでは［タグ付け］）をタップします。

② ユーザーをタグ付けしたい場所をタップします。

③ 画面上部の検索欄に友達のユーザーネームを入力し、表示される候補をタップします。

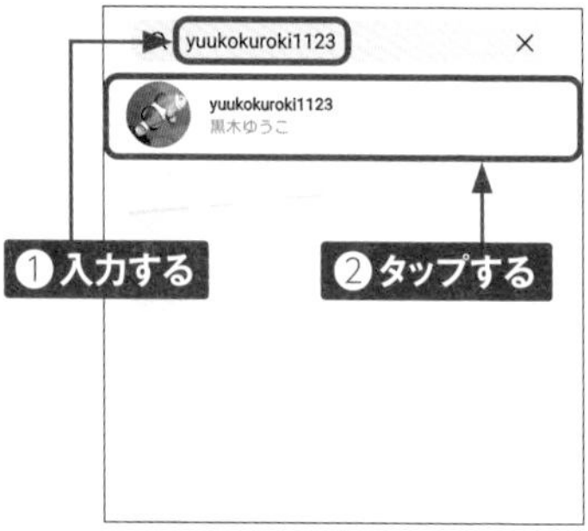

④ タグが表示されます。✓→✓（iPhoneでは［完了］→［シェア］）の順にタップすると、写真が投稿されます。

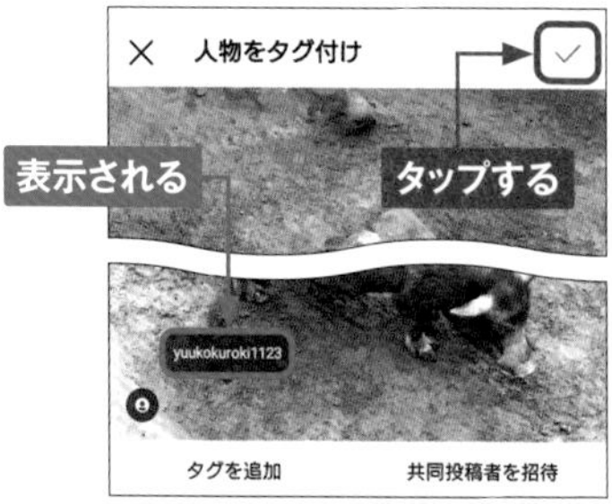

Section 25

複数の写真をまとめて投稿しよう

投稿したい写真や動画は複数選択できます。まとめて投稿すると、すべてのコンテンツに同様のフィルターをかけられ便利です。なお、一度に投稿できる写真や動画は10枚までです。

複数の写真をまとめて投稿する

① P.148手順④などの「新規投稿」画面を表示します。をタップします。

② まとめて投稿したい写真をタップし、→（iPhoneでは［次へ］）をタップします。

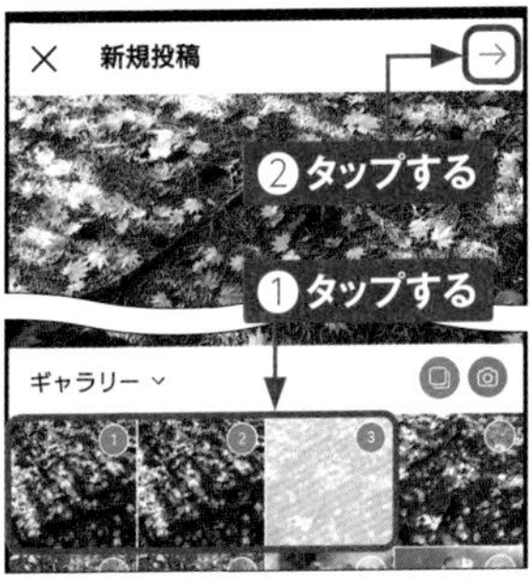

③ →→✓（iPhoneでは［次へ］→［シェア］）の順にタップします。

④ 選択した写真がまとめて投稿されます。閲覧する際は、左右にスワイプします。

Section 26

複数の写真をコラージュして投稿しよう

1枚の画像に複数の写真を配置したコラージュ写真は、専用のアプリを使って作成します。ここではインスタグラムが配布しているアプリを利用しますが、好きなコラージュアプリを使って保存したものを投稿してもよいでしょう。

写真をコラージュして投稿する

① P.16を参考に「Layout from Instagram」アプリをインストールします。

② 「Layout from Instagram」アプリを起動すると、初回は案内画面が表示されます。画面を左方向に4回スワイプし、［スタート］をタップします。

③ 写真へのアクセスを求める画面が表示されるので、［許可］（iPhoneでは［写真を選択］または［すべての写真へのアクセスを許可］）をタップします。

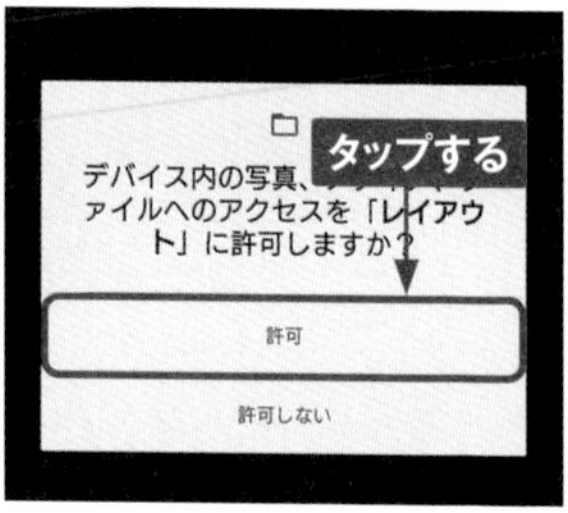

④ コラージュしたい写真をタップして選択し、画面上部のレイアウトパターンをタップします。

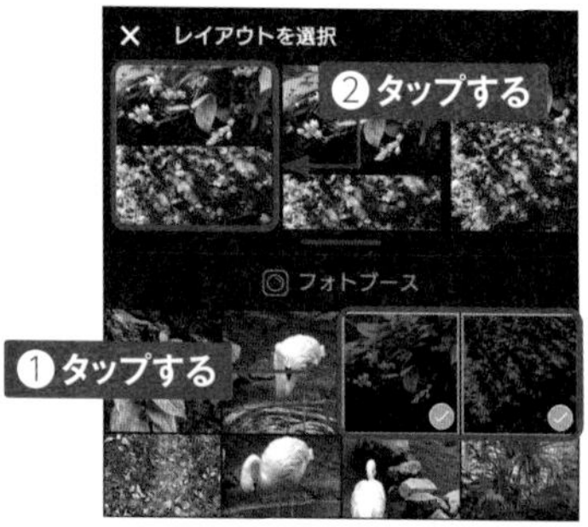

⑤ 任意で写真を編集し、内容を確認したら［保存］をタップします。

⑥ ［INSTAGRAM］をタップします。

⑦ ［FEED］（iPhoneでは［フィード］）をタップし、［完了］をタップします。

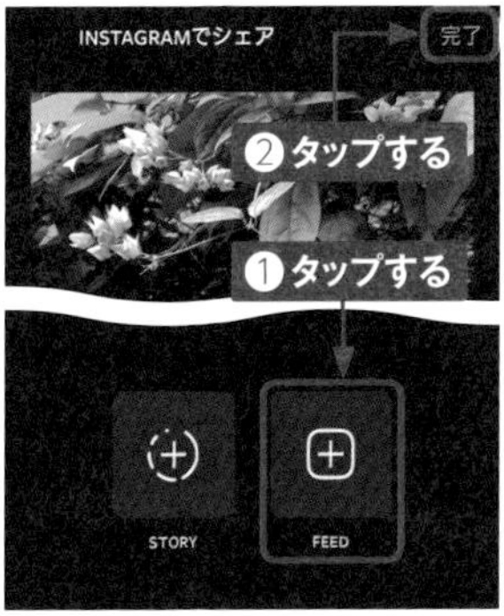

⑧ インスタグラムの「新規投稿」画面にコラージュした写真が表示されます。→（iPhoneでは［次へ］）をタップします。

⑨ 続けて編集画面が表示されます。任意で編集を行い、→（iPhoneでは［次へ］）をタップします。

⑩ 任意でキャプションやタグなどを追加して、✓（iPhoneでは［シェア］）をタップします。

Section 27

投稿した写真をアーカイブしよう

投稿した内容は、アーカイブにすることで、削除することなく非表示に設定されます。フィードやほかの人からは閲覧できなくなりますが、自分だけはプロフィール画面から閲覧可能です（P.165参照）。

投稿した写真をアーカイブする

① P.132手順①を参考にプロフィール画面を表示し、アーカイブしたい写真をタップします。

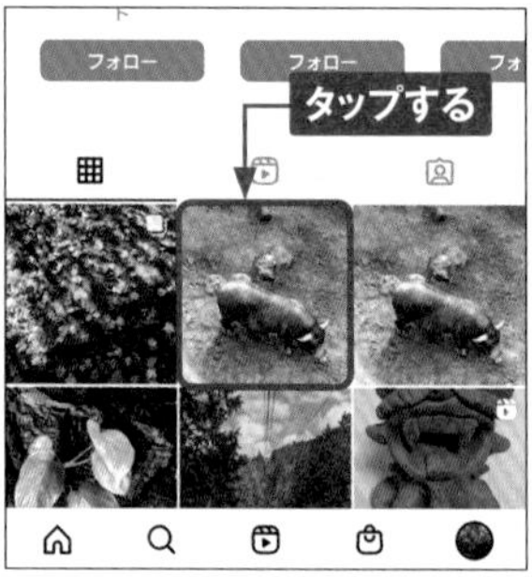

② ⋮（iPhoneでは…）をタップします。

③ ［アーカイブする］をタップします。

④ 写真がアーカイブされ、プロフィール画面に表示されなくなります。

Section
28 アーカイブした写真を閲覧しよう

アーカイブした投稿は、非表示になるだけで保存されているため、プロフィール画面からいつでも確認することができます。また、ストーリーズ（P.184参照）やインスタライブ（P.194参照）もアーカイブすることが可能です。

アーカイブした写真を閲覧する

① P.132手順①を参考にプロフィール画面を表示し、☰をタップします。

② ［アーカイブ］をタップします。

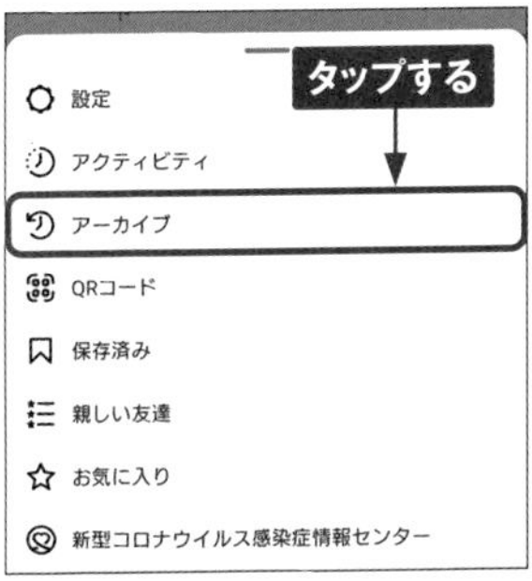

③ 画面上部の⌄→［投稿アーカイブ］の順にタップします。

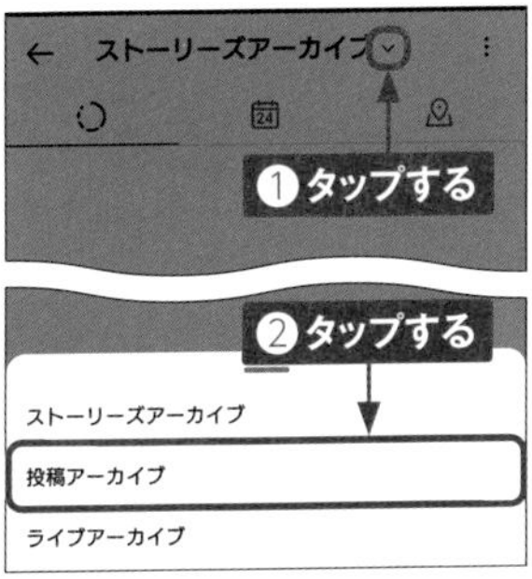

④ アーカイブした写真が表示されるので、タップして閲覧します。なお、⋮（iPhoneでは…）→［プロフィールに表示］の順にタップすると、アーカイブが解除されます。

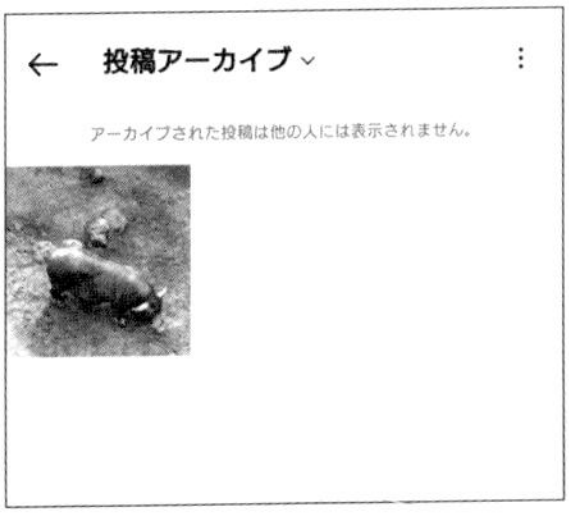

Section 29

投稿した写真に付いたコメントに返信しよう

ユーザーの投稿には、コメントを付けられるだけでなく、相手のコメントに対して返信することもでき、交流を深められます。なお、コメントは初期状態では誰でも閲覧・書き込み可能で、変更することもできます（P.203参照）。

投稿した写真に付いたコメントに返信する

① 「ホーム」タブで♡をタップします。

② 通知をタップします。

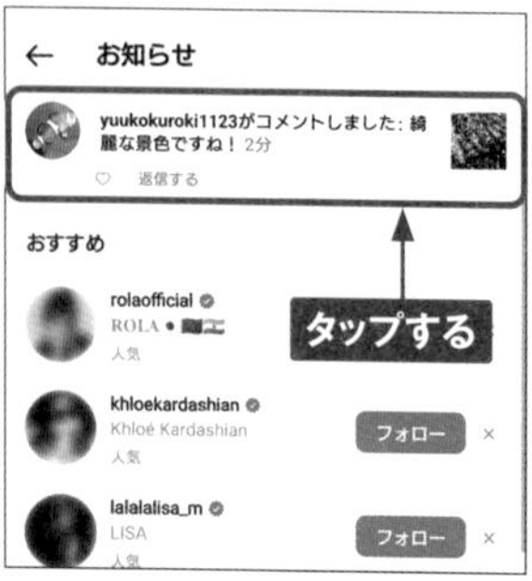

③ [返信]（iPhoneでは[返信する]）をタップします。

④ コメントを入力し、[投稿]（iPhoneでは[投稿する]）をタップします。

⑤ コメントに返信されます。

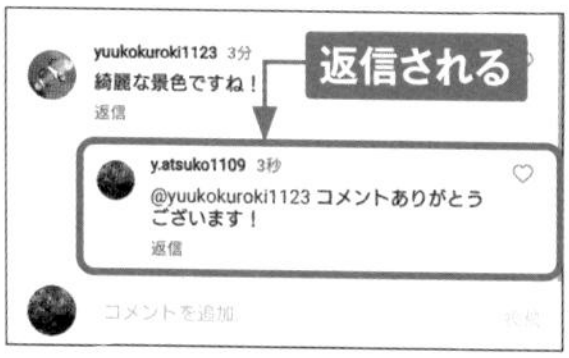

Section

30 投稿内容を編集しよう

投稿した内容は、位置情報の追加·削除やキャプションの削除などをいつでも行えます。編集したあとに再度投稿しても最初に投稿したときの日付のままです。なお、写真や動画そのものの編集は行えません。

投稿内容を編集する

1 編集したい投稿を表示し、⋮（iPhoneでは…）をタップします。

2 ［編集］をタップします。

3 内容を編集（ここではキャプションを入力）し、✓（iPhoneでは［完了］）をタップします。

4 内容が編集され、投稿されます。

Section 31

投稿を削除しよう

投稿した写真や動画は編集できないので一度削除してから再投稿しましょう。なお、削除した投稿は、30日以内であれば、プロフィール画面から復元、または完全に削除することができます。

投稿を削除する

① 削除したい投稿を表示し、⋮（iPhoneでは⋯）をタップします。

② ［削除］をタップします。

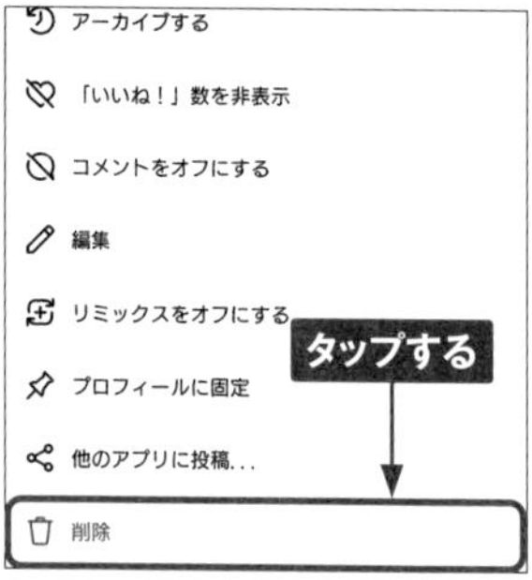

③ ［削除］をタップします。

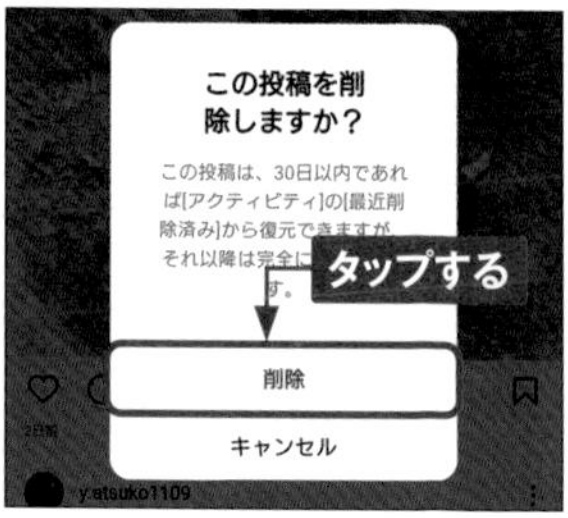

Memo 間違えて削除してしまったら？

削除した投稿は、30日以内であれば、復元することができます。手順②の画面で［アクティビティ］→［最近削除済み］の順にタップすると、削除した投稿が表示されます。復元したい投稿タップし、⋮（iPhoneでは⋯）→［復元する］→［復元する］の順にタップします。初回は本人確認が必要なので、画面の指示に従って操作しましょう。

第2章 Instagramに投稿しよう
LINE
Instagram
Twitter
Facebook

Instagram編

第3章

フォロー／フォロワーを管理しよう

Section 32

「おすすめ」のユーザーをフォローしよう

「ホーム」タブやプロフィール画面には、おすすめのユーザーや人気のユーザーが表示されています。一覧で表示すれば、検索することなく、かんたんにおすすめのユーザーたちをフォローすることができます。

「おすすめ」のユーザーをフォローする

1 「ホーム」タブの「おすすめ」やプロフィール画面の「フォローする人を見つけよう」の［すべて見る］をタップします。

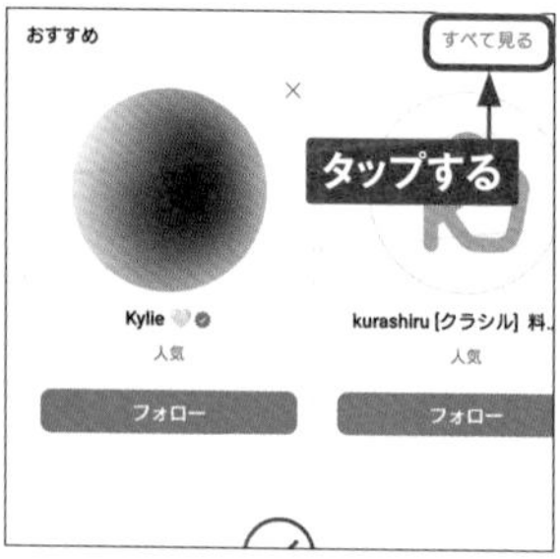

2 「Instagramによる連絡先へのアクセスを許可しますか?」画面が表示されたら、ここでは［アクセスを許可しない］(iPhoneでは［次へ］→［キャンセル］) をタップします。

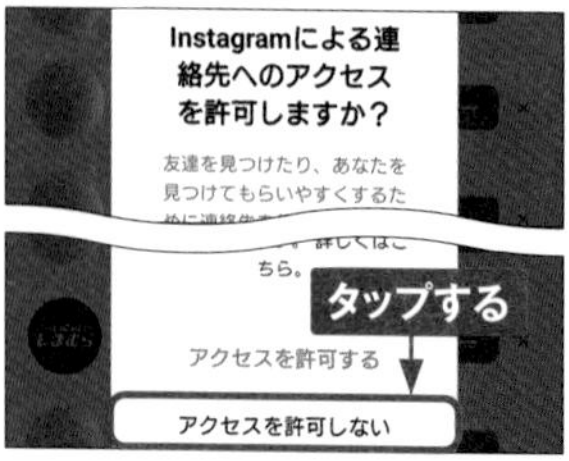

3 おすすめのユーザーや人気のユーザーが表示されるので、フォローしたいユーザーの［フォロー］(iPhoneでは［フォローする］) をタップします。

4 フォローされ、「フォロー中」と表示されます。

Section

33 ユーザーを検索してフォローしよう

友達や知り合いがInstagramを利用しているのであれば、名前やユーザーネームを検索してフォローしましょう。相手のプロフィール画面の「フォロワー」から、友達をフォローしている新たなつながりを探すこともできます。

ユーザーを検索してフォローする

1. P.135手順①を参考に「発見」タブを表示し、画面上部の検索欄をタップします。

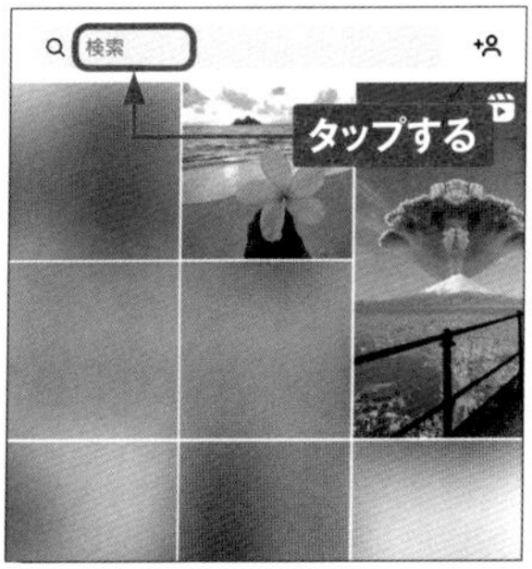

2. フォローしたいユーザーの名前やユーザーネームを入力し、表示される候補をタップします。

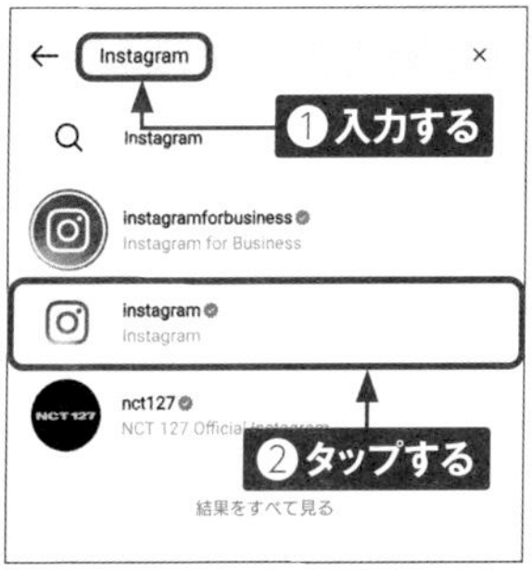

3. ユーザーのプロフィール画面が表示されるので、［フォロー］（iPhoneでは［フォローする］）をタップします。

4. フォローされ、「フォロー中」と表示されます。

第3章 フォロー／フォロワーを管理しよう

LINE
Instagram
Twitter
Facebook

Section

34 QRコードでユーザーをフォローしよう

Instagramでは、LINEと同様に、お互いのQRコードを読み取ることによってフォローし合うことができます。フォローする前に、相手のプロフィールを確認することも可能です。

QRコードでユーザーをフォローする

① P.165手順②の画面で［QRコード］をタップします。

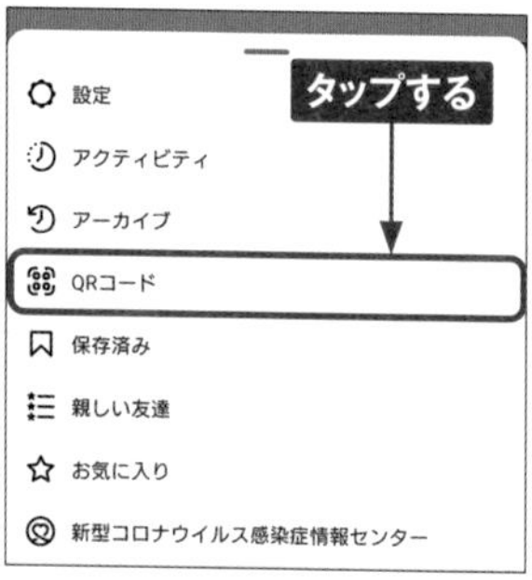

② 自分のQRコードが表示されます。［QRコードをスキャン］をタップします。

③ フォローしたいユーザーにQRコードを表示してもらい、フレーム内に合わせて読み取ります。

④ ［フォロー］（iPhoneでは［フォローする］）をタップすると、フォローされます。

Section 35

連絡先から友達をフォローしよう

友達をまとめてフォローしたい場合、スマートフォンの連絡先を同期する方法があります。連絡先に基づいて友達のアカウントが「おすすめ」に表示されるようになるので、フォローする友達を自分で選択することができます（P.170参照）。

連絡先を同期する

1 P.131を参考に「設定」画面を表示して、［アカウント］をタップします。

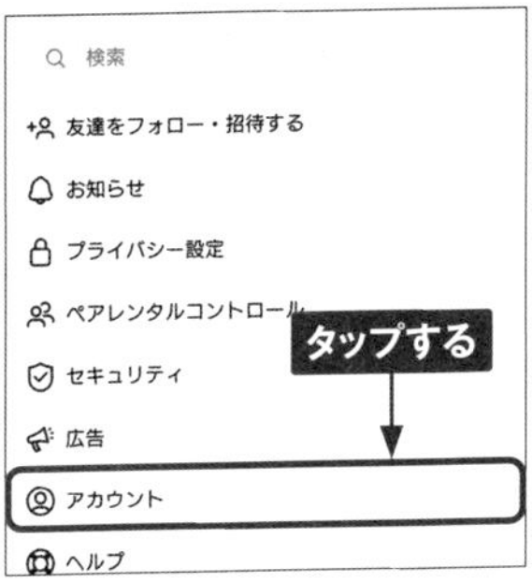

2 ［連絡先の同期］をタップします。

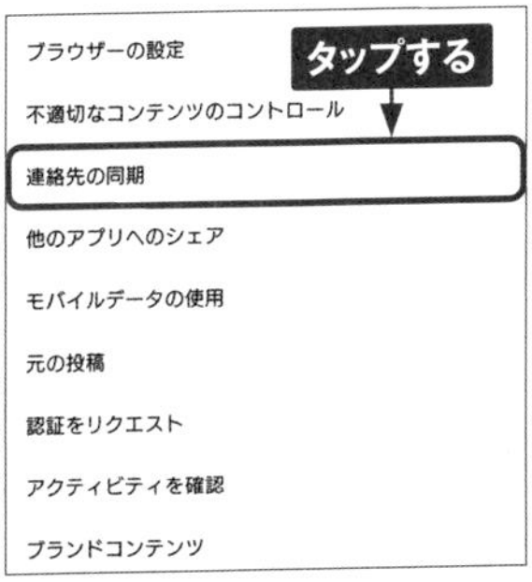

3 「連絡先をリンク」の （iPhoneでは ）をタップします。

4 連絡先が同期されます。

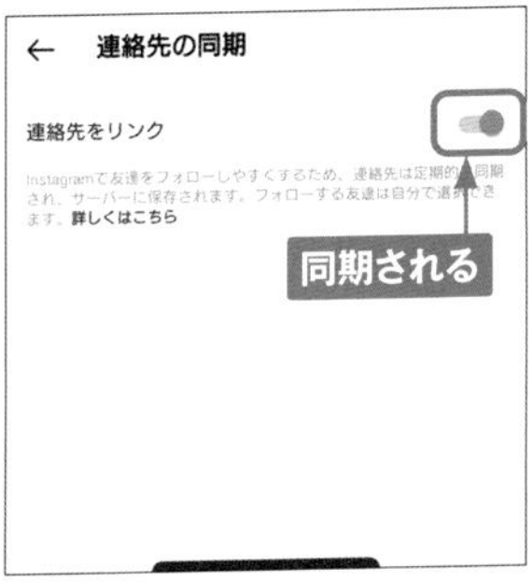

Section 36

フォローしているユーザーを確認しよう

自分が誰をフォローしているのかは、プロフィール画面から確認することができます。フォローしているユーザーの数やアイコン、ユーザーネームや名前が一覧で表示されるため、一目でわかります。

フォロー中のユーザーを確認する

① P.132手順①を参考にプロフィール画面を表示し、［フォロー中］をタップします。

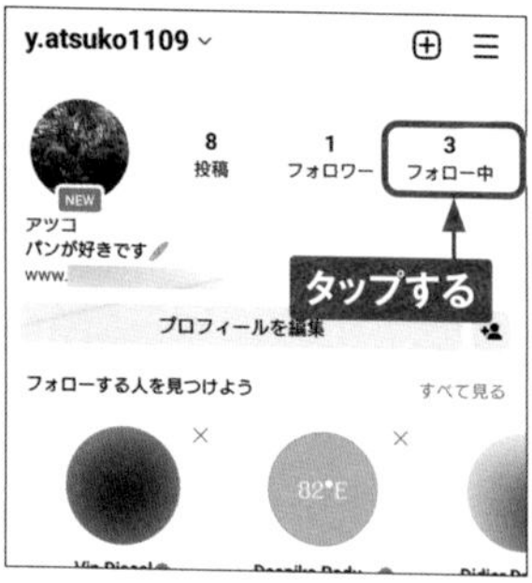

② フォロー中のアカウントが一覧で表示されます。任意のユーザーをタップします。

③ フォロー中のユーザーのプロフィール画面が表示されます。

Memo フォロー中のユーザーを並び替える

手順②の画面で［並び替え］をタップすると、「並び替え」画面が表示されます。任意のカテゴリをタップして、ユーザーを並び替えることができます。

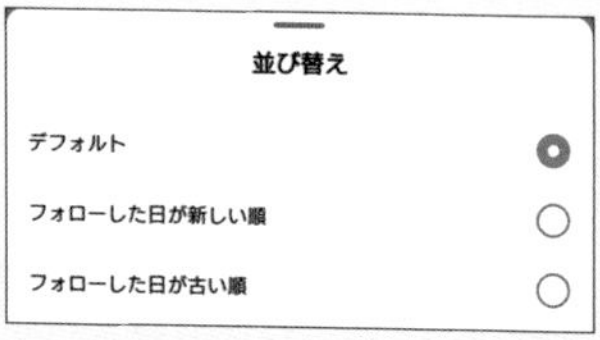

Section
37 フォロワーを確認しよう

自分のことを誰がフォローしているのかも、フォロー中のユーザーと同じく、プロフィール画面から確認することができます。気になるフォロワーがいれば、気軽にフォローバック（自分のフォロワーをフォローすること）してみましょう。

フォロワーを確認する

1 P.132手順①を参考にプロフィール画面を表示し、［フォロワー］をタップします。

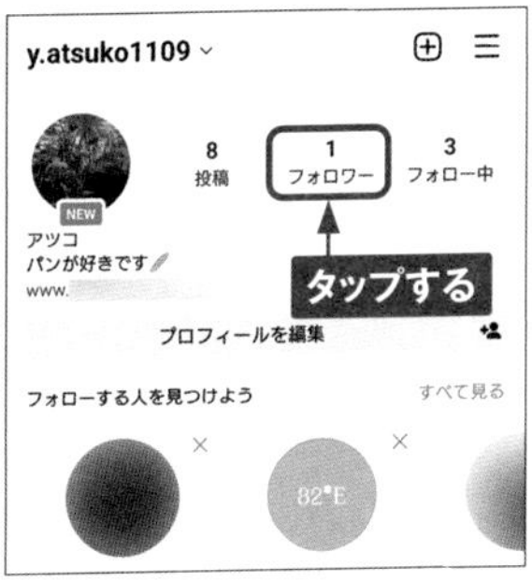

2 フォロワーのアカウントが一覧で表示されます。フォロワーを削除したい場合は［削除］をタップします。

3 ［削除］をタップします。

4 フォロワーが削除されます。

Section 38 フォローを解除しよう

フォローを解除すると、「ホーム」タブのフィードに、相手の投稿が表示されず、閲覧できなくなります。なお、フォローを解除したことは、相手に通知されることはありません。

フォローを解除する

① P.132手順①を参考にプロフィール画面を表示し、[フォロー中]をタップします。

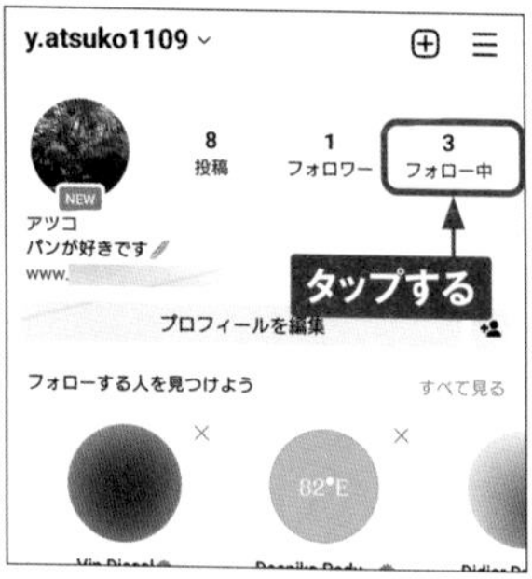

② フォロー中のアカウントが一覧で表示されます。フォローを解除したいアカウントの［フォロー中］をタップします。iPhoneでは続けて[フォローをやめる］をタップします。

③ フォローが解除され、「フォロー」(iPhoneでは「フォローする」)と表示されます。

Memo　プロフィール画面からフォローを解除する

フォローを解除したいアカウントのプロフィール画面で［フォロー中］→［フォローをやめる］の順にタップすることでも、フォローを解除できます。

Section 39

迷惑なユーザーをブロックしよう

相手をブロックすると、相手からされた「いいね!」やコメントなどは自分の投稿からすべて削除されます。ブロックしたことは通知されませんが、相手はこちらの投稿などを閲覧することができなくなります。

迷惑なユーザーをブロックする

① ブロックしたいアカウントのプロフィール画面を表示し、⋮（iPhoneでは…）をタップします。

② ［ブロック］をタップします。

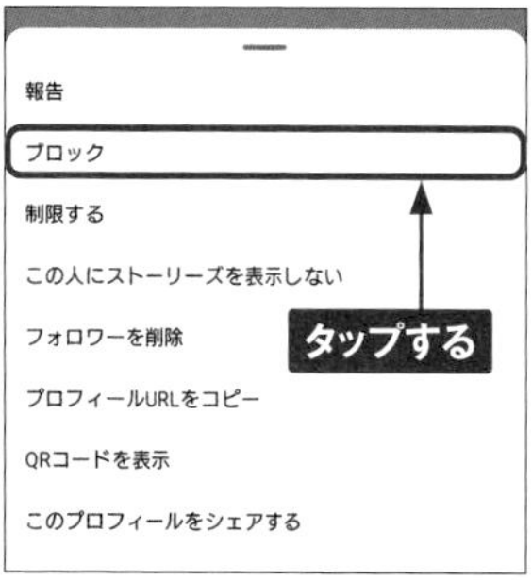

③ ［○○をブロック］をタップし、［ブロック］をタップします。

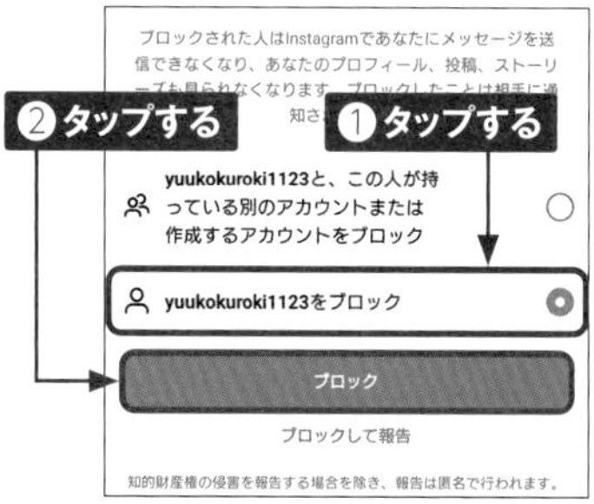

Memo ブロックせずに相手のコメントやメッセージを非表示にする

手順①の画面で［フォロー中］→［制限する］→［アカウントを制限する］の順にタップすると、ブロックすることなく、相手とのやり取りが制限されます。相手のコメントやメッセージは非表示になりますが、引き続き相手はこちらの投稿などを閲覧できるため、ブロックよりも気づかれにくいです。

Section
40 フォローを承認制にしよう

フォローを承認制にするには、アカウントを非公開にします。非公開アカウントにすると、自分が投稿した写真や動画をフォロワーだけが閲覧できます。ユーザーからフォローリクエストされると、承認するか削除するか選択可能です。

アカウントを非公開にする

① P.131を参考に「設定」画面を表示し、[プライバシー設定]をタップします。

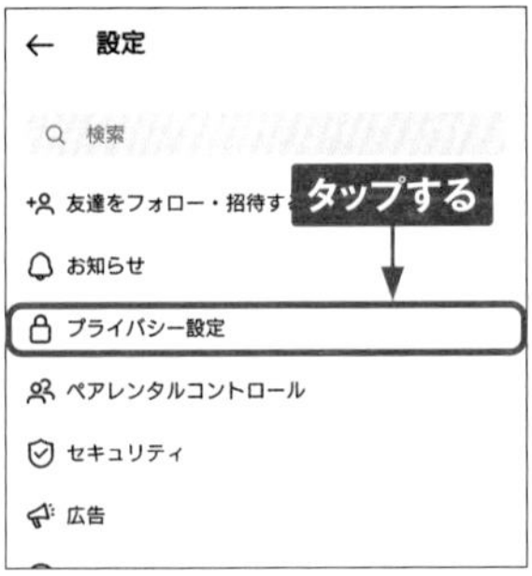

② 「非公開アカウント」の（iPhoneでは ）をタップします。

③ [非公開に切り替える] をタップします。

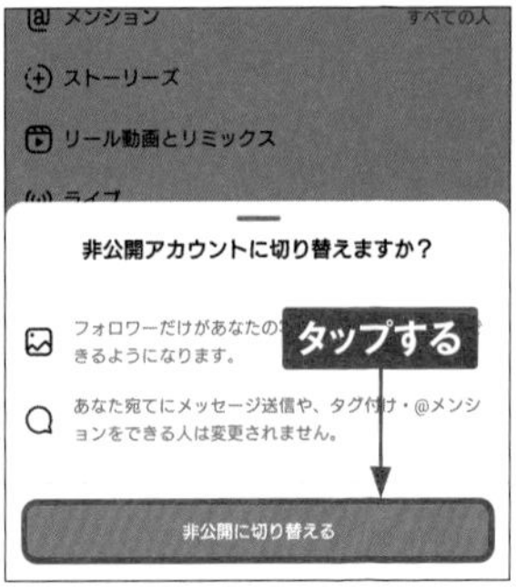

Memo アカウントを非公開にした場合

アカウントを非公開にすると、自分のすべての投稿はフォロワーのみが閲覧できるようになります。ただし、自分のユーザーネームは検索すると表示され、プロフィールアイコンや自己紹介は誰でも閲覧できてしまうので注意してください。

Instagram編

第4章

Instagramの便利な機能を使いこなそう

Section
41 ダイレクトメッセージでやり取りしよう

ダイレクトメッセージとは、ユーザーと個別にメッセージのやり取りができるチャット機能です。メッセージのほかにも、写真の共有やリアクション、音声通話やビデオ通話が可能です。

ダイレクトメッセージを送信する

① ⌂をタップし、⊜もしくは▽をタップします。

② 検索欄をタップします。

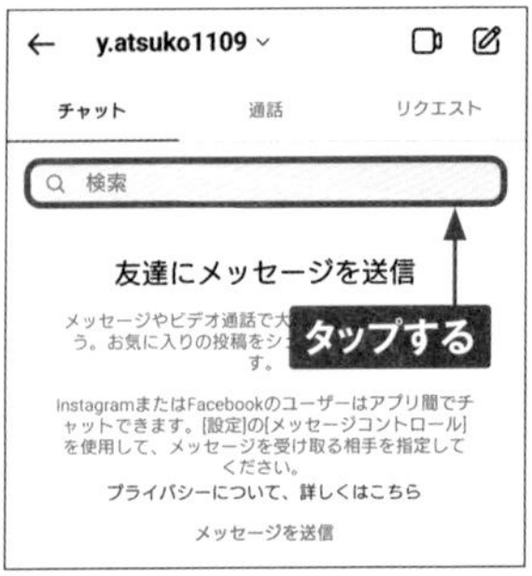

③ ダイレクトメッセージを送りたいユーザーの名前やユーザーネームを入力し、表示される候補をタップします。

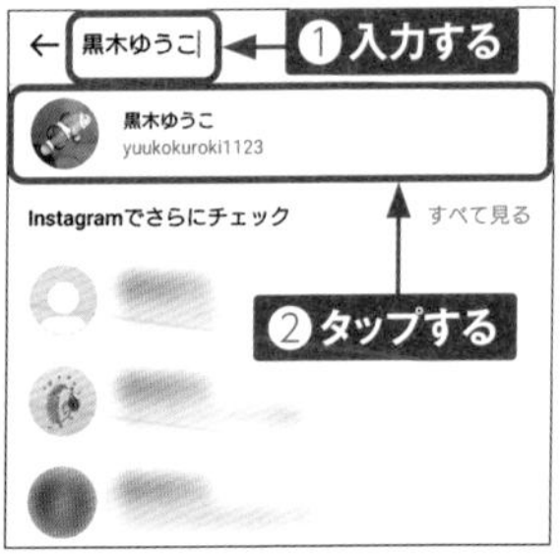

④ 相手のメッセージ画面が表示されるので、画面下部の入力欄をタップします。

第4章 Instagramの便利な機能を使いこなそう

LINE
Instagram
Twitter
Facebook

5 メッセージを入力し、[送信] をタップします。

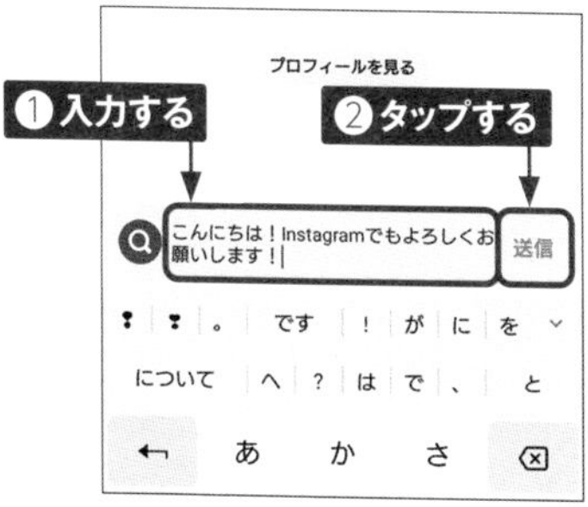

6 ダイレクトメッセージが送信されます。

ダイレクトメッセージを閲覧する

1 ダイレクトメッセージを受信すると、に通知アイコンが表示されます。もしくはをタップします。

2 ダイレクトメッセージを送受信した相手の一覧が表示されるので、ユーザー名をタップします。

3 ダイレクトメッセージのやり取りを閲覧できます。

Memo **ダイレクトメッセージの機能**

届いたダイレクトメッセージを長押しすると、リアクションすることができます。そのほか、右下のをタップして写真を送信したり、右上のやをタップして音声通話やビデオ通話をしたりすることが可能です。

Section
42 ダイレクトメッセージで消えるメッセージや写真を送ろう

ダイレクトメッセージには、「消えるメッセージモード」機能があります。送信したメッセージは、相手がメッセージを開封してダイレクトメッセージの画面を閉じると削除され、再度閲覧することができなくなります。

ダイレクトメッセージで消えるメッセージを送る

① P.180手順①〜③を参考にチャット画面を表示し、画面を上方向にスワイプします。

② 背景が黒くなり「消えるメッセージモード」画面になるので、画面下部の入力欄をタップします。

③ メッセージを入力し、[送信] をタップします。

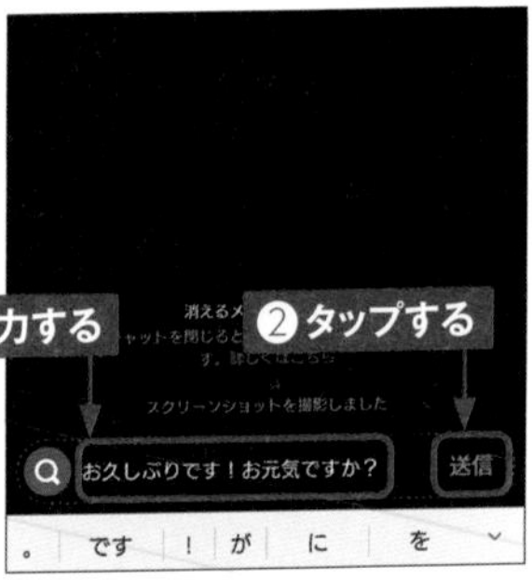

④ メッセージが送信されます。

ダイレクトメッセージで消える写真を送る

① P.182手順②の画面でをタップします。

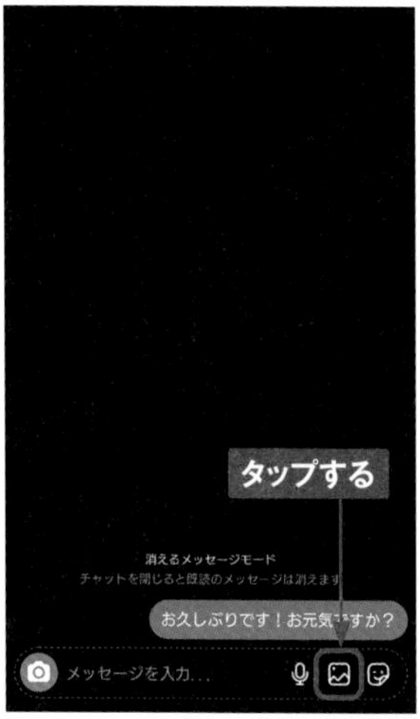

② 送りたい写真をタップして選択し、［送信］をタップします。

③ 写真が送信されます。

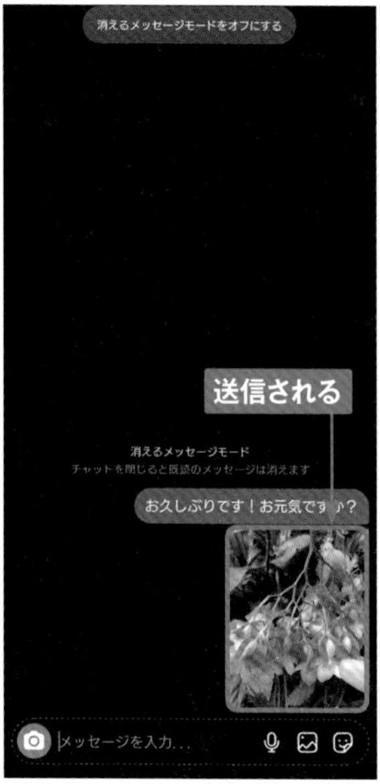

Memo 消えるメッセージモードをオフにする

こちらが「消えるメッセージモード」にすると、相手も「消えるメッセージモード」になり、黒い画面に切り替わります。送受信したメッセージや写真は既読後にダイレクトメッセージの画面を終了すると消去されます。「消えるメッセージモード」を終了するには、どちらかが画面上部の［消えるメッセージモードをオフにする］をタップします。

Section 43

ストーリーズで24時間限定の写真を投稿しよう

ストーリーズは写真や動画の投稿を行う機能ですが、フィードの投稿とは異なり、フルスクリーンであることと、24時間で自動的に削除される特徴があります。写真をスライドショーにするなど多様な編集ができ、最長60秒までの動画が投稿できます。

ストーリーズで写真を投稿する

1 をタップし、[ストーリーズ] をタップします。

2 ここでは [カメラ] をタップします。撮影した写真を選択して投稿することもできます。

3 被写体にカメラを向けて、をタップして撮影します。長押しすると動画を撮影できます。

4 画面右上のアイコンをタップして写真の編集や追加が行えます。[ストーリーズ] をタップすると、投稿されます。

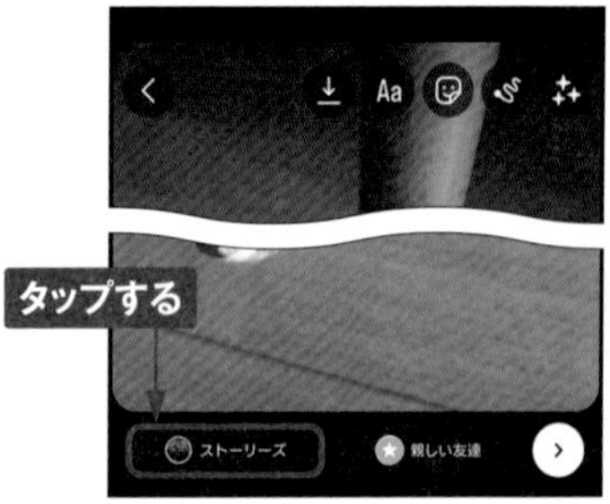

Section
44 投稿されたストーリーズを見よう

フォロー中の相手がストーリーズを投稿すると、「ホーム」タブの上部に、アイコンが表示されます。タップすると、ストーリーズを閲覧し、コメントや「いいね!」などをすることができます。

投稿されたストーリーズを見る

① ⌂をタップし、ストーリーズを閲覧したいユーザーアイコンをタップします。

② ストーリーズが表示されます。[メッセージを送信] をタップします。

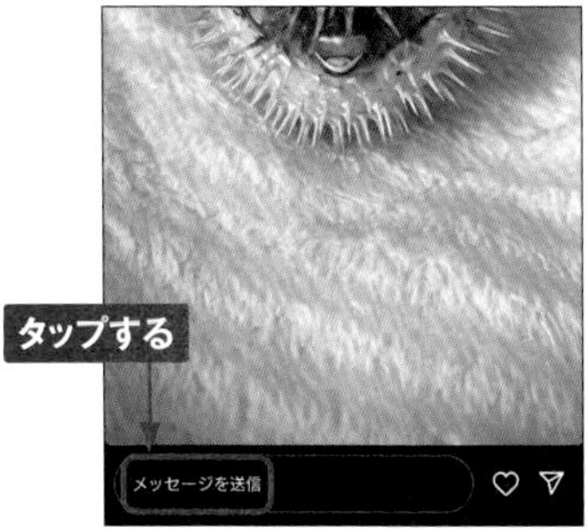

③ メッセージを入力し、[送信] をタップします。

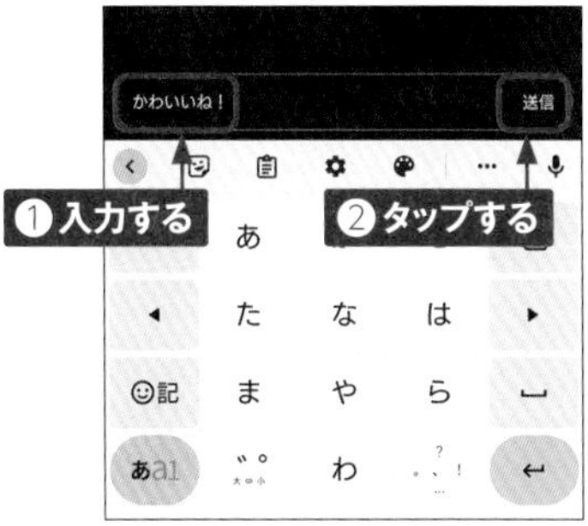

④ メッセージが送信され、チャット画面に表示されます。

Section
45 ストーリーズに投稿した写真や動画を保存しよう

自分が投稿したストーリーズは、公開中であれば保存または削除することができます。24時間以内であれば、削除しても自分のプロフィール画面から復元することが可能です。

ストーリーズの写真や動画を保存する

① ⌂をタップし、[ストーリーズ] をタップします。

② [その他] をタップします。

③ [写真を保存] (iPhoneでは [保存]→[写真を保存]または[ストーリーズに保存]) をタップします。

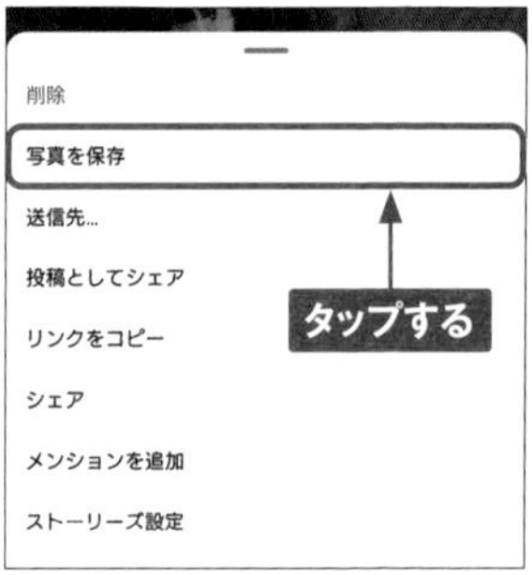

④ 写真がスマートフォンに保存されます。

ストーリーズの写真や動画を削除する

① ⌂をタップし、[ストーリーズ] をタップします。

② 画面をタップして削除したいストーリーズの写真を表示し、[その他] をタップします。

③ [削除] をタップします。

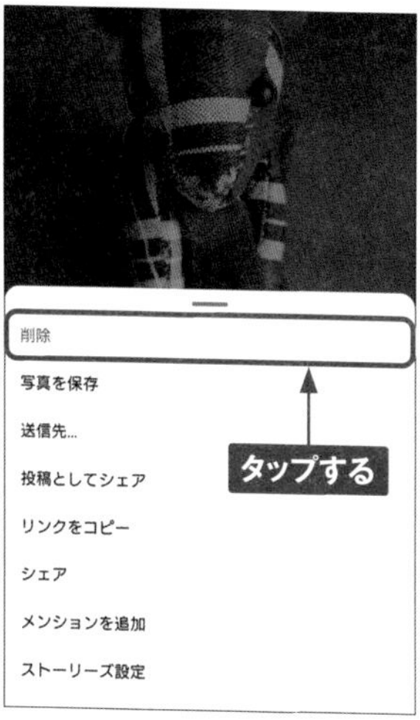

④ [削除] をタップします。

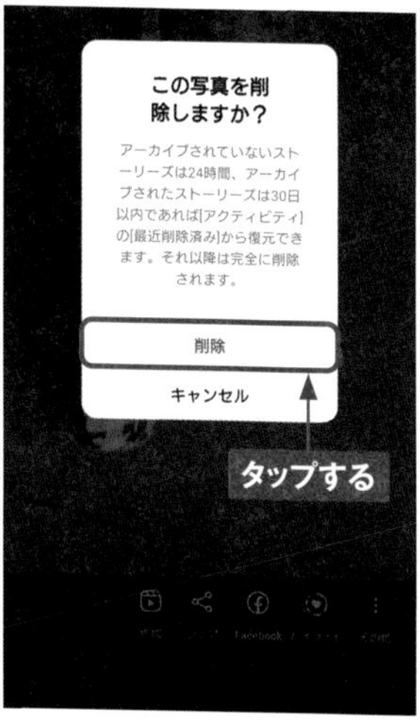

Section 46

投稿されたリール動画を見よう

リール動画とは、動画や写真などが組み合わされて作成されたショートムービーです。新規で動画を撮影したり、これまでに撮影したアルバム内のビデオや写真をつなぎ合わせたりして最長90秒間の動画ができます。

リール動画とは

Instagramのリール動画（Reels）とは、最大90秒間のショートムービーを作成・編集・投稿できる機能です。動画がフルスクリーンで表示され、迫力があるほか、フィードへの投稿と同様にコメントや「いいね!」、保存などをすることができます。編集機能を利用すれば、音楽やエフェクトなどを追加したり、レイアウトやリミックスなどを利用したりでき、非常にクオリティの高い動画が出来上がります。

プロフィール画面からリール動画を見る

① リール動画を見たいユーザーのプロフィール画面を表示し、をタップします。

② 投稿されたリール動画が一覧で表示され、タップすると閲覧できます。

「リール」タブからリール動画を見る

① 「ホーム」タブでをタップします。

② リール動画が表示されます。画面を上方向にスワイプします。

③ 次のリール動画が表示されます。

④ をタップすると、「いいね!」を付けられます。

Section 47

リール動画を作成して投稿しよう

リール動画は、その場で撮影して投稿したり、スマートフォンに保存してある静止画像などを組み合わせたりして作成することができます。ここでは、その場で撮影して投稿する方法を紹介します。

リール動画を作成して投稿する

① P.144手順①を参考に「新規投稿」画面を表示し、画面下部の［リール］をタップします。

② 被写体にカメラを向けて、♫をタップします。

③ 挿入したい音源をタップします。

④ 音源の再生したい部分をドラッグして選択し、［完了］をタップすると、音楽が追加されます。

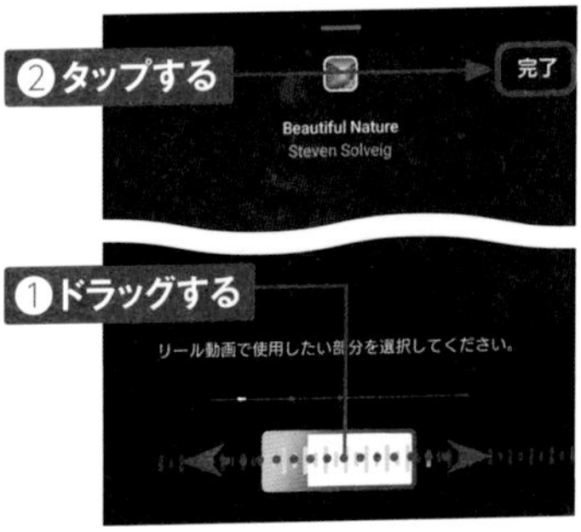

⑤ をタップします。

⑥ 追加したいエフェクトをタップして選択し、動画部分をタップします。

⑦ をタップして動画の長さ（ここでは［15］）をタップして選択します。

⑧ をタップして撮影します。手順⑦で設定した時間になると撮影が停止するので、P.149手順③～④を参考に動画を投稿します。投稿前に編集を行うことも可能です。

Section 48

投稿されたインスタライブを見よう

インスタライブとは、Instagramに備わっているライブ配信機能です。フォローしていないユーザーのライブも閲覧することができ、配信者と視聴者は、リアルタイムでのコメントのやり取りが可能です。

インスタライブとは

インスタライブとは、Instagramの機能の1つで、今していることを誰でもかんたんに全世界に発信することができる機能です。リアルタイムで行われるため、配信者と視聴者のコミュニケーションが取りやすく、コメントや相手のリアクションをすぐに把握できるため、双方が一緒に楽しめる空間が提供されます。また、フォローしていないユーザーのライブも閲覧することができ、最長4時間の動画配信が可能となっています。

インスタライブ配信中のアカウントには、「ホーム」タブ上部のユーザーアイコンに、「LIVE」と表示されます。タップして、インスタライブを閲覧することができます。

フォロー中のユーザーが、「ライブ配信の共有範囲」を「公開」設定している場合（P.195手順⑥参照）、ライブ配信開始のお知らせを受信します。

インスタライブを見る

① 「ホーム」タブで「LIVE」と表示されているユーザーアイコンをタップします。

② ライブ配信を閲覧できます。画面下部のコメント入力欄をタップします。

③ コメントを入力し、[投稿]（iPhoneでは［投稿する］）をタップします。

④ コメントが投稿されます。

Section
49 インスタライブで動画をライブ配信しよう

インスタライブは誰でも配信することができます。配信時間は最大4時間で、3ヵ月後までの配信予約も可能です。また、誰にも公開せず配信の練習を行ったり、配信した動画をアーカイブとして保存してシェアしたりすることも可能です。

インスタライブでライブ配信する

① P.144手順①を参考に「新規投稿」画面を表示します。

② 画面下部を左方向にスライドして［ライブ］を選択します。

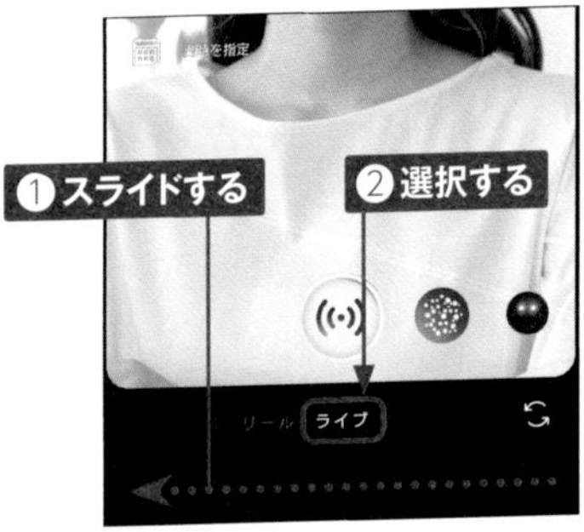

③ をタップします。

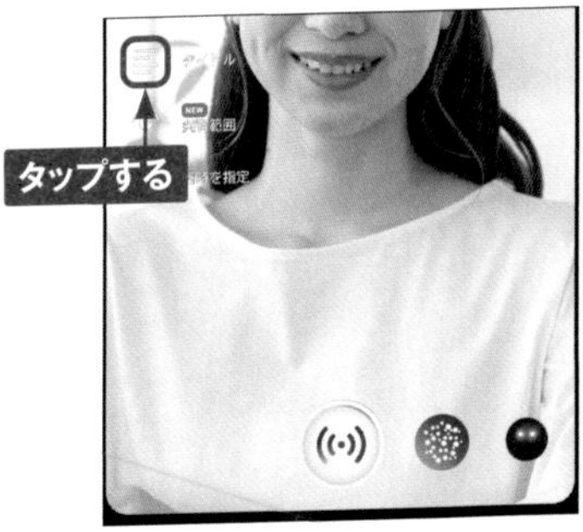

④ ライブ配信のタイトルを入力し、［タイトルを追加］をタップします。

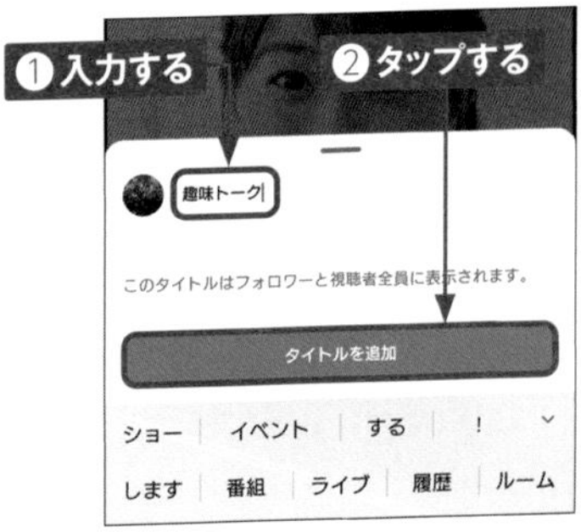

5 をタップします。

6 「ライブ配信の共有範囲」を設定できるので、任意の方法をタップして選択し、[共有範囲を設定]をタップします。

7 をタップします。

8 ライブ配信が開始されます。ユーザーが参加すると、「○○が視聴を始めました」と表示されます。ライブ配信を終了するには、画面右上の☒をタップして画面の指示に従います。

Section 50

写真の検索履歴を削除しよう

「発見」タブなどで写真やユーザーを検索すると、履歴が残ります。履歴は個別に削除することもできますし、一括で削除することも可能です。なお、削除した検索履歴はもとに戻すことはできません。

検索履歴を削除する

① P.135手順①を参考に「発見」タブを表示し、画面上部の検索欄をタップします。

② 削除したい検索履歴の×をタップします。

③ 履歴が削除されます。

Memo すべての履歴を削除する

手順③の画面で［すべて見る］→［すべてクリア］→［すべてクリア］の順にタップすると、すべての履歴が削除されます。なお、この操作をもとに戻すことはできません。

LINE
Instagram
Twitter
Facebook

Instagram編

第5章

InstagramのQ＆A

Section
51 コレクションの内容を整理するには?

コレクションには、保存したリール動画や写真などが保存されています（P.142参照）。ジャンル別に名前を付けてコレクションを作成すると、自分が見たい内容をすぐに見つけられて便利です。

コレクションを編集する

1 P.165手順②の画面で［保存済み］をタップします。

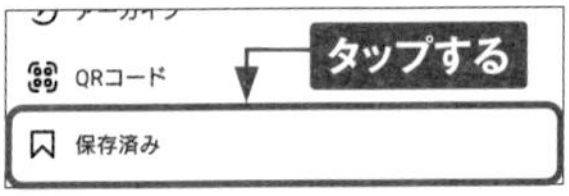

2 ＋をタップします。

3 コレクションに保存したい写真をタップして選択（iPhoneではコレクション名を入力）し、［次へ］をタップします。

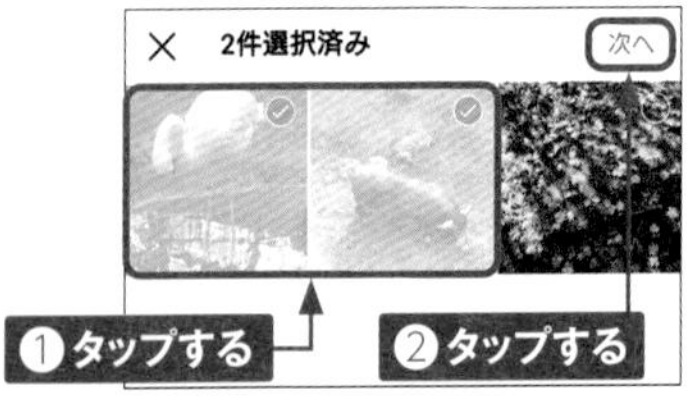

4 追加したいコレクション名を入力（iPhoneでは保存したい写真をタップして選択）し、［追加する］（iPhoneでは［完了］）をタップします。

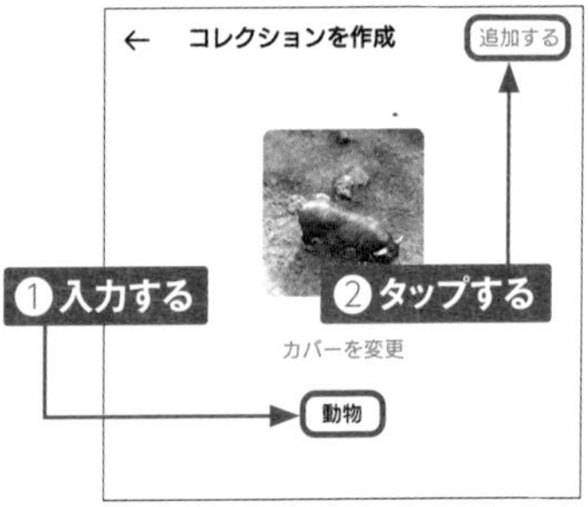

5 コレクションが作成されます。

Section
52 「いいね!」を付けた写真を確認するには?

「いいね!」を付けた過去の投稿を閲覧したい場合は、プロフィール画面から一覧で確認することができます。デフォルトでは新しい順になっていますが、変更することも可能です。

「いいね!」を付けた写真を確認する

1 P.165手順②の画面で[アクティビティ]をタップします。

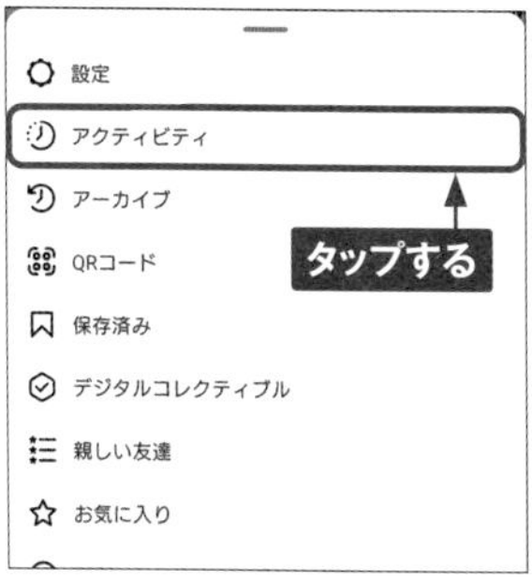

2 [インタラクション]をタップします。

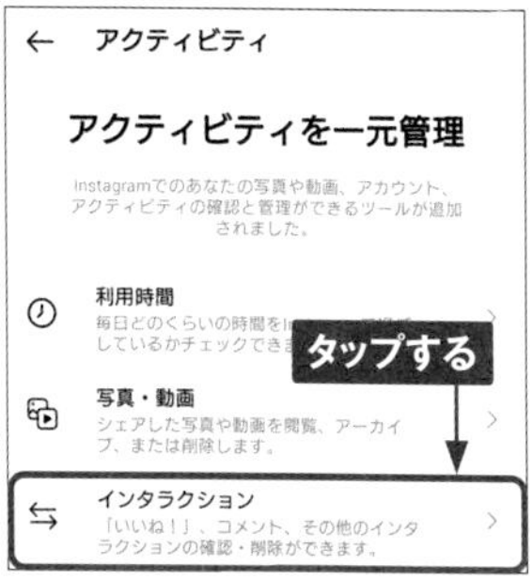

3 [「いいね!」]をタップします。

4 「いいね!」を付けた写真が表示されます。

Section 53

おすすめの投稿やリール動画を表示しないようにするには?

「ホーム」タブのフィードをスワイプして下の方に表示される「おすすめ投稿」の投稿やリール動画は、個別に非表示にすることができます。興味がない投稿を非表示に設定していくと、徐々に類似した投稿内容が表示されにくくなります。

おすすめの投稿やリール動画を非表示にする

1 非表示にしたいおすすめの投稿の︙(iPhoneでは…)をタップします。

2 [興味がない]をタップします。

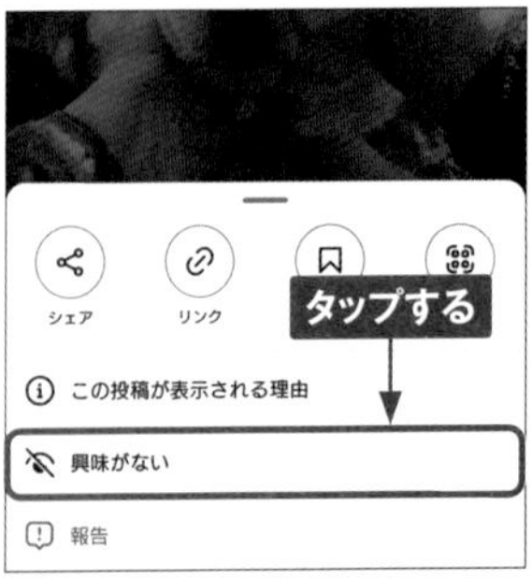

3 投稿が非表示になります。[○○からの投稿をおすすめしない]をタップします。

4 以降、非表示にしたアカウントの投稿はおすすめに表示されなくなります。

Section 54

広告を非表示にするには?

フィード上には、フォローや「いいね!」など、アクションを起こした内容に関連する広告が表示される場合があります。関心がない広告は、ほかの投稿と同様に非表示にしたり報告したりすることができます。

広告を非表示にする

1 非表示にしたい広告の︙（iPhoneでは…）をタップします。

2 ［この広告を非表示にする］（iPhoneでは［広告を非表示にする］）をタップします。

3 非表示にしたい理由をタップします。

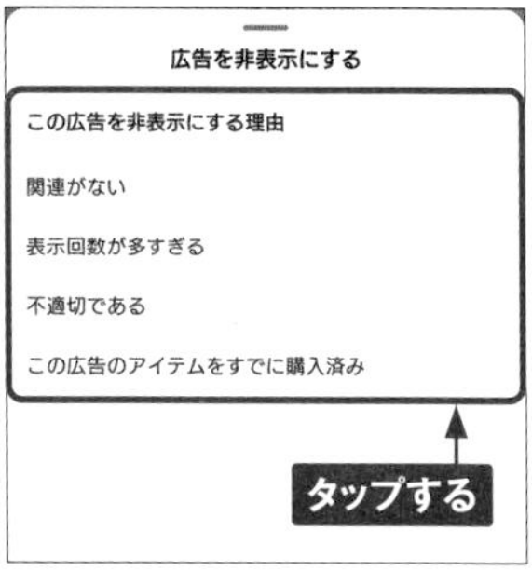

4 広告が非表示になります。

Section 55 投稿した写真を非公開にするには？

自分が投稿した写真などを非公開に設定するには、投稿別に「アーカイブ」機能（P.164参照）を利用するか、または「非公開アカウント」（P.178参照）に設定するという方法があります。

投稿した写真を非公開にする

●アーカイブする

① 非公開にしたい写真の：（iPhoneでは…）をタップし、［アーカイブする］をタップします。

② アーカイブした投稿は、プロフィール画面に保存されています（P.165参照）。

●アカウントを非公開にする

① P.178を参考に「プライバシー設定」画面で［非公開に切り替える］をタップします。

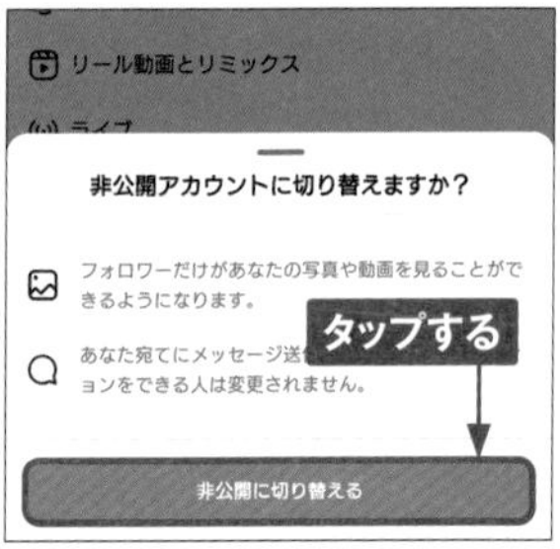

② アカウントが非公開に切り替わり、フォロワーのフィードにのみ投稿が表示されます。

Section

56 コメントを付けられる対象を制限するには？

自身の投稿に対して、コメントを付けられる対象を設定することができます。知らない人にコメントを付けられたくないときには、制限をかけて対象を絞りましょう。また、投稿ごとにコメントをオフにすることもできます。

コメントを付けられる対象を制限する

① P.131を参考に「設定」画面を表示して、[プライバシー設定]をタップします。

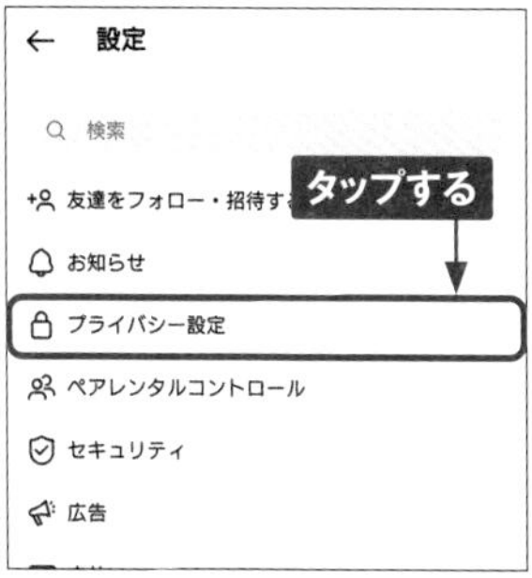

② [コメント]をタップします。

③ [コメント許可の対象]をタップします。

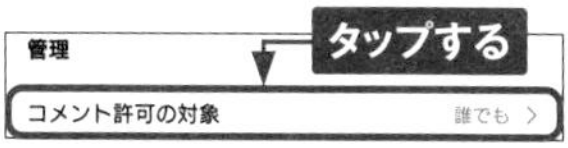

④ 任意の対象をタップすると、制限されます。

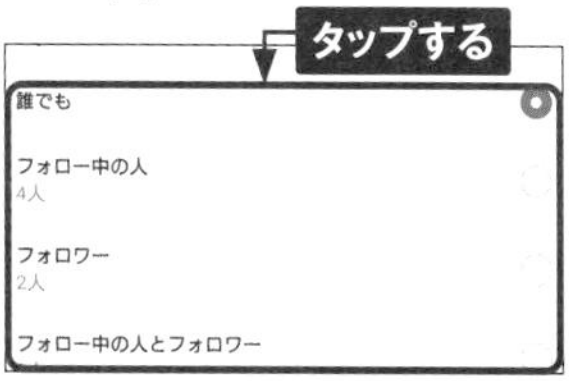

Memo 投稿ごとにコメントをオフにする

投稿時や投稿後の写真に対してコメントをオフにすることもできます。P.148手順④などの「新規投稿」画面で[詳細設定]をタップして「コメントをオフにする」をオフにするか、P.164手順③の画面で[コメントをオフにする]をタップします。

Section 57

不適切なコメントを非表示にするには?

「コメントを非表示」をオンにすると、投稿、リール動画、インスタライブなどで、内容が不適切の可能性のあるコメントが表示されなくなります。また、自分自身で非表示にしたいワードをカスタマイズすることもできます。

不適切なコメントを非表示にする

① P.131を参考に「設定」画面を表示して、[プライバシー設定]をタップします。

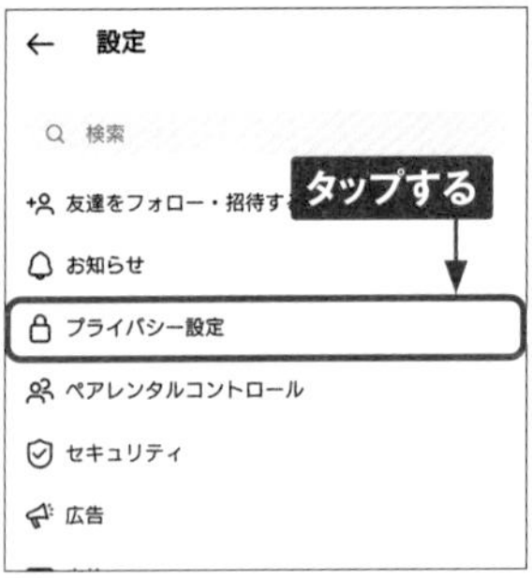

② [非表示ワード]をタップします。

③ 「コメントを非表示」の（iPhoneでは ）をタップします。

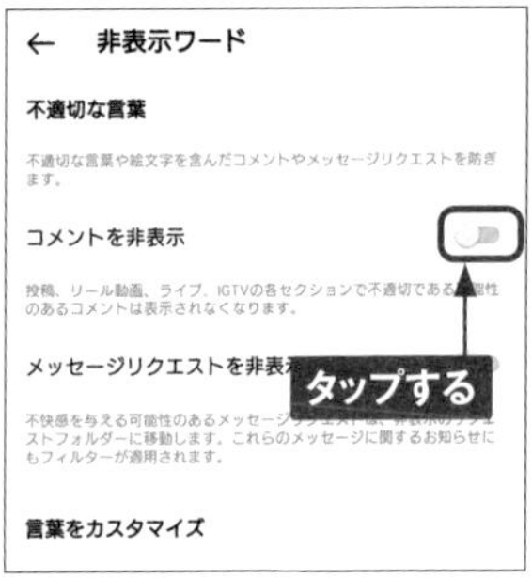

④ 不適切なコメントが非表示に設定されます。

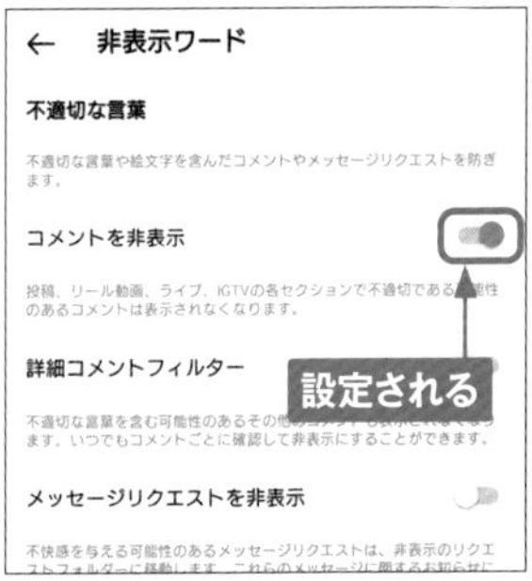

Section 58

不適切な写真や動画を報告するには?

不適切、不快であると感じた写真や動画は、報告しましょう。報告することでInstagramの運営側に連絡され、対応してもらうことができます。報告したあとに、対象のアカウントをブロックすることが可能です。

不適切な写真を報告する

① 報告したい写真の︙(iPhoneでは…)をタップし、[報告]をタップします。

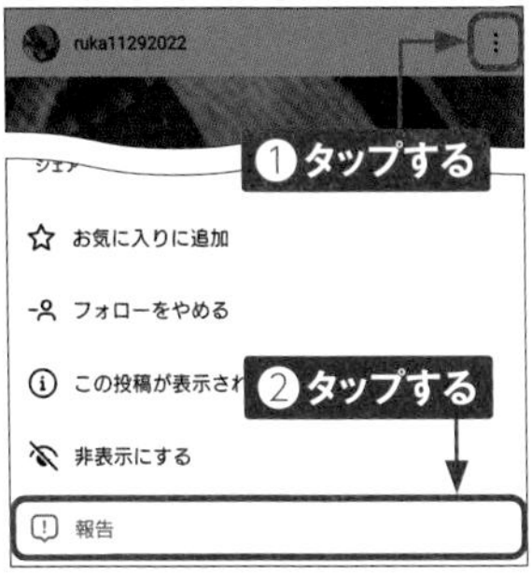

② 報告する理由(ここでは[スパムである])をタップします。項目によって指示が異なるので、画面の指示に従って報告します。

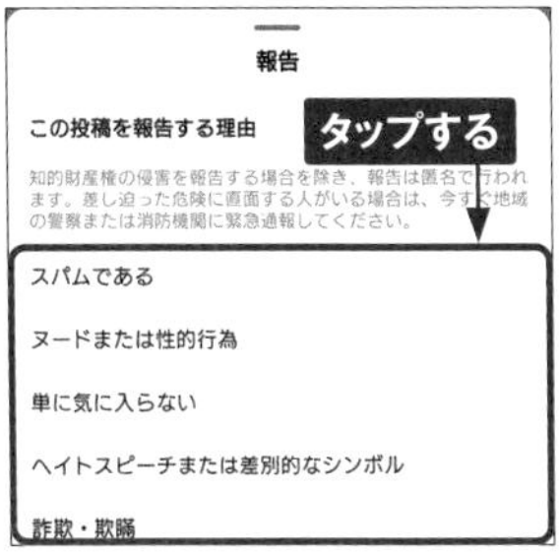

③ [次へ]をタップします。

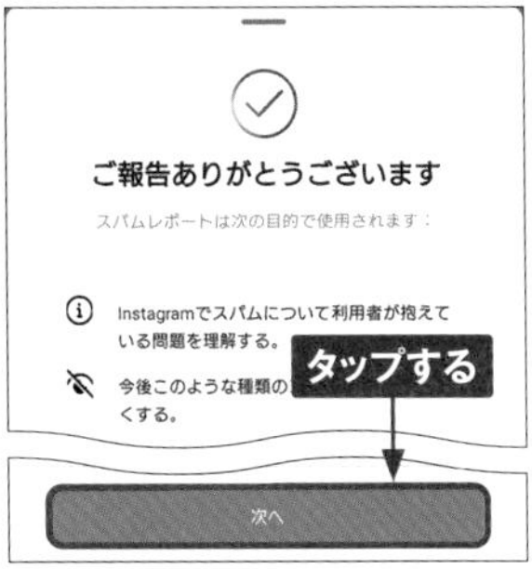

④ 投稿した相手に対するアクションをタップすると、実行されます。

Section
59 不要な通知を止めるには?

コメントや「いいね!」などを受信すると、お知らせとして通知されますが、完全にオフにしたり対象をカスタマイズしたりすることができます。頻繁に通知がくるときは、オフにするとよいでしょう。

不要な通知を止める

① P.131を参考に「設定」画面を表示して、[お知らせ]をタップします。

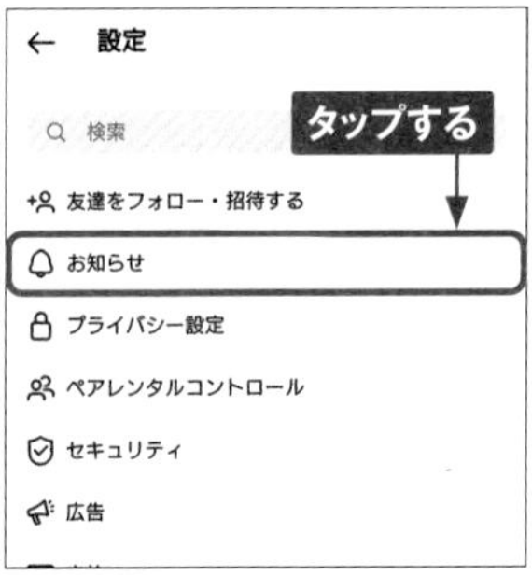

② ここでは[投稿、ストーリーズ、コメント]をタップします。

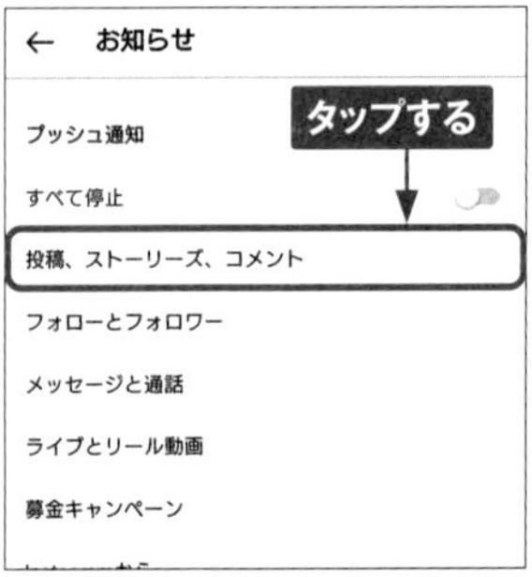

③ 不要な通知(ここでは「いいね!」の[オフ])をタップします。

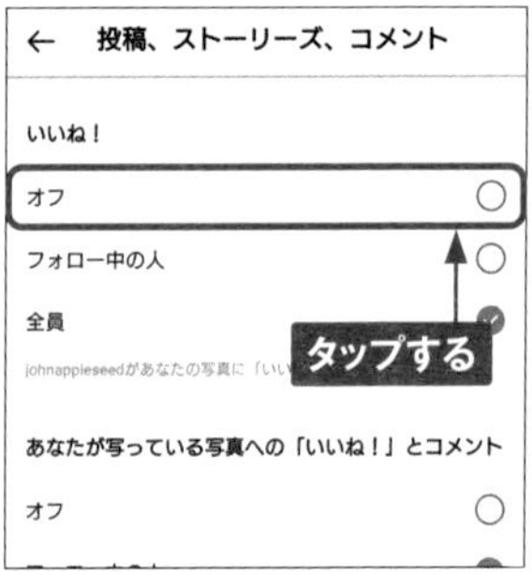

④ 通知がオフになります。

Section 60

FacebookやTwitterと連携するには?

Instagramは、FacebookやTwitterと連携することができます。写真や動画などを投稿する際の編集画面で連携をオンにしておくと、FacebookやTwitterにもリンクが投稿されます。なお、あらかじめFacebookやTwitterのアカウントが必要です。

Facebookと連携する

1 P.131を参考に「設定」画面を表示して、[アカウント] をタップします。

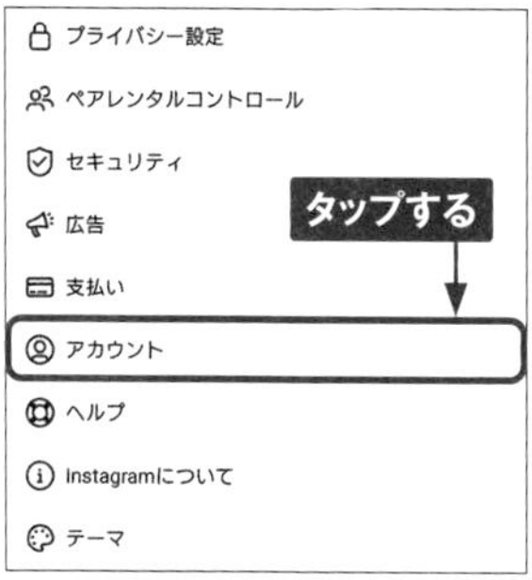

2 [他のアプリへのシェア] をタップします。

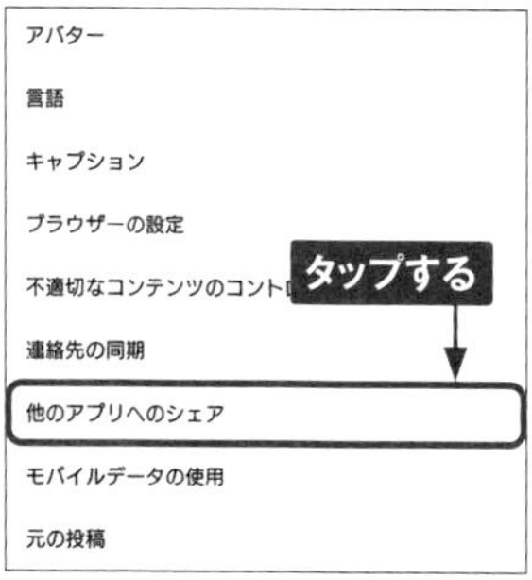

3 [Facebook] をタップします。

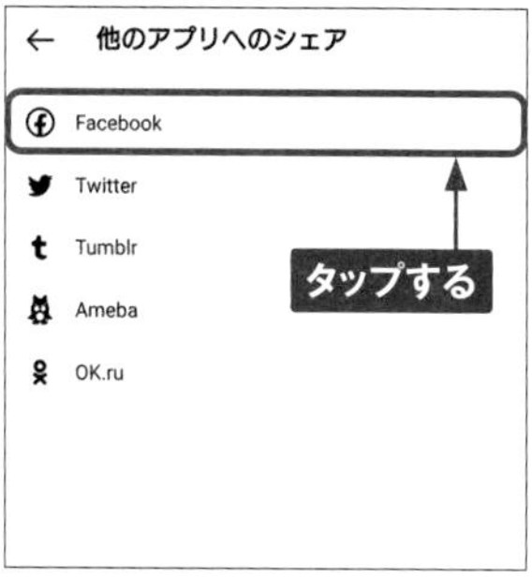

4 [次へ] をタップします。

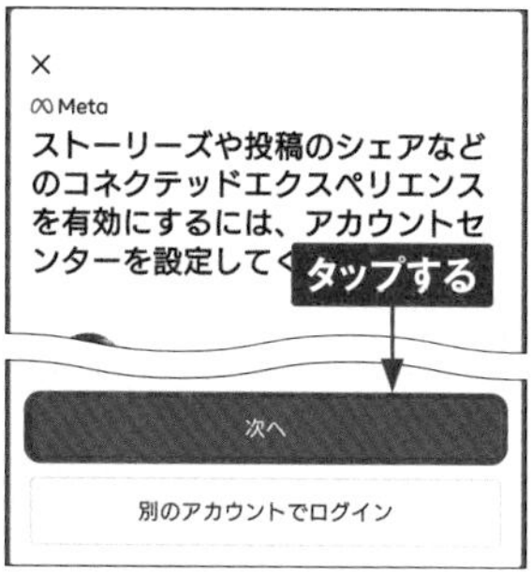

第5章 InstagramのQ&A

LINE
Instagram
Twitter
Facebook

5 ［設定を完了］をタップします。

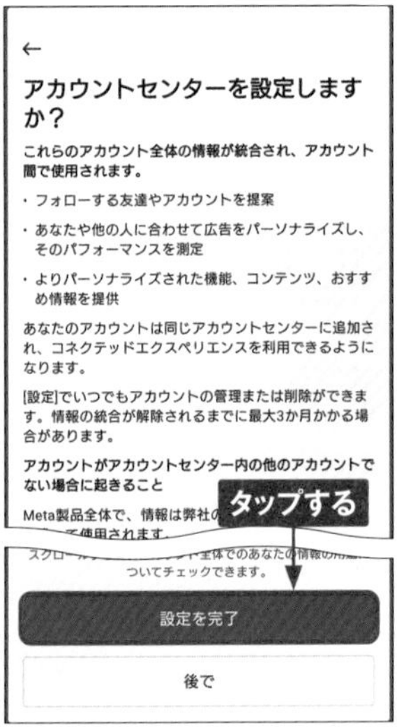
←
アカウントセンターを設定しますか？
これらのアカウント全体の情報が統合され、アカウント間で使用されます。
・フォローする友達やアカウントを提案
・あなたや他の人に合わせて広告をパーソナライズし、そのパフォーマンスを測定
・よりパーソナライズされた機能、コンテンツ、おすすめ情報を提供
あなたのアカウントは同じアカウントセンターに追加され、コネクテッドエクスペリエンスを利用できるようになります。
[設定]でいつでもアカウントの管理または削除ができます。情報の統合が解除されるまでに最大3か月かかる場合があります。
アカウントがアカウントセンター内の他のアカウントでない場合に起きること
Meta製品全体で、情報は弊社の
ついてチェックできます。
設定を完了
後で
タップする

6 ［Facebookでのシェアを開始する］をタップします。

← プロフィール間のシェア
シェア先
山本敦子
Facebook
自動的にシェア
Instagramストーリーズ
Facebookでのシェアをオンにしますか？
Instagramのフィードまたはストーリーズに投稿
動画が、Facebook
シェアされます。この設定は
いつでも変更できます。
Facebookでのシェアを開始する
後で
タップする
Meta

7 「自動的にシェア」の各項目がオンになります。

← プロフィール間のシェア
シェア先
山本敦子
Facebook
自動的にシェア
Instagramストーリーズ
Instagram投稿
Instagramのリール動画
Instagramストーリーズ、投稿、またはリール動画を常にFacebookでシェアします。この設定はストーリーズ、投稿、リール動画を作成する際にいつでも変更できます。
オンになる
Meta

8 Instagramで投稿するときには、（iPhoneでは）がオンになっており、Facebookにもシェアされます。

← 新規投稿
キャプションを入力
人物をタグ付け
場所を追加
音楽を追加
絢香・ありがとうの輪
AI・ハピネス
PUFFY・日
次の場所にも投稿：
Facebook
山本敦子
Twitter
Tumblr
Ameba
詳細設定
オンになっている

Twitterと連携する

① P.207手順③の画面で［Twitter］をタップします。

② Twitterのユーザー名またはメールアドレスとパスワードを入力し、［連携アプリを認証］をタップします。

③ Twitterとの連携が完了します。

④ Instagramで投稿するときには、（iPhoneでは ）がオンになっており、Twitterにもシェアされます。

Section 61

Instagramのアカウントを削除するには?

Androidスマートフォンの場合、アカウントの削除はWebブラウザからのみ行えます。iPhoneでは、アプリからもWebブラウザからでも削除することができます。なお、削除後30日以内にログインすれば、アカウントは復活できます。

アカウントを削除する

1 Webブラウザを起動して、「https://www.instagram.com/accounts/remove/request/permanent/」にアクセスしてログインし、⌄をタップします。

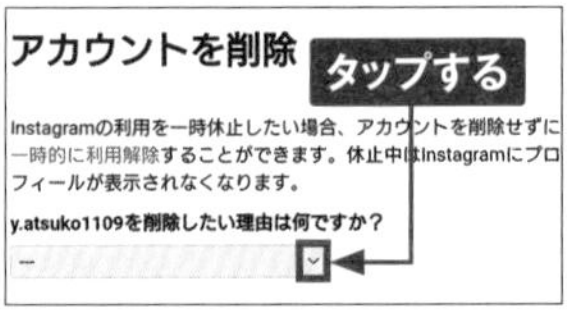

2 アカウントを削除したい理由をタップします。

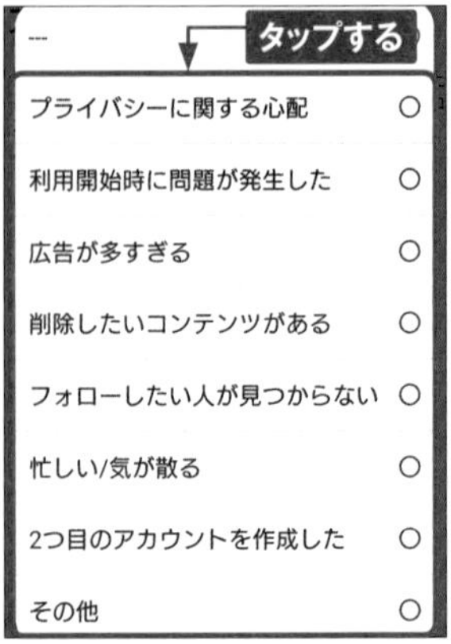

3 パスワードを入力し、[○○を削除]をタップします。

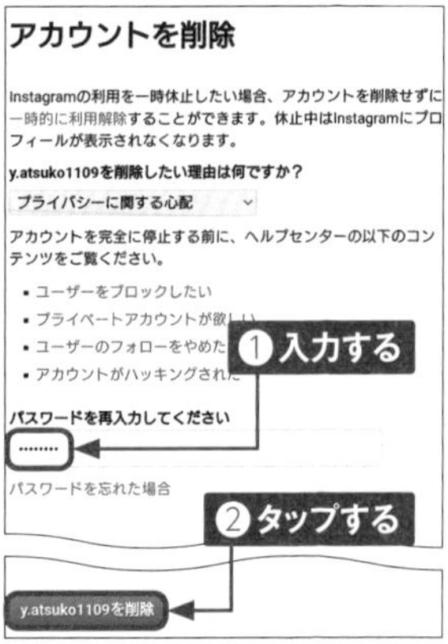

4 [OK]をタップすると、アカウントが削除されます。

Twitter編

第1章

Twitterをはじめよう

Section 01

Twitterのアカウントを登録しよう

「Twitter」とは、ツイートと呼ばれる文章を投稿する無料のSNSです。利用するためには、電話番号やメールアドレスを使ってアカウントを作成する必要があります。ここでは、電話番号を使って登録します。

Twitterのアカウントを登録する

1 「Twitter」アプリを起動し、[アカウントを作成] をタップします。

2 「言語を選択」画面で [さらに表示] をタップし、任意の言語（ここでは [日本語]）をタップして、[次へ] をタップします。

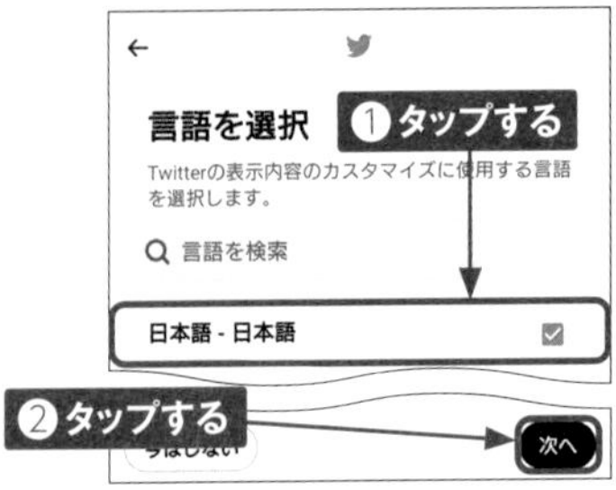

3 名前、電話番号またはメールアドレス（ここでは電話番号）、生年月日を入力・設定し、[次へ] → [次へ] の順にタップします。

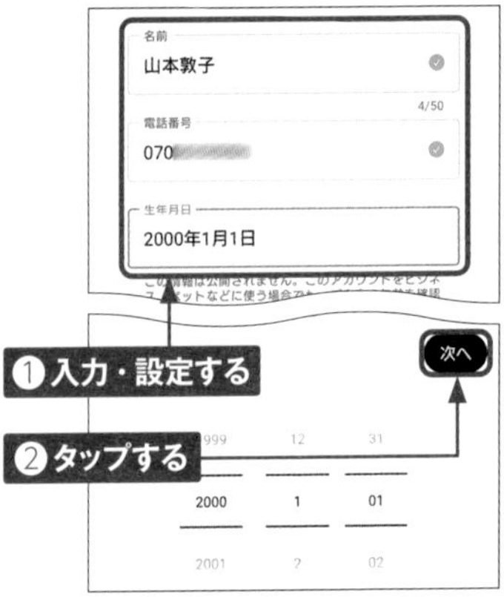

4 [登録する] → [OK] の順にタップします。

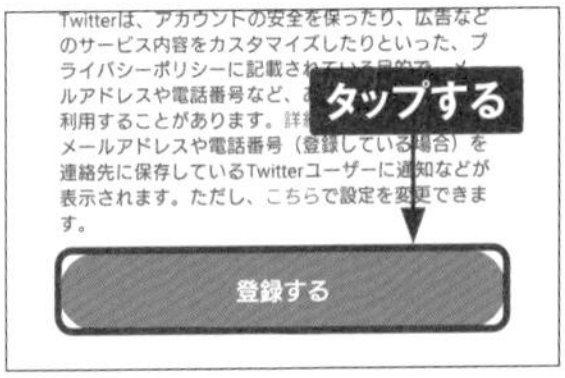

第1章 Twitterをはじめよう
LINE
Instagram
Twitter
Facebook

5 SMSで送られてきた認証コードを入力し、［次へ］をタップします。

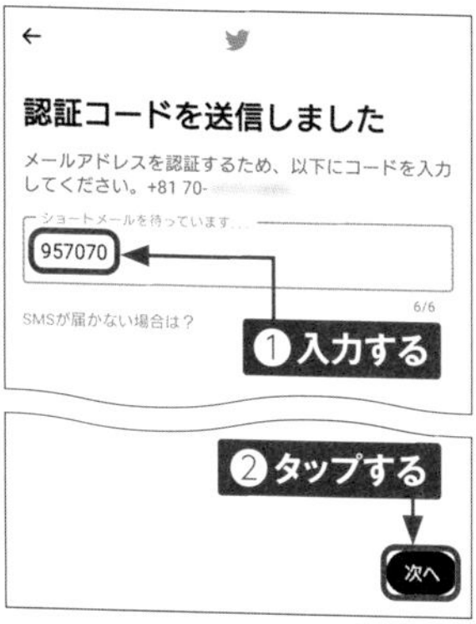

6 登録するパスワードを入力し、［次へ］をタップします。

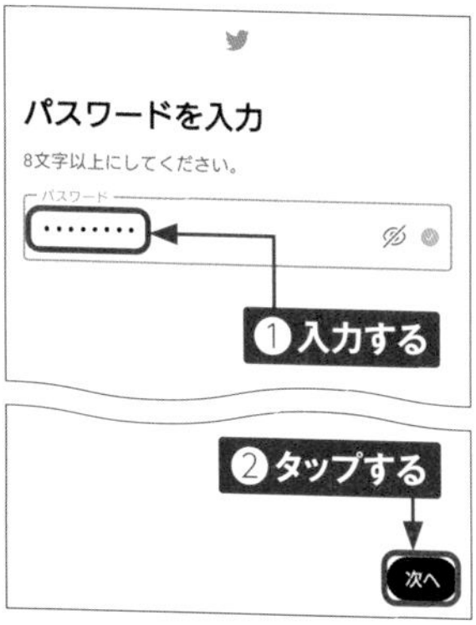

7 プロフィール画像、ユーザー名、連絡先を同期する設定画面が表示されます。ここでは［今はしない］を3回タップします。

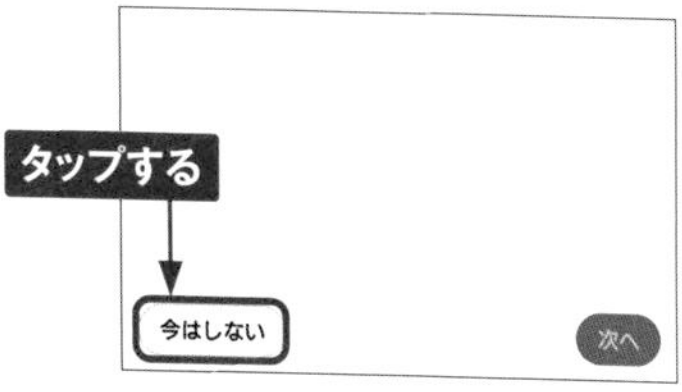

8 興味のあるトピックを3件以上タップして選択し、［次へ］→［次へ］の順にタップします。

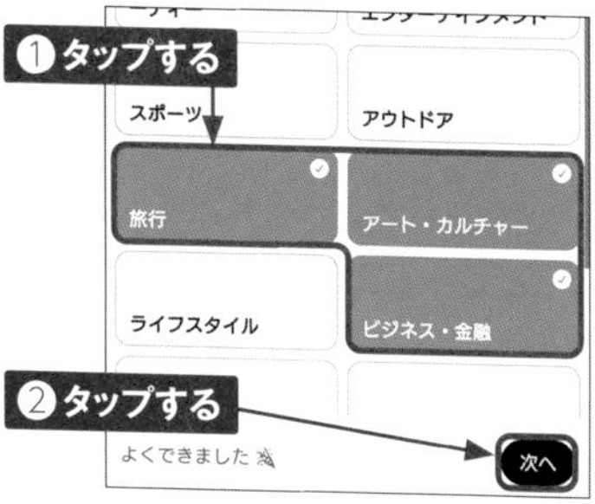

9 興味のあるアカウントの［フォローする］を1件以上タップし、［次へ］をタップします。

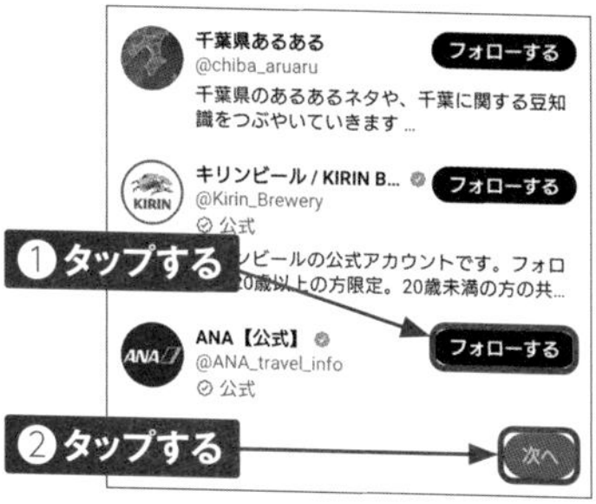

10 アカウントが登録され、Twitterのホーム画面が表示されます。

第1章 Twitterをはじめよう

LINE Instagram Twitter Facebook

Section 02

Twitterのホーム画面の見方を覚えよう

アカウントを登録したら、まずはTwitterのホーム画面の見方と「設定」画面の表示方法を覚えましょう。画面構成は、AndroidスマートフォンとiPhoneでほとんど差違がありません。

ホーム画面の画面構成

1
2
おすすめ
フォロー中
ことりっぷさんがフォロー
まっぷる編集部【公式】 @mappl... · 5時間
おはようございます！編集Mです
今朝は一段と寒いなぁ…と思っていたら、都内にも雪がひらひらと降りてきました…！！
凍えそうですが、ちょこっと嬉しい気分です
温かい飲み物でも飲みながら、今週も無理せず頑張っていきましょう
2 1 37 1,252
おすすめのツイート
RETRIP<グルメ> @retrip_gourm... · 7時間
"美味しい"のバトンを繋げ！絶品グルメで「山手線一周の旅」をしてみよう rtrp.jp/articles/99601/
3
1 36 195 2.4万
全国旅行支援を緊急特集 ト... ... · 16時間
渋川市「公共交通で行くしぶかわエコ旅
キャンペーン第2弾」
群馬県外から鉄道or高速バス利用+宿
・1人3千円分の感謝券を進呈
4
5
6
7
8

1	プロフィール画面や「設定」画面に移動します。また、リストやブックマークの表示もできます。
2	タイムラインの表示方法をまたは「おすすめツイート順」または「時系列順」に切り替えられます（P.245参照）。
3	タイムラインです。自分の投稿やフォローしたユーザー、関心のある投稿などが表示されます。
4	ツイートを投稿することができます。
5	ホーム画面が表示され、タイムラインを閲覧したり「いいね!」やリツイートなどをしたりすることもできます。
6	トレンドのワードが一覧で表示されます。キーワードを入力すれば検索することができます。
7	フォローされたり、リプライを受信したりすると通知され確認することができます。
8	ダイレクトメッセージを送信、受信、閲覧することができます。

ホーム画面と「設定」画面の表示方法

1 Twitterのホーム画面以外の画面を表示しているときに、⌂をタップします。

2 Twitterのホーム画面が表示されます。画面左上のプロフィールアイコンをタップします。

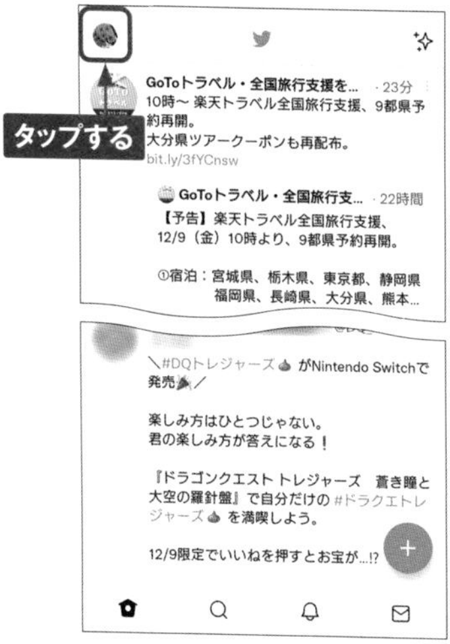

3 ［設定とサポート］→［設定とプライバシー］の順にタップします。

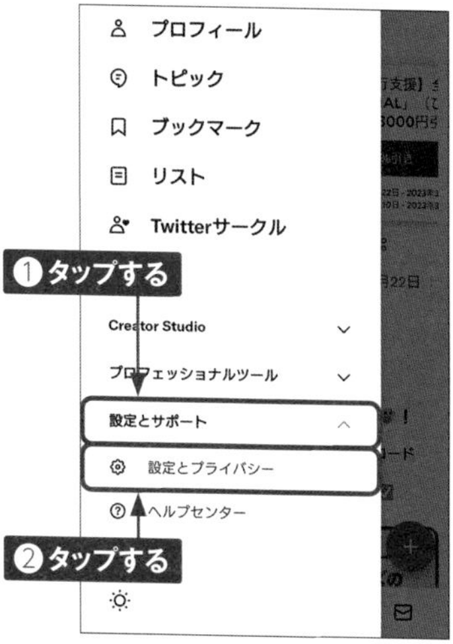

4 「設定」画面が表示されます。画面左上の←をタップすると、1つ前の画面に戻ります。

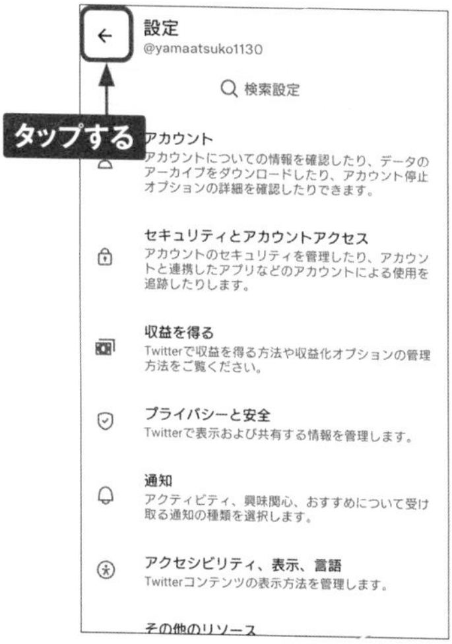

Section
03 プロフィールを登録しよう

Twitterのプロフィールは、ほかのユーザーに公開する「名前」「ユーザーネーム」「自己紹介」「誕生日」「アイコン」などを設定することができます。「名前」は本名である必要はなく、ニックネームで問題ありません。

アイコンや自己紹介を登録する

1 をタップし、をタップします。

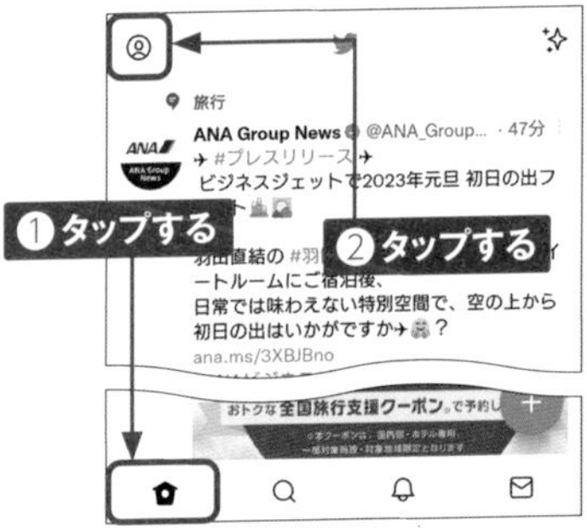

2 ［プロフィール］をタップします。

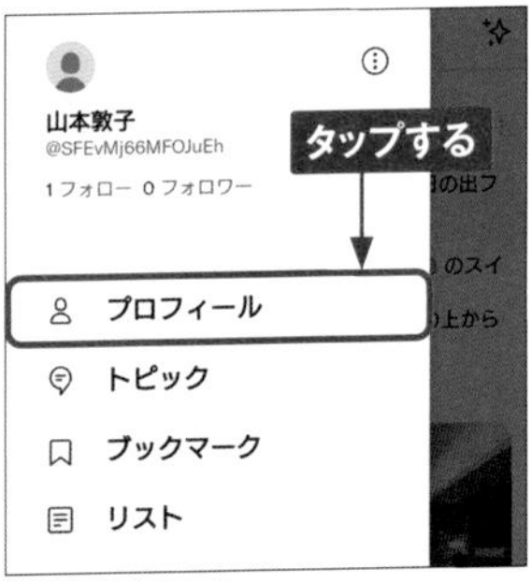

3 プロフィール画面が表示されるので、をタップします。

4 ［アップロード］（iPhoneでは）をタップし、［フォルダから画像を選択］をタップします。

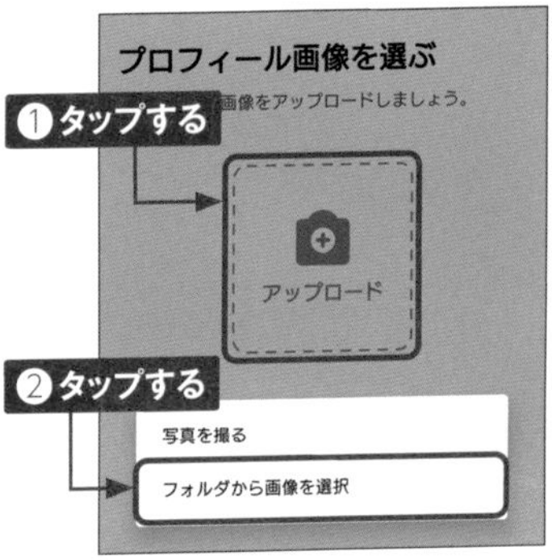

⑤ アイコンにしたい画像をタップして選択します。

⑥ 写真の位置などを調整し、[適用する]（iPhoneでは[適用]）をタップします。

⑦ [次へ]（iPhoneでは[完了]）→[今はしない]を4回→[プロフィールを見る]の順にタップします。

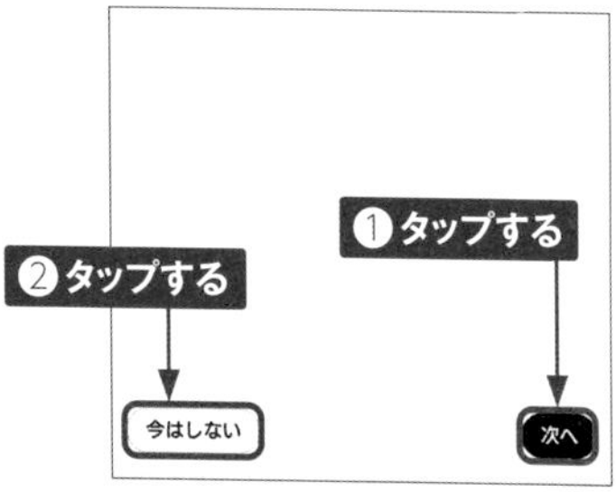

⑧ プロフィール画面で、[プロフィールを編集]（iPhoneでは[編集]）をタップします。

⑨ [自己紹介]（iPhoneでは[プロフィールに自己紹介を追加する]）をタップし、自己紹介を入力して[保存]をタップします。

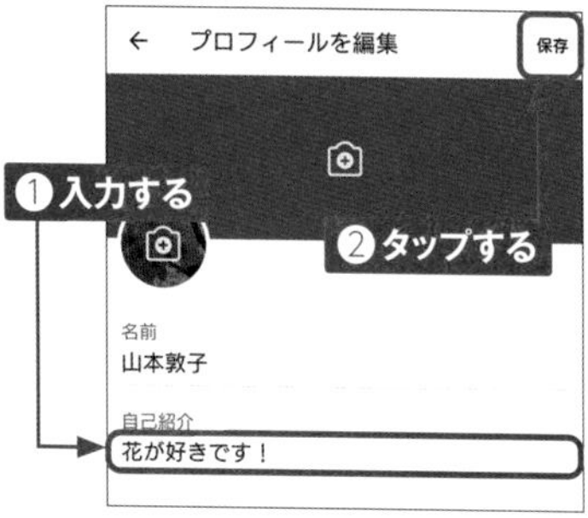

⑩ 自己紹介が登録されます。

Section

04 ユーザー名を変更しよう

ユーザー名は、アカウントを登録するときにランダムな英数字が自動で割り当てられますが、あとから自由に変更することができます。検索しやすいように、わかりやすいものにしましょう。

ユーザー名を変更する

1 P.215を参考に「設定」画面を表示し、[アカウント] をタップします。

2 [アカウント情報] をタップします。

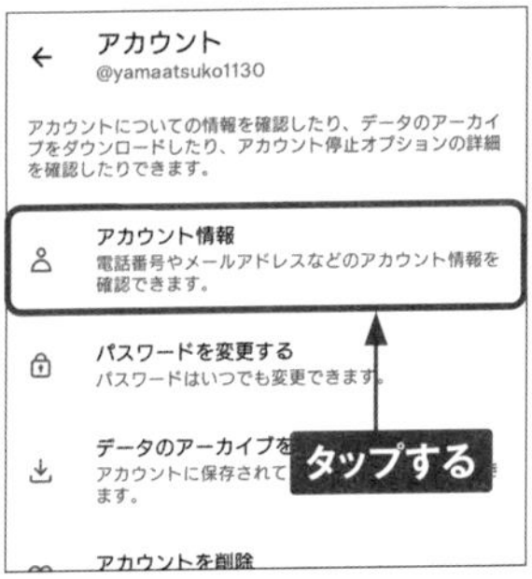

3 [ユーザー名] をタップします。

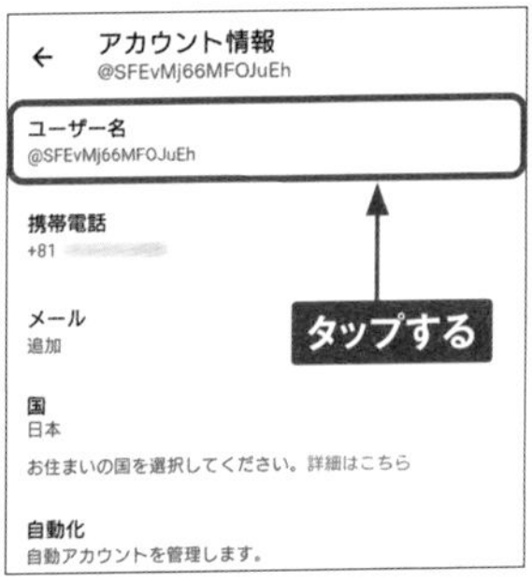

4 変更したいユーザー名を入力し、[完了] をタップします。

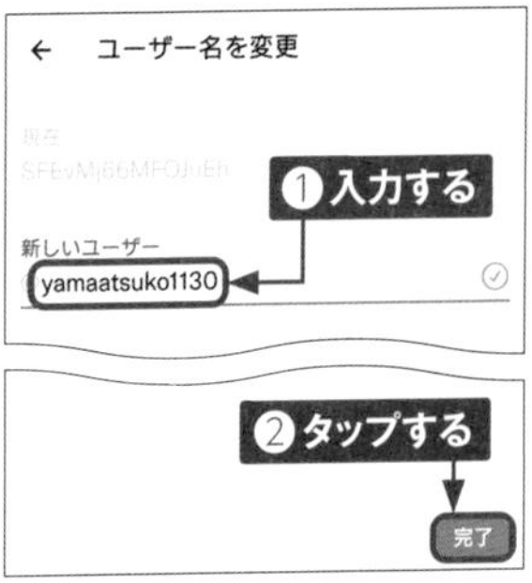

第1章 Twitterをはじめよう
LINE
Instagram
Twitter
Facebook

Section
05 ヘッダー画像を設定しよう

ヘッダー画像とは、プロフィール画面でアイコンの後方に表示される画像です。1500×500ピクセルの横長サイズなので、写真の場合はトリミングして使用します。何度でも変更することができるので、実際の見え方を確認しつつ調整しましょう。

ヘッダー画像を設定する

1 P.216手順①～③とP.217手順⑧を参考に「プロフィールを編集」画面を表示し、をタップします。

2 ［フォルダから画像を選択］をタップします（iPhoneではこの手順はありません）。

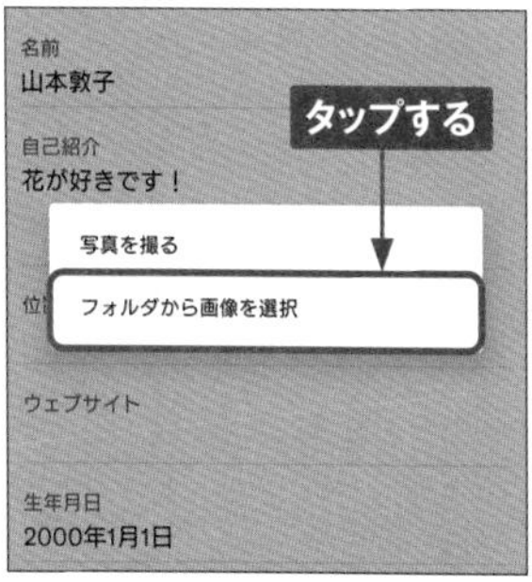

3 ヘッダーにしたい画像をタップして選択します。

4 写真の位置などを調整し、［適用する］（iPhoneでは［適用］→［完了］）をタップします。

5 画像がヘッダーに適用されます。［保存］をタップします。

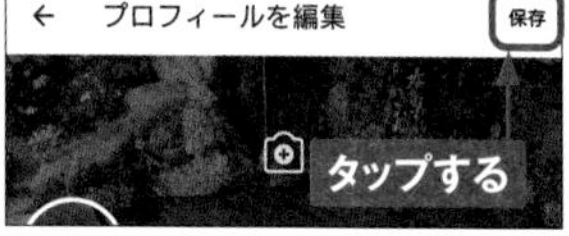

Section 06

おすすめユーザーをフォローしよう

Twitterでは多くのユーザーがお互いをフォローし合い、情報を共有しています。タイムラインには、フォローしたユーザーの投稿が表示されます。まずは、おすすめのユーザーをフォローしてみましょう。

おすすめユーザーをフォローする

① Qをタップし、［おすすめ］をタップして、画面を上方向にスワイプします。

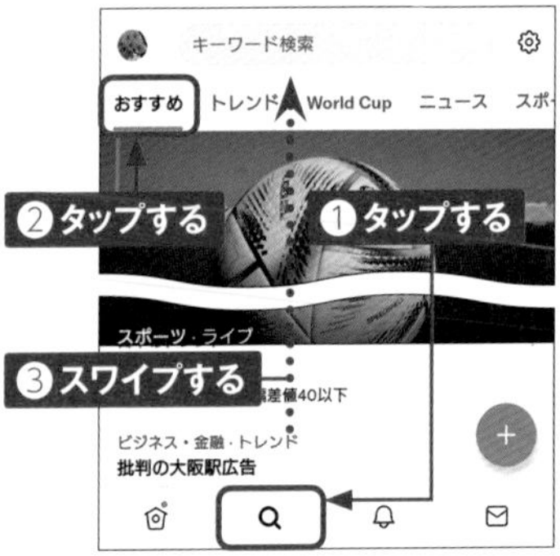

② 「おすすめユーザー」の［さらに表示］をタップします。

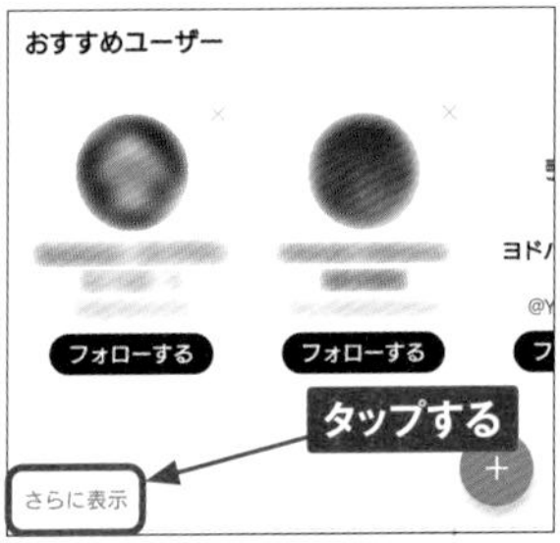

③ おすすめユーザーが一覧で表示されるので、任意のユーザーの［フォローする］をタップします。

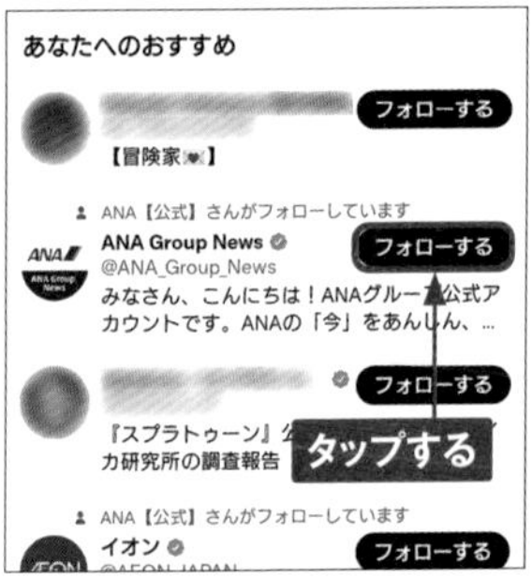

④ フォローされ、一覧に表示されなくなります。

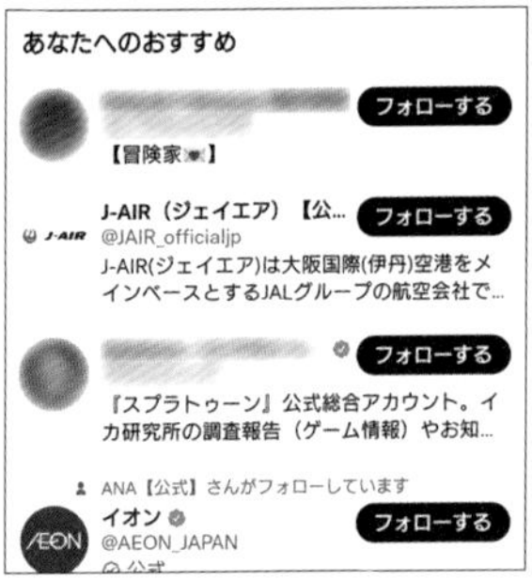

Section 07

新着ツイートを閲覧しよう

タイムラインには、フォローしたユーザーやP.213で設定した関心のあるトピックに関するおすすめツイートが表示されます(P.245参照)。新しいツイートがあった場合は、すぐに閲覧することができます。

新着ツイートを閲覧する

1 ⌂をタップしてホーム画面を表示し、画面上部の［おすすめ］もしくは［フォロー中］をタップします。

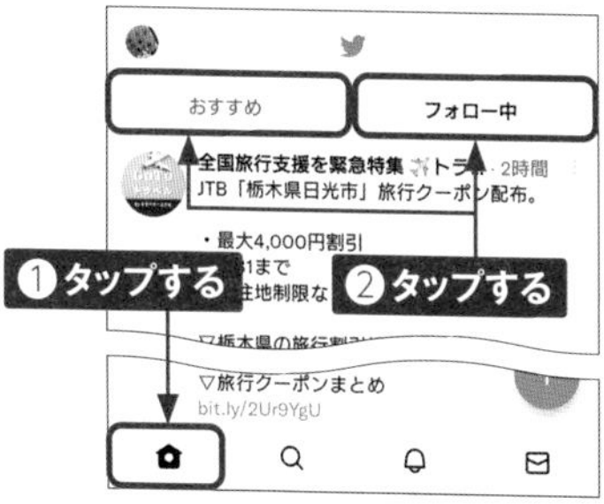

2 新着ツイートがあった場合、画面上部に「ツイートしました」と表示されるので、タップします。

3 新着ツイートが表示されます。いちばん上のツイートを下方向にスワイプすることでも新着ツイートが表示されます。

4 画面を上方向にスワイプすると、過去のツイートを閲覧できます。

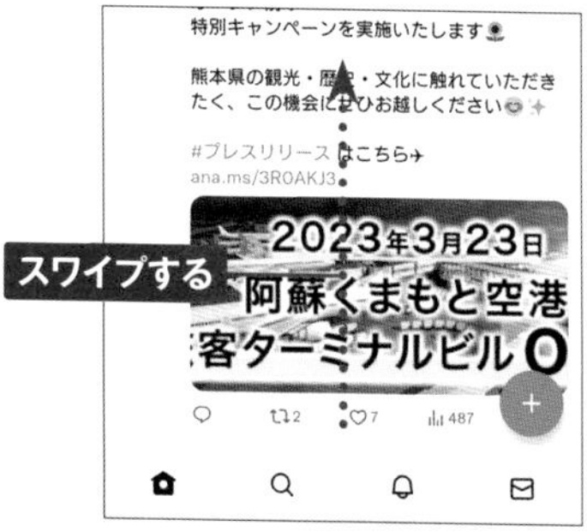

Section
08 キーワードでツイートを検索しよう

気になる事柄を調べたいときは、検索機能を利用すると便利です。キーワードを入力するだけで関連するユーザーや最新のツイート、画像などのカテゴリ別に確認することができます。

キーワードでツイートを検索する

① Qをタップし、画面上部の検索欄をタップします。

② 検索したいキーワードを入力し、（iPhoneでは［検索］もしくは［Search］）をタップします。

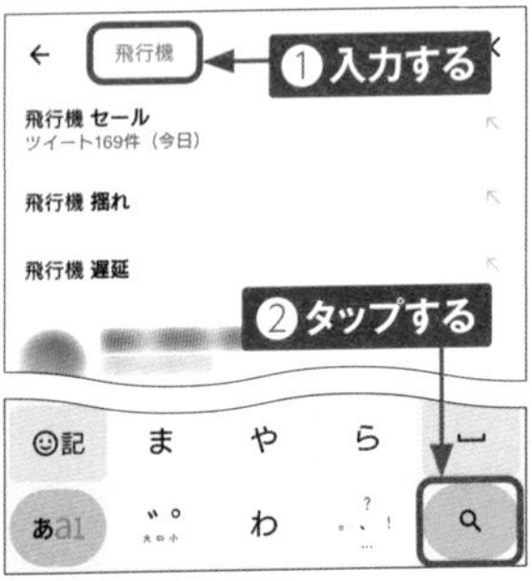

③ 検索結果が表示されます。

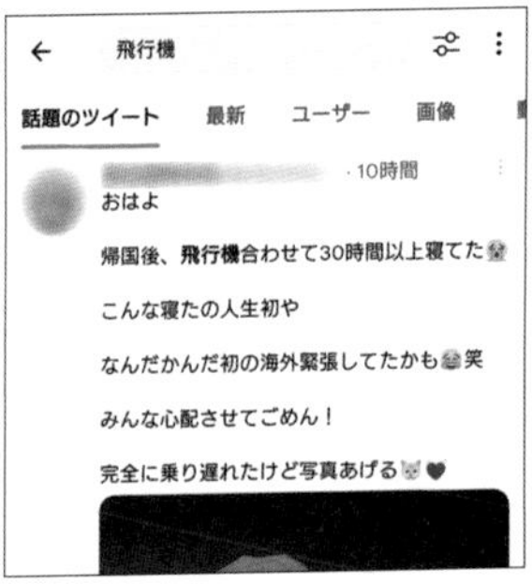

④ 画面上部のカテゴリを左右にスライドし、任意のタブをタップすると、タブに関する検索結果が表示されます。

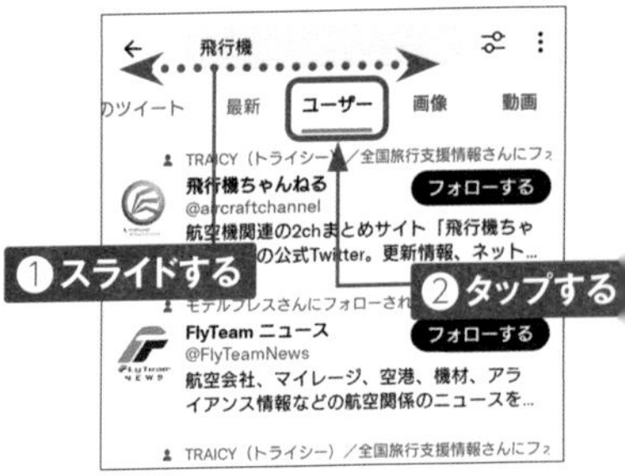

Section
09 話題のツイートを閲覧しよう

Twitterでは、リアルタイムで話題にあがっている注目ワードに関連したツイートを、かんたんに表示することができます。内容は常に更新されており、最新のツイートを確認可能です。

話題のツイートを閲覧する

① Qをタップし、画面上部の［トレンド］をタップします。

② 今の話題に関連したキーワードやハッシュタグが表示されます。任意の項目をタップします。

③ 検索結果が表示されます。

④ 画面上部の［最新］をタップすると、話題に関する最新のツイートが表示されます。

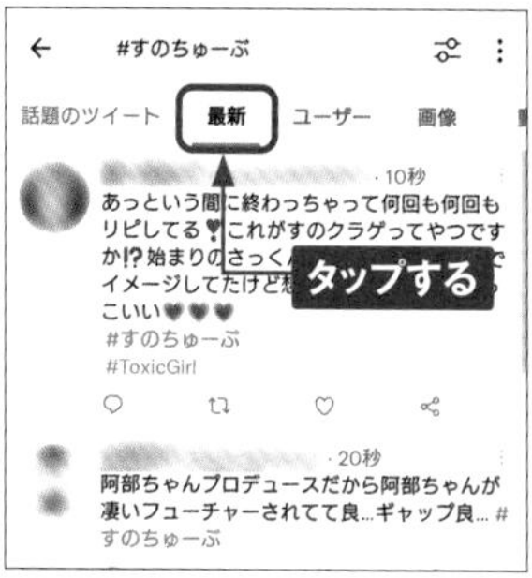

Section

10 ツイートに「いいね」を付けよう

お気に入りの投稿には「いいね」を付けて登録しましょう。「いいね」を付けた投稿は、あとでまとめてプロフィール画面から閲覧することができます。「いいね」の上限は24時間で1,000回までです。

ツイートに「いいね」を付ける

1 「いいね」を付けたいツイートを表示します。

2 ツイートの下部にある♡をタップします。

3 「いいね」が付けられます。取り消したい場合は、再度♥をタップします。

4 「いいね」が取り消されます。♡の右側には、「いいね」を付けられた数が表示されます。

Twitter編

第2章

Twitterで楽しくつぶやこう

Section 11

ツイートを投稿しよう

Twitterでのフォローやツイートの閲覧に慣れてきたら、さっそくツイートを投稿してみましょう。最近あった出来事や思ったこと、本や映画の感想など、内容はなんでもかまいません。

ツイートを投稿する

1 ホーム画面で●をタップします。

2 ●をタップします（iPhoneではこの手順はありません）。

3 ツイートしたい文章を入力し、［ツイートする］をタップします。

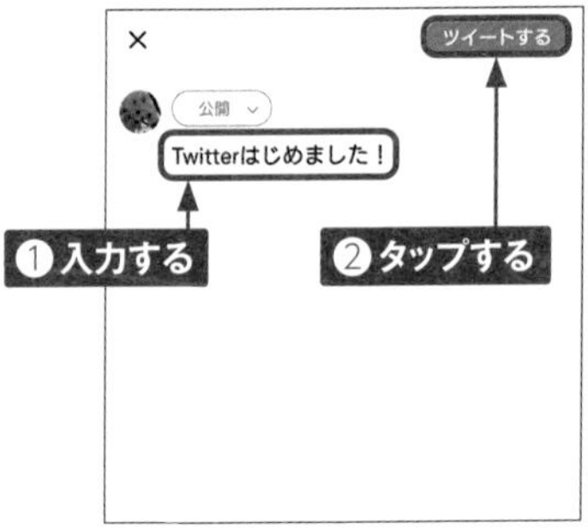

4 ツイートが投稿されます。

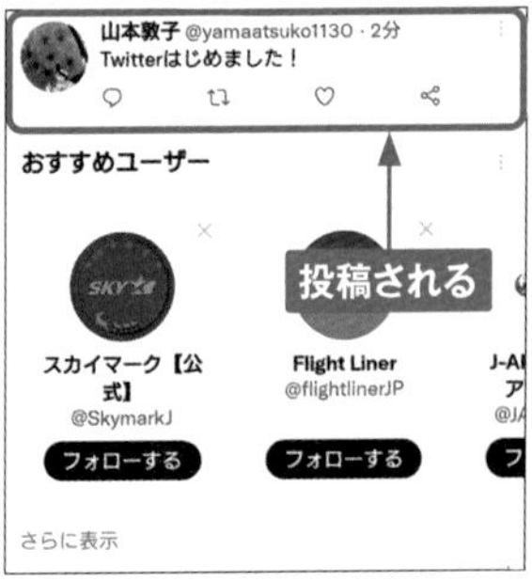

Section 12

ハッシュタグを付けて投稿しよう

「ハッシュタグ」とは、キーワードがタグ化されたものです。自分のツイートを投稿するときに、文章と一緒に入力することで、ユーザーの目に留まりやすくなります。ハッシュタグをタップすると、同じハッシュタグを付けたほかのツイートが表示されます。

ハッシュタグを付けて投稿する

① P.226手順③の画面で、入力した文章のあとに「#(半角)キーワード」を入力し、表示される候補をタップします。

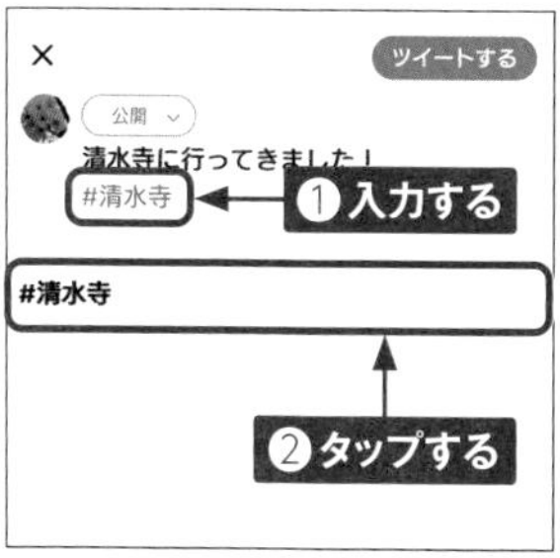

② [ツイートする] をタップします。

③ ハッシュタグが付いた状態でツイートが投稿されます。

Memo ハッシュタグとは？

ハッシュタグとは、キーワードの前に「#」(ハッシュマーク)が付く投稿タグです。ハッシュタグを付けることで、Twitter内の投稿をかんたんに検索することができます。

Section

13 写真や動画を付けて投稿しよう

保存してある写真や動画だけでなく、その場で撮影したものをツイートに添付して投稿することもできます。画像サイズは横600ピクセル以上が推奨されており、写真サイズが5MBを超えるものは投稿することができません。

写真や動画を付けて投稿する

① ホーム画面でをタップします。

② をタップします（iPhoneではこの手順はありません）。

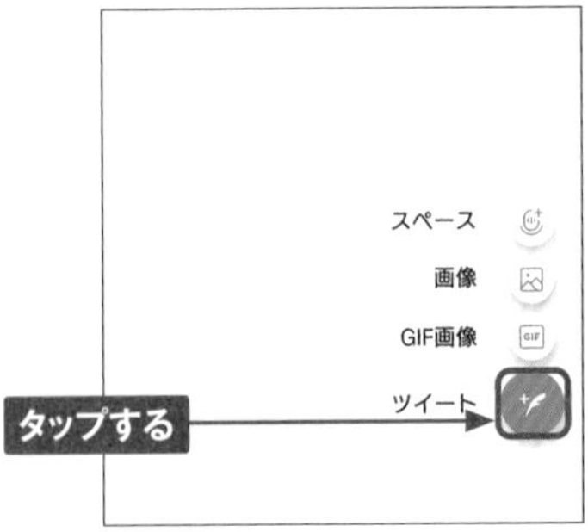

③ 表示されている写真のサムネイルを左方向にスライドし、［ギャラリー］（iPhoneでは）をタップします。

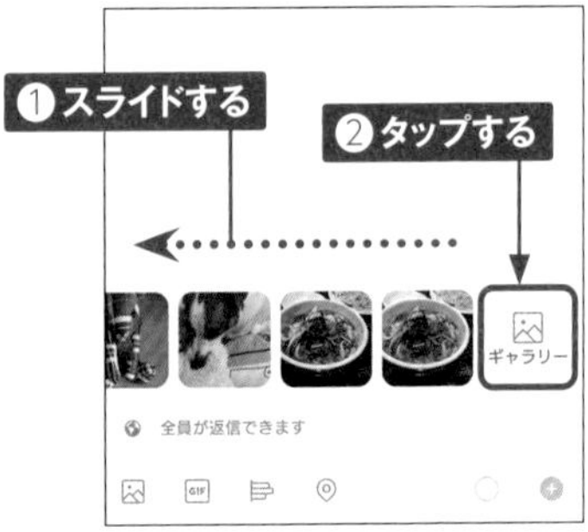

④ ツイートしたい写真・動画をタップして選択します（iPhoneでは写真をタップして［追加する］をタップします）。

5 文章を入力し、［ツイートする］をタップします

6 ツイートが投稿されます。

その場で写真や動画を付けて投稿する

1 P.228手順③の画面で、をタップします。

2 ［撮影］をタップし、被写体にカメラを向けて、をタップして撮影します。

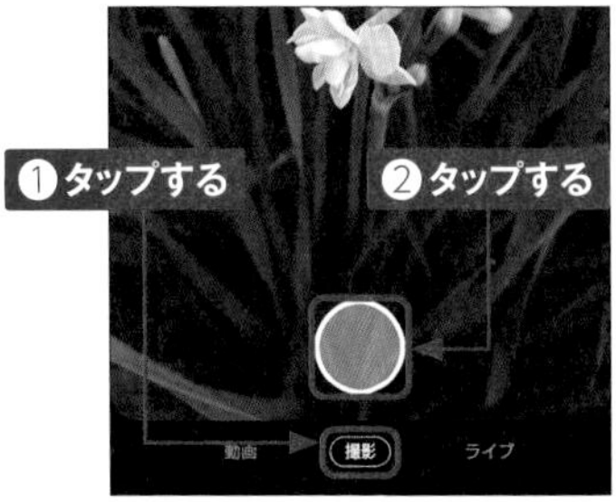

3 ［写真を使う］（iPhoneでは［画像を使う］）をタップします。

4 上の手順⑤～⑥を参考にツイートを投稿します。

Section 14

現在いる場所を付けて投稿しよう

ツイートに位置情報をタグ付けして投稿すると、ツイートしている場所を閲覧者に知らせることが可能です。なお、位置情報を有効にすると、以降も位置情報が自動で付いてしまうので注意してください（P.266参照）。

現在いる場所を付けて投稿する

1 P.226手順③の画面で、◎をタップします。

2 位置情報を有効にしていない場合、確認画面が表示されるので、画面の指示に従って有効にします。

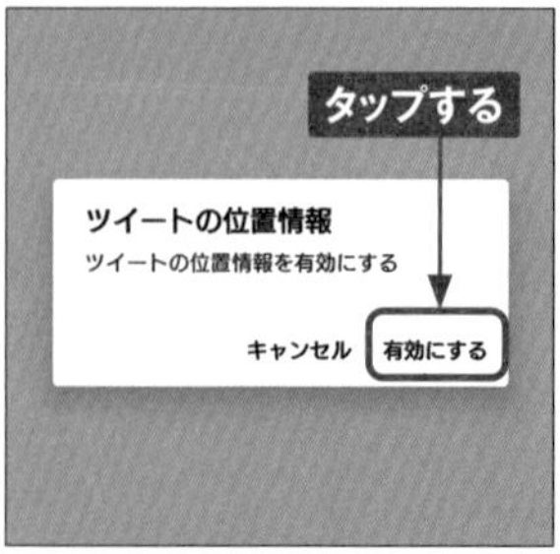

3 位置情報の場所が一覧で表示されます。該当する場所をタップします。

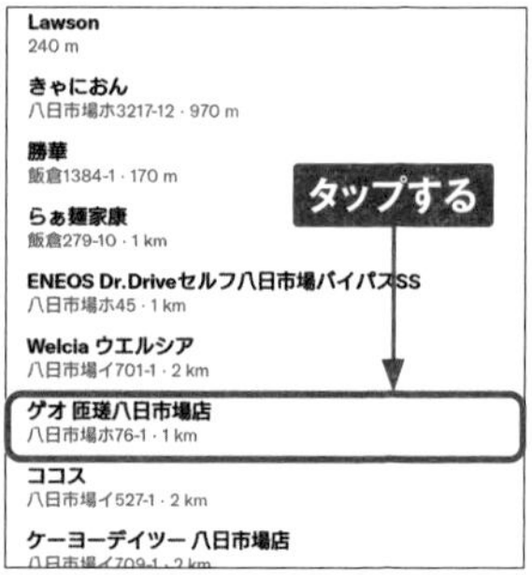

4 文章を入力し、［ツイートする］をタップします。

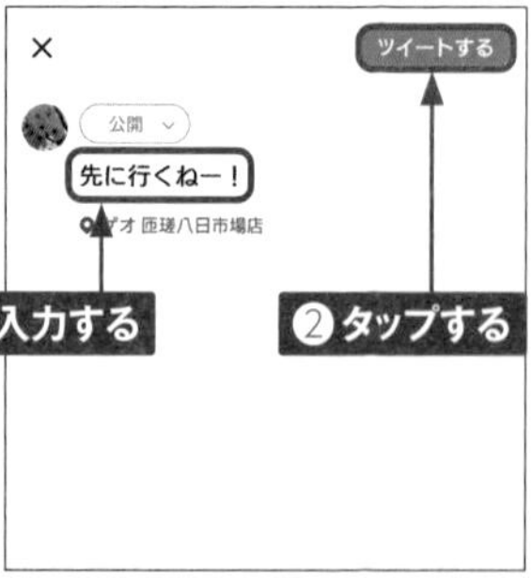

第2章 Twitterで楽しくつぶやこう

LINE
Instagram
Twitter
Facebook

Section
15 メンションを付けて投稿しよう

特定のユーザーに向けてツイートしたい場合は、「メンション」機能が役立ちます。ツイートした内容は相手がフォロワーでない場合、相手のタイムラインには表示されませんが、通知が届きます。

メンションを付けて投稿する

1 P.226手順③の画面で、入力した文章のあとに「@（半角）ユーザー名」を入力し、表示される候補をタップします。

2 ［ツイートする］をタップします。

3 メンションが付いたツイートが送信されます。メンションした相手には通知が届きます。

Memo メンションとリプライの違い

メンションは、ツイートに特定のユーザーの名前を出したいときに使う機能です。メンションした相手には通知が届きますが、フォロワーでなければ相手のタイムラインには表示されません。P.232で紹介するリプライもツイート内容にメンションが含まれますが、こちらは、特定のユーザーに返信する機能です。こちらはフォロワーでなくても相手のタイムラインに表示されます。

Section 16

ほかのユーザーのツイートにリプライで返信しよう

ほかのユーザーが投稿したツイートに、返信することを「リプライ」といいます。リプライした内容は、自分と相手のタイムラインに表示され、それ以外のユーザーも見ることができます。

ツイートにリプライする

1 リプライしたいツイートを表示し、◯をタップします。

2 画面を下方向にスワイプし、相手のツイートと返信先が表示されていることを確認します。

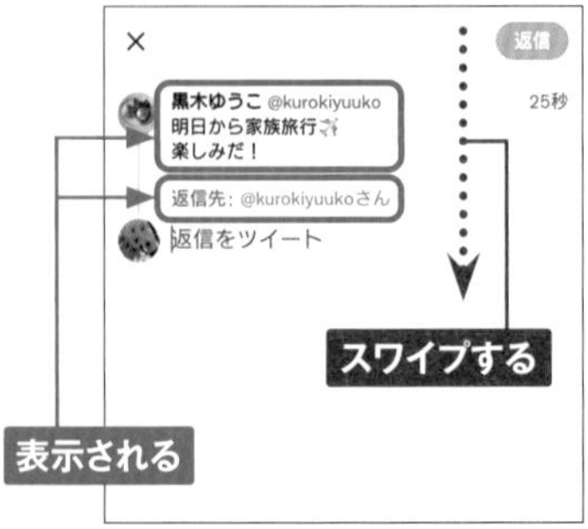

3 文章を入力し、［返信］（iPhoneでは［ツイートする］）をタップします。

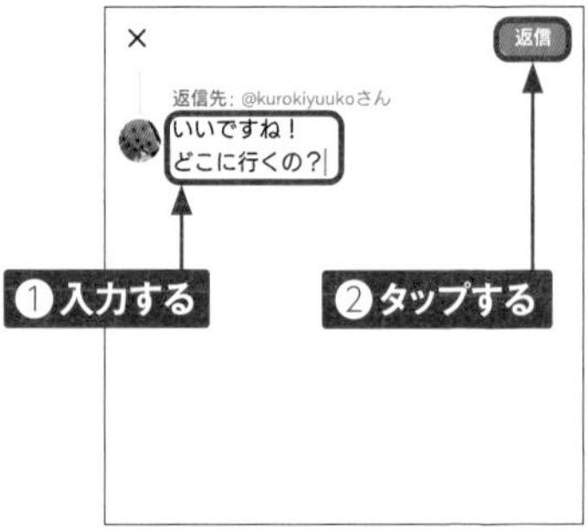

4 返信したリプライがタイムライン上に表示されます。

5 相手からさらに返信があると、タイムライン上に表示されます。 をタップします。

黒木ゆうこ @kurokiyuuko · 3分
明日から家族旅行
楽しみだ！
山本敦子 @yamaatsuko1130 · 2分
いいですね！
どこに行くの？
黒木ゆうこ @kurokiyuuko · 5秒
沖縄県です！
今度一緒に行きましょうね♪
WWDJAPAN @wwd_jp · 2分
WWD
wwdjapan.com/articles/14608...
タップする

6 手順②～③を参考にリプライで返事をします。

返信
返信先：@kurokiyuukoさん
ぜひ！
楽しみにしています！
です ！ が に を
について へ ？ は で 、 と
あ か さ
た な は

7 何度かリプライをやり取りした場合は、返信が省略されて表示されます。任意のツイートをタップします。

黒木ゆうこ @kurokiyuuko · 9分
明日から家族旅行
楽しみだ！
返信をさらに表示
黒木ゆうこ @kurokiyuuko · 6分
返信先：@yamaatsuko1130さん
沖縄県です！
タップする
山本敦子 @yamaatsuko1130 · 2分
ぜひ！
楽しみにしています！
GoToトラベル・全国旅行支援を緊... · 5分
10時～ 楽天トラベルの全国旅行支援、6県の受付再開。
本日、5のつく日+スーパーSALEと併せてお得。
bit.ly/2Ur9YgU
GoToトラベル・全国旅行支援... · 2日
【予告】楽天トラベルの全国旅行支援、12/5(月)10時から、6県の宿泊クーポンを配布再開。

8 リプライのやり取りが一覧で表示されます。 の右側には、リプライされた数が表示されます。

ツイート
黒木ゆうこ
@kurokiyuuko
明日から家族旅行
楽しみだ！
2022年12月05日 9:47 · Twitter for iPhone
山本敦子 @yamaatsuko1130 · 8分
返信先：@kurokiyuukoさん
いいですね！
どこに行くの？
黒木ゆうこ @kurokiyuuko · 6分
沖縄県です！
今度一緒に行きましょうね♪
山本敦子 @yamaatsuko1130 · 2分
返信先：@kurokiyuukoさん
ぜひ！
楽しみにしています！
表示される

Section 17 自分宛のツイートを確認しよう

誰かが自分のツイートにリプライ（返信）したり、自分宛のメンションが投稿に含まれていたりすると、通知が届いて「通知」画面から確認することができます。「通知」画面では、自分がされたアクションを常に確認することが可能です。

自分宛のツイートを確認する

1 自分宛のツイートを受信すると、に通知アイコンが表示されます。をタップします。

2 ［@ツイート］をタップします。

3 自分宛のツイートが表示されます。

Memo 「通知」タブでは何が表示されるの？

「通知」画面では、さまざまな通知を確認することができます。たとえば、ほかのユーザーにフォローされたときには、相手のユーザーが表示され、アンケート機能（P.240～241参照）を利用したときには、その最終投票結果などが表示されます。

Section

18 長文を分けて投稿しよう

Twitterで投稿できる文章の文字数は制限されており、最大140文字となっています。140文字を超える場合はスレッドを追加することで、複数のツイートを1つにつなげて投稿することができます。なお、追加可能なスレッドは最大25までです。

長文を分けて投稿する

1 P.226手順③の画面で、文章を入力し、⊕をタップします。

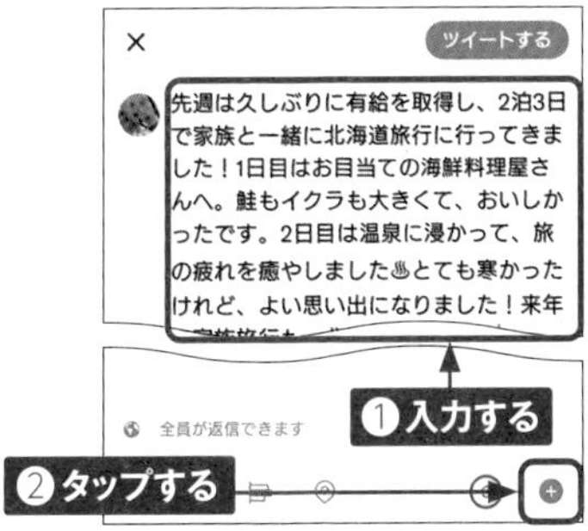
ツイートする
先週は久しぶりに有給を取得し、2泊3日で家族と一緒に北海道旅行に行ってきました！1日目はお目当ての海鮮料理屋さんへ。鮭もイクラも大きくて、おいしかったです。2日目は温泉に浸かって、旅の疲れを癒やしました♨とても寒かったけれど、よい思い出になりました！来年
①入力する
全員が返信できます
②タップする

2 スレッドが新しく追加されます。［ツイートを追加］をタップします。

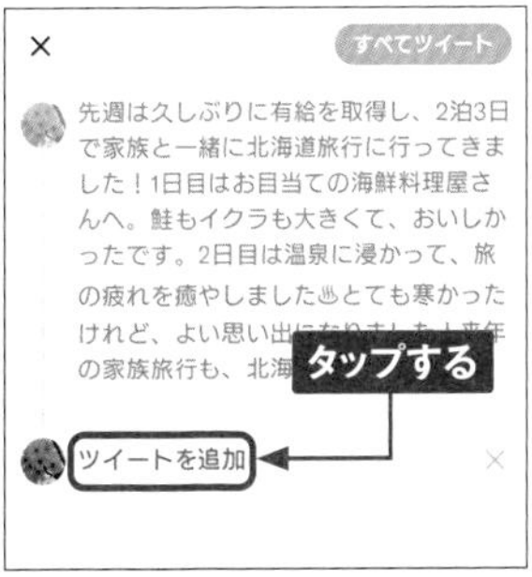
すべてツイート
先週は久しぶりに有給を取得し、2泊3日で家族と一緒に北海道旅行に行ってきました！1日目はお目当ての海鮮料理屋さんへ。鮭もイクラも大きくて、おいしかったです。2日目は温泉に浸かって、旅の疲れを癒やしました♨とても寒かった
タップする
ツイートを追加

3 文章を入力し、［すべてツイート］をタップします。

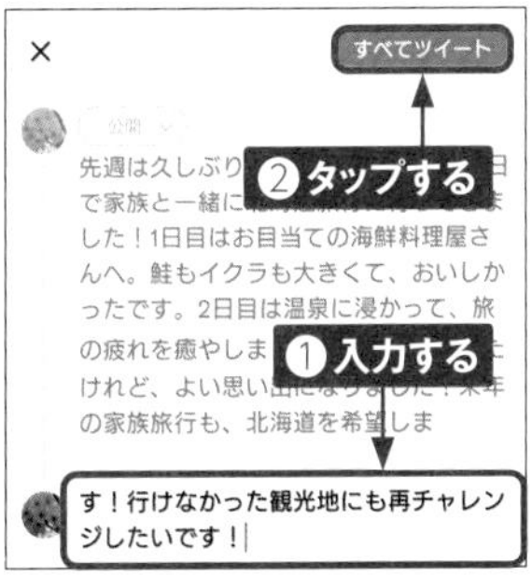
すべてツイート
②タップする
①入力する
の家族旅行も、北海道を希望しま
す！行けなかった観光地にも再チャレンジしたいです！

4 複数のツイートがスレッドでつながった状態で投稿されます。

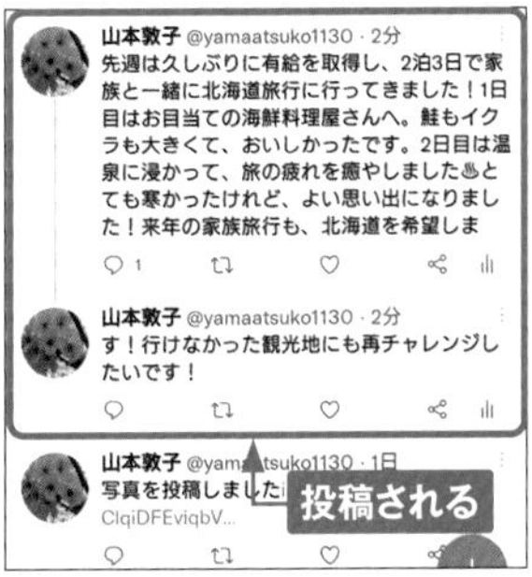
山本敦子 @yamaatsuko1130 · 2分
先週は久しぶりに有給を取得し、2泊3日で家族と一緒に北海道旅行に行ってきました！1日目はお目当ての海鮮料理屋さんへ。鮭もイクラも大きくて、おいしかったです。2日目は温泉に浸かって、旅の疲れを癒やしました♨とても寒かったけれど、よい思い出になりました！来年の家族旅行も、北海道を希望しま
山本敦子 @yamaatsuko1130 · 2分
す！行けなかった観光地にも再チャレンジしたいです！
投稿される

Section 19

ほかのユーザーのツイートをリツイートしよう

「リツイート」（RT）とは、ほかのユーザーのツイートを再びツイートすることです。リツイートしたツイートは自分のフォロワーのタイムラインに表示され、フォロワーと情報の共有をすることができます。

ツイートをリツイートする

① リツイートしたいユーザーのツイートを表示し、🔁をタップします。

ここで問題！
1機のジェイエア機が1日のスケジュールで最も多く飛ぶのは何回(片道)でしょう⁉
JAL国内線の大型機は5回程度です
#修行
#JGC
#プラボー
タップする
5
10
151

② ［リツイート］をタップします。

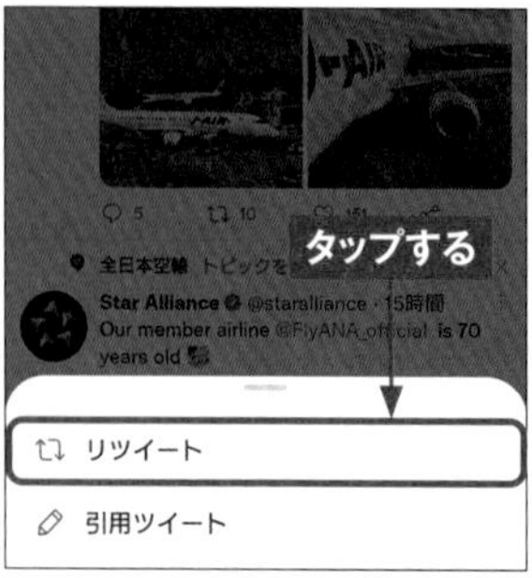
タップする
リツイート
引用ツイート

③ リツイートされます。🔁の右側には、リツイートされた数が表示されます。

ここで問題！
1機のジェイエア機が1日のスケジュールで最も多く飛ぶのは何回(片道)でしょう⁉
JAL国内線の大型機は5回程度です
#修行
#JGC
#プラボー
表示される
5
11
153

④ 取り消したい場合は、🔁→［リツイートを取り消す］の順にタップします。

ここで問題！
1機のジェイエア機が1日のスケジュールで最も多く飛ぶのは何回(片道)でしょう⁉
JAL国内線の大型機は5回程度です
#修行
#JGC
#プラボー
タップする
5
11
153

Section

20 コメントを付けてリツイートしよう

自分のコメントや画像などを追加してリツイートすることもできます。「引用ツイート」（引用RT）といい、ツイートとリツイートを組み合わせた投稿です。お気に入りのツイートは、気軽にリツイートして再度共有、公開してみましょう。

コメントを付けてリツイートする

① コメントを付けてリツイートしたいツイートを表示し、🔁をタップします。

② ［引用ツイート］をタップします。

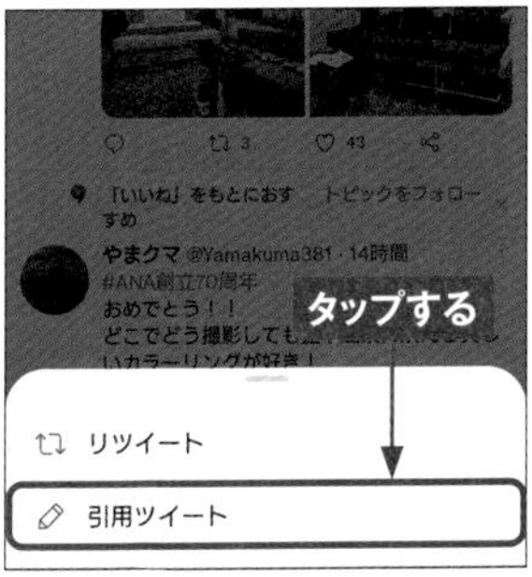

③ コメントを入力し、［リツイート］（iPhoneでは［ツイートする］）をタップします。

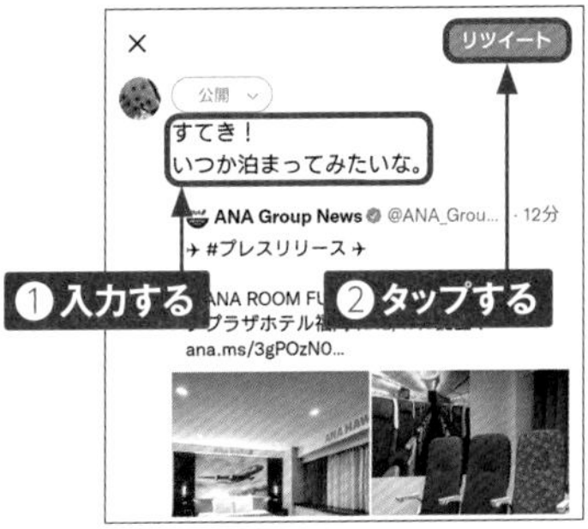

④ 引用ツイートが投稿されます。

Section 21
気に入ったツイートをブックマークしよう

保存しておきたいツイートは、「ブックマーク」機能を使って保存することができます。保存できるブックマークに上限はなく、相手に通知されたり、ブックマーク内容がほかの人に見られたりすることはないので、気軽にブックマークしましょう。

ツイートをブックマークする

① ブックマークしたいツイートを表示し、（iPhoneでは）をタップします。

② ［ブックマーク］をタップします。

③ ブックマークに追加されます。

Memo ブックマークしたツイートを閲覧する

ブックマークしたツイートは、P.216手順②の画面で［ブックマーク］をタップすれば、一覧で表示されます。

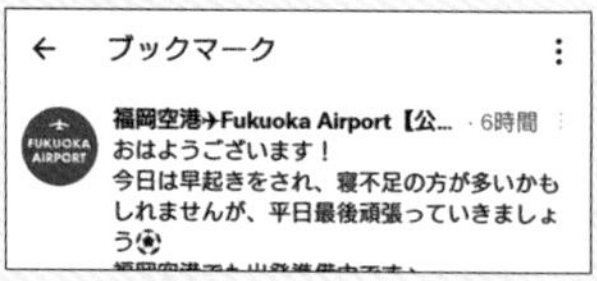

Section 22
リプライできるユーザーを制限して投稿しよう

自分の投稿したツイートにリプライ(返信)できる対象は、初期状態ではすべてのユーザーに設定されています。制限したい場合は、「フォローしているアカウント」または「メンションしたアカウントのみ」から選択します。

リプライできるユーザーを制限して投稿する

① P.226手順③の画面で［全員が返信できます］をタップします。

② ここでは［フォローしているアカウント］をタップします。

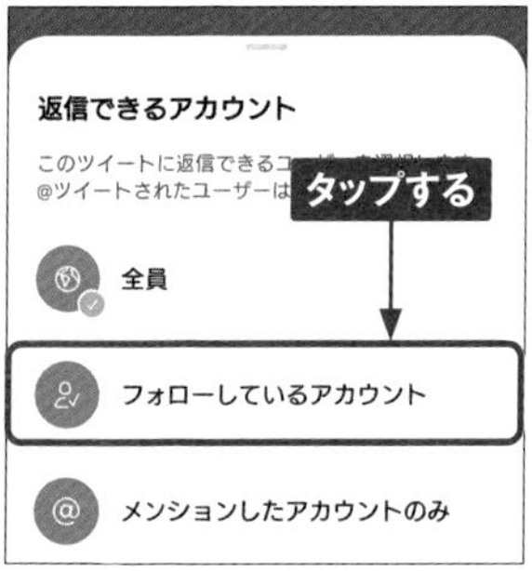

③ 文章を入力し、［ツイートする］をタップします。

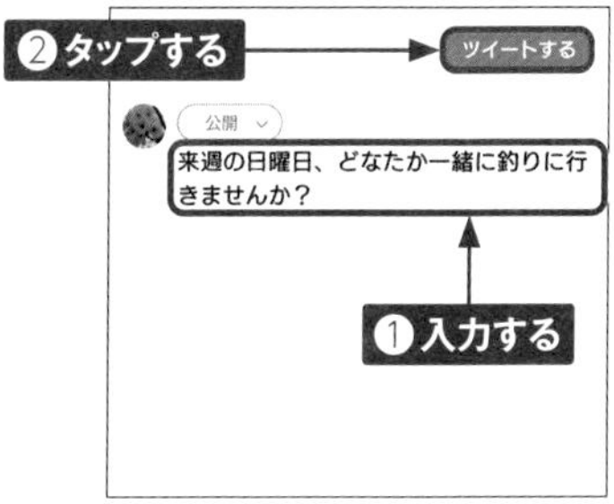

④ ツイートが送信されます。自分がフォローしているユーザーには［この会話に返信できます］と表示されるのでタップすると、リプライできます。

Section 23

アンケートを投稿して投票してもらおう

ほかのユーザーに意見を求めたいときには「投票」機能が便利です。匿名で回答ができ、回答入力欄は、4枠まで増やすことができます。また、1度回答すると、変更することはできません。

投票機能を使用する

① P.226手順③の画面でをタップします。

② アンケートが表示されるので、［質問する］をタップします。

③ 質問内容を入力し、［回答（数字）］をタップします

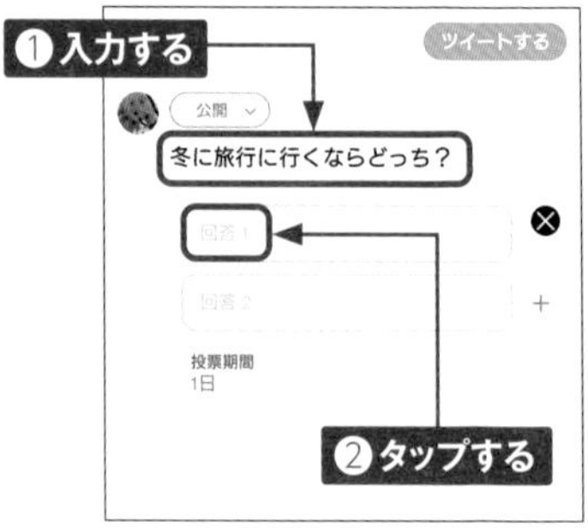

④「回答（数字）」に回答内容を入力し、［投票期間］をタップします。回答を増やしたい場合は、＋をタップします。

5 投票できる期間を設定し、[設定]をタップします。

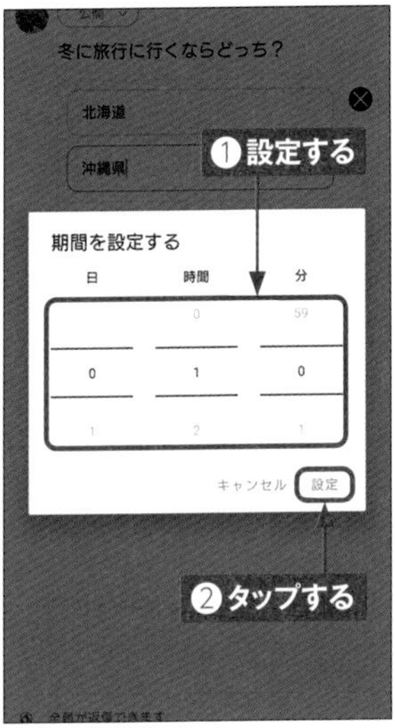

6 アンケートが作成されるので、[ツイートする] をタップします。

7 ツイートが送信されます。

8 ユーザーが投票すると、投票結果が作成者に表示されます。

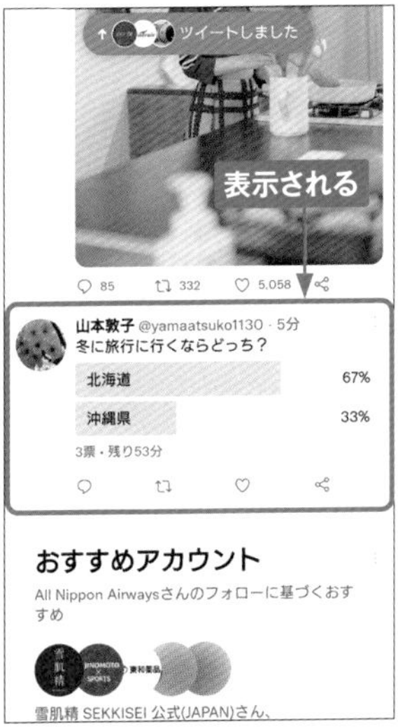

Section
24 ダイレクトメッセージを送ろう

「ダイレクトメッセージ」（DM）とは、特定のユーザーと直接メッセージのやり取りができる機能です。複数人のグループでメッセージをやり取りすることもできます。メンションやリプライとは異なり、ほかの人に内容が見られることはありません。

ダイレクトメッセージを送る

1 ホーム画面で✉をタップします。

2 初回は［OK］→ の順にタップします。

3 メッセージを送りたいユーザー名を入力し（iPhoneでは先に［送信先］をタップします）、表示される候補をタップします。

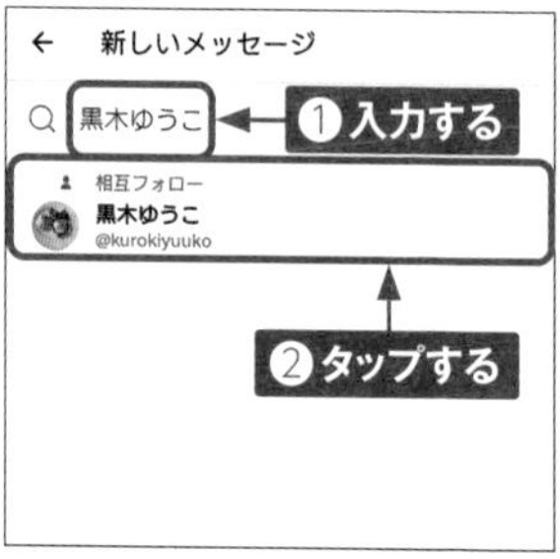

4 ［次へ］をタップし（iPhoneではこの手順はありません）、初回は［OK］をタップします。

5 画面下部の入力欄をタップします。

6 文章を入力し、➤をタップします。

7 ダイレクトメッセージが送信されます。

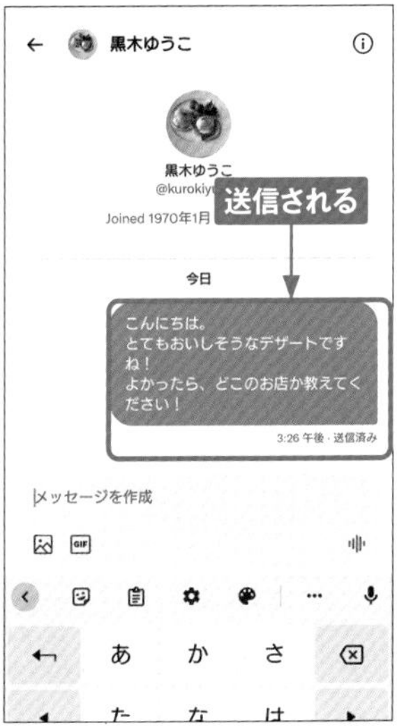

Memo メッセージを複数人に送る

手順③の画面でユーザー名またはアカウント名を複数入力すれば、ダイレクトメッセージを複数の友達に送ることができます。

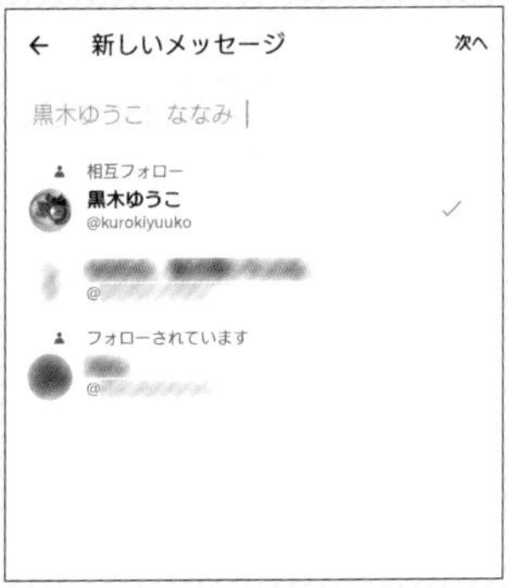

Section
25 ダイレクトメッセージに返信しよう

ダイレクトメッセージを受け取ったら通知が届くので、相手を確認して、気軽にメッセージのやり取りをしてみましょう。LINEのトークのように、写真や動画を送り合うこともできます。

ダイレクトメッセージに返信する

1 ダイレクトメッセージを受信すると、✉に通知アイコンが表示されます。✉をタップします。

2 送受信したメッセージが表示されるので、ユーザーをタップします。

3 ダイレクトメッセージが表示されるので、メッセージを入力して▶をタップします。

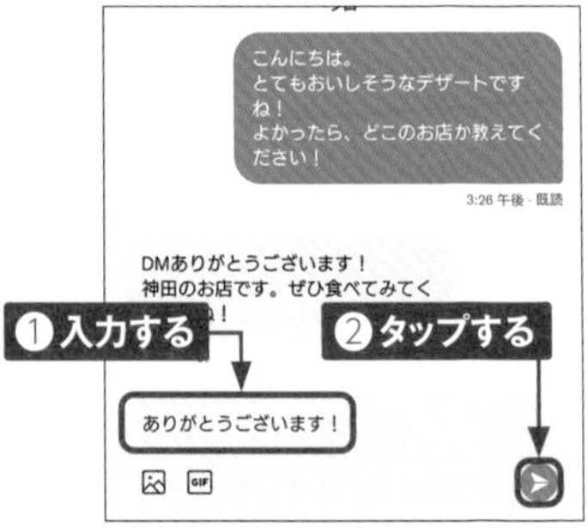

4 メッセージが返信されます。

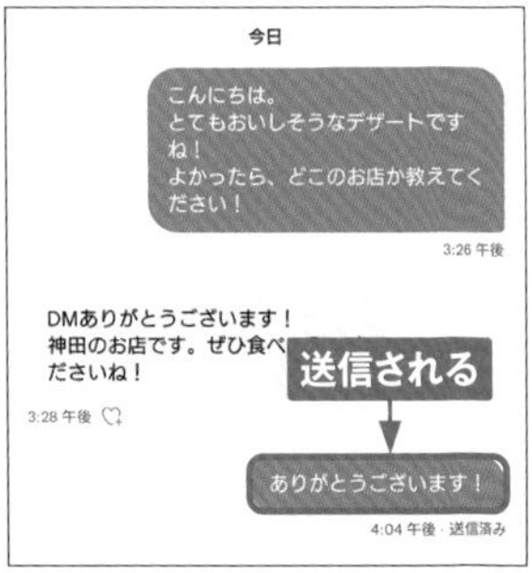

第2章 Twitterで楽しくつぶやこう
LINE
Instagram
Twitter
Facebook

Section 26 タイムラインをフォローしている人の時系列に表示しよう

デフォルトでは、タイムライン上にはおすすめツイートが優先的に表示されるようになっています。フォローしている人を時系列で表示したい場合は「フォロー中」に切り替えることで、最新の投稿順に表示されるようになります。

タイムラインを時系列で表示する

1. デフォルトでは、ツイートがおすすめ順に表示されています。ホーム画面上部の［フォロー中］（表示されていない場合は✧）をタップします。

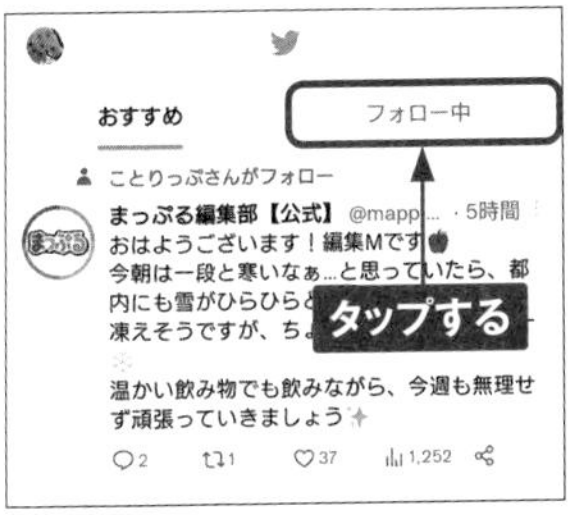
おすすめ
フォロー中
ことりっぷさんがフォロー
まっぷる編集部【公式】 @mapp... · 5時間
おはようございます！編集Mです
今朝は一段と寒いなぁ…と思っていたら、都
温かい飲み物でも飲みながら、今週も無理せ
ず頑張っていきましょう
2 1 37 1,252
タップする

2. フォローしている人の投稿が時系列順に表示されます。表示されていない場合は［最新］をタップします。

おすすめ
フォロー中
ことりっぷ @cotrip_twi · 1時間
＼今日から／
「ホテル雅叙園東京」では、和素材を極めた
限定チョコレートを本日から期間発売していま
す。
和菓子のような見た目のボンボンショコラ
や、ユニークなダルマなど、さまざまな和の
エッセンスが込められたチョコレートがそろ
っていますよ。
co-trip.jp/article/602717/

3. 戻したい場合は、ホーム画面で［おすすめ］をタップします。表示されていない場合は✧→［おすすめ］の順にタップします。

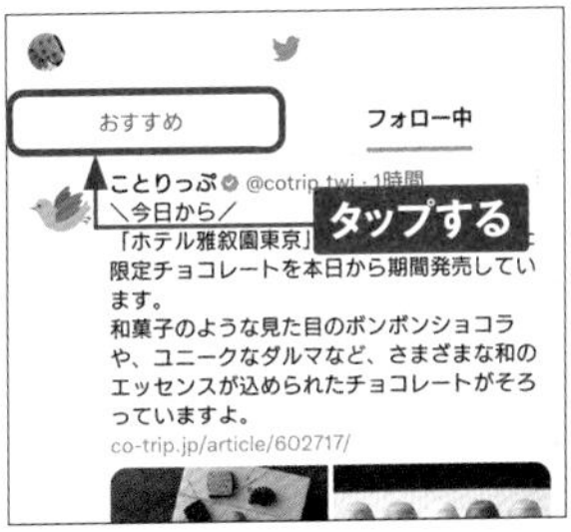
おすすめ
フォロー中
タップする
限定チョコレートを本日から期間発売していま
す。
和菓子のような見た目のボンボンショコラ
や、ユニークなダルマなど、さまざまな和の
エッセンスが込められたチョコレートがそろ
っていますよ。
co-trip.jp/article/602717/

Memo 「おすすめ」と「フォロー中」の違い

Twitterのタイムラインには2種類の表示方法があります。「おすすめ」では、フォローしているユーザーや閲覧したツイートに基づいた、おすすめのツイートが優先的に表示されます。「フォロー中」では、フォローしているユーザーのツイートが時系列順に表示されます。

Section 27
Twitterサークルを利用しよう

Twitterサークルとは、限られたユーザーをグループ化してメッセージを共有する機能です。フォロワー以外のユーザーも、検索して追加することができます。1アカウントで1つのサークルしか作れませんが、追加できるユーザーは最大150人です。

Twitterサークルにメンバーを追加する

1 P.226手順③の画面で、[公開]をタップします。

2 「Twitterサークル」の[編集]をタップします。

3 [おすすめ]をタップすると、フォロワーが表示されます。任意のユーザーの[追加](iPhoneでは[追加する])をタップします。

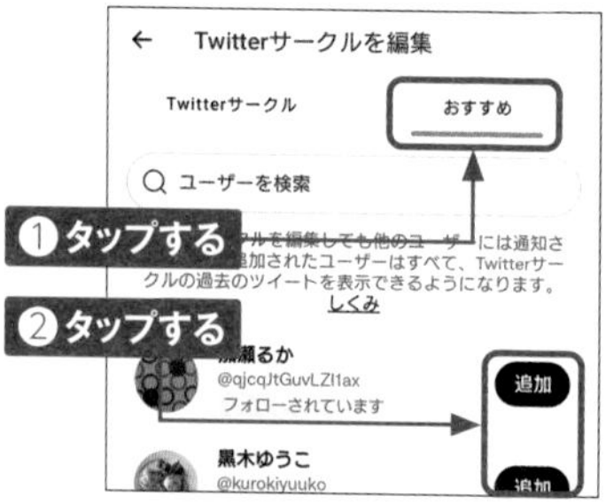

4 [Twitterサークル]をタップすると、追加されたメンバーが表示されます。←(iPhoneでは[完了])をタップします。

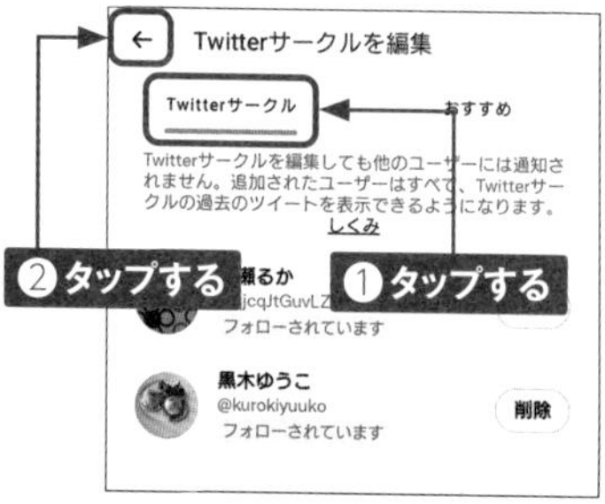

Twitterサークルのメンバーにツイートを投稿する

① P.226手順③の画面で、[公開]をタップします。

② [Twitterサークル] をタップします。

③ 文章を入力し、[ツイートする] をタップします。

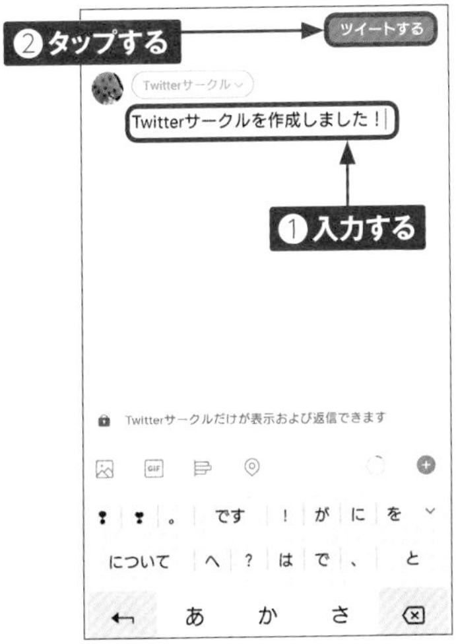

④ ツイートが送信されます。このツイートは、サークルに追加されているユーザーのみ表示できます。

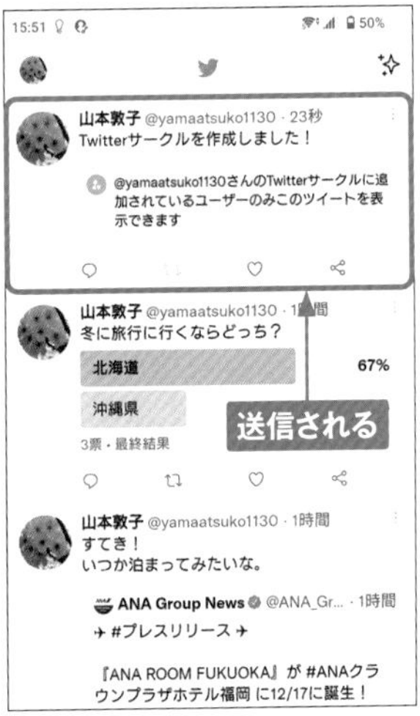

Section 28 投稿したツイートを削除しよう

自分が投稿したツイートは、削除することができます。削除したツイートのリツイートやフォローしているユーザーのタイムラインなどから完全に削除されます。なお、削除したツイートをもとに戻すことはできません。

ツイートを削除する

1 削除したいツイートの︙（iPhoneでは⋯）をタップします。

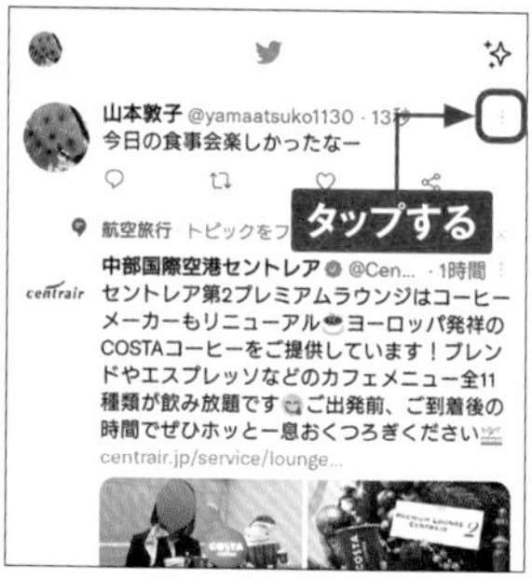
山本敦子 @yamaatsuko1130 · 13秒
今日の食事会楽しかったなー
タップする
航空旅行 トピックをフォロー
中部国際空港セントレア @Cen... · 1時間
centrair
セントレア第2プレミアムラウンジはコーヒーメーカーもリニューアル ヨーロッパ発祥のCOSTAコーヒーをご提供しています！ブレンドやエスプレッソなどのカフェメニュー全11種類が飲み放題です ご出発前、ご到着後の時間でぜひホッと一息おくつろぎください
centrair.jp/service/lounge...

2 ［ツイートを削除］をタップします。

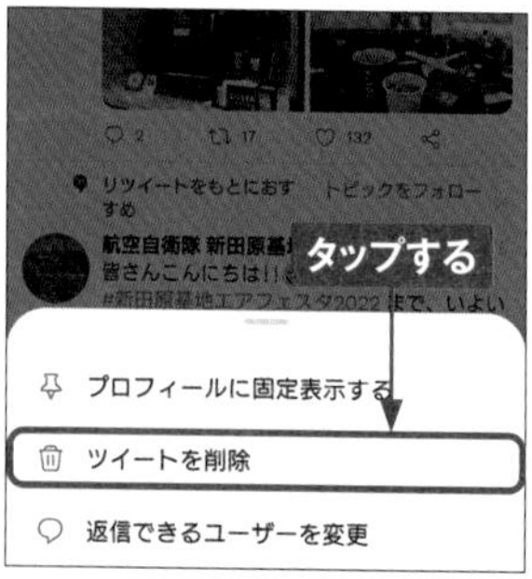
タップする
プロフィールに固定表示する
ツイートを削除
返信できるユーザーを変更

3 ［削除］をタップします。

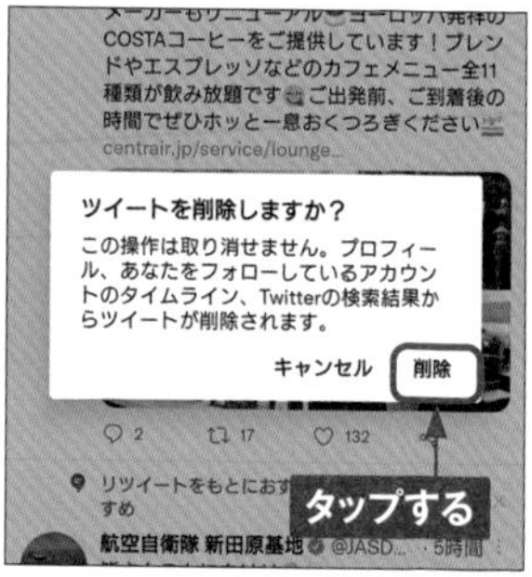
ツイートを削除しますか？
この操作は取り消せません。プロフィール、あなたをフォローしているアカウントのタイムライン、Twitterの検索結果からツイートが削除されます。
キャンセル
削除
タップする
航空自衛隊 新田原基地 @JASD... · 5時間

4 ツイートが削除されます。

航空旅行 トピックをフォロー
中部国際空港セントレア @Cen... · 1時間
centrair
セントレア第2プレミアムラウンジはコーヒーメーカーもリニューアル ヨーロッパ発祥のCOSTAコーヒーをご提供しています！ブレンドやエスプレッソなどのカフェメニュー全11種類が飲み放題です ご出発前、ご到着後の時間でぜひホッと一息おくつろぎください
centrair.jp/service/lounge...

Twitter編

第3章

フォロー／フォロワーを管理しよう

Section 29

ユーザーを検索してフォローしよう

気になるユーザーや知り合いのユーザーがいる場合は、検索してフォローすることができます。相手の名前やユーザー名を入力すれば、気軽に検索できるほか、相手がフォローしているユーザーも確認することが可能です。

ユーザーを検索してフォローする

1 Qをタップして、画面上部の検索欄をタップします。

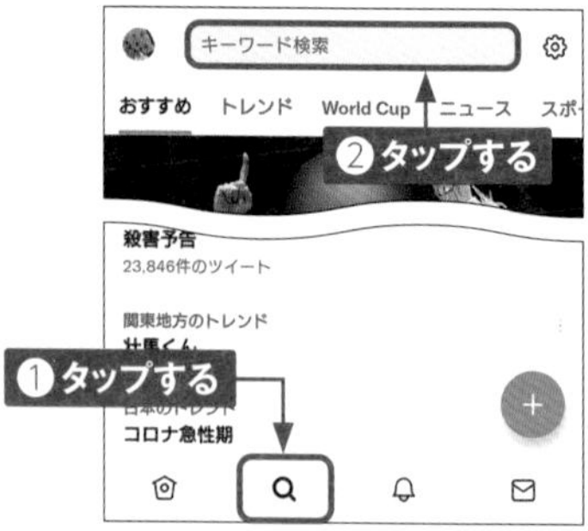

2 フォローしたいユーザー名を入力し、表示される候補をタップします。

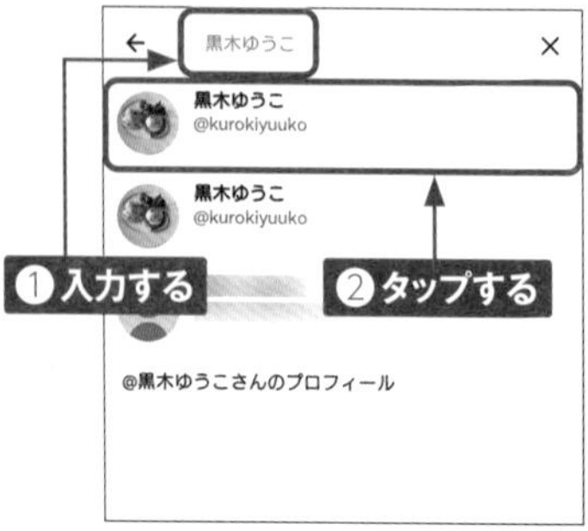

3 ユーザーのプロフィール画面が表示されるので、[フォローする]をタップします。

4 ユーザーがフォローされ、「フォロー中」と表示されます。

Section
30 フォローしているユーザーを確認しよう

自分が誰をフォローしているのかは、プロフィール画面から確認することができます。ユーザーが一覧で表示され、アイコンから相手のプロフィールを確認したり、おすすめのユーザーを表示したりすることも可能です。

フォローしているユーザーを確認する

1 P.216手順②の画面で［プロフィール］をタップします。

2 プロフィール画面が表示されるので、［フォロー］（iPhoneでは［フォロー中］）をタップします。

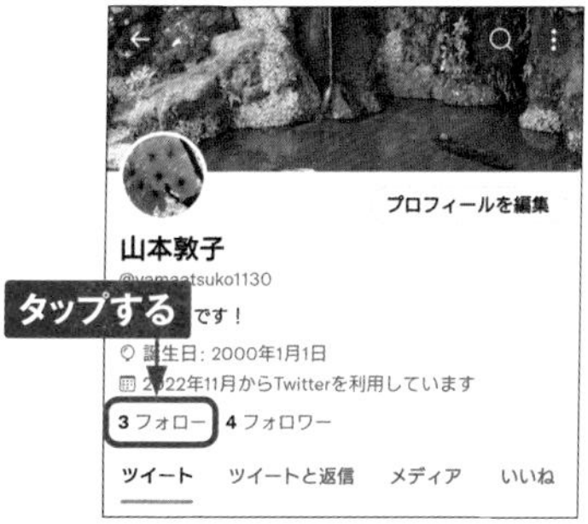

3 フォローしているユーザーが一覧で表示されます。8^+をタップします。

4 おすすめユーザーが一覧で表示されます。新しくフォローしたいユーザーをフォローできます。

Section 31

フォロワーを確認しよう

自分のことを誰がフォローしているのかも、フォロー中のユーザーと同じく、プロフィール画面から確認することができます。 気になるフォロワーがいれば、 気軽にフォローバック (自分のフォロワーをフォローすること) してみましょう。

フォロワーを確認する

① P.216手順②の画面で［プロフィール］をタップします。

② プロフィール画面が表示されるので、［フォロワー］をタップします。

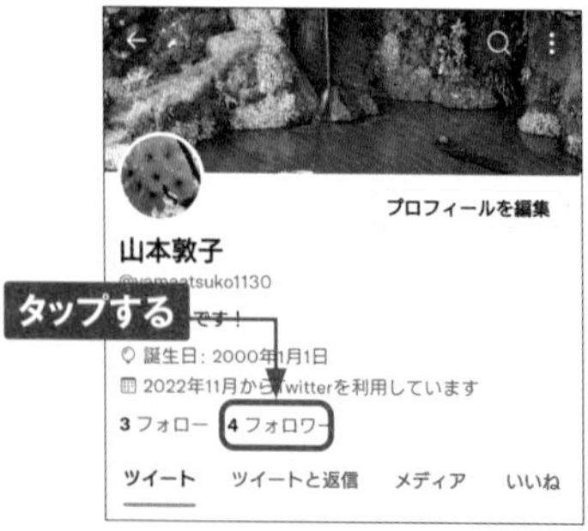

③ フォロワーが一覧で表示されます。フォローしていないユーザーには「フォローバック」と表示されます。

④ ［フォローバック］をタップすると、ユーザーがフォローされます。

Section 32

フォローを解除しよう

フォローを解除すると、ホーム画面のタイムライン上に、相手のツイートが表示されず、閲覧できなくなります。フォローを解除したことは、相手に通知されることはありません。興味がなくなった場合は解除することで、タイムラインを管理できます。

フォローを解除する

1 P.251手順③の画面で、フォローを解除したいユーザーのアイコンをタップします。

2 ユーザーのプロフィール画面が表示されるので、［フォロー中］をタップします。

3 ［フォローを解除］（iPhoneでは［@○○さんのフォローを解除］）をタップします。

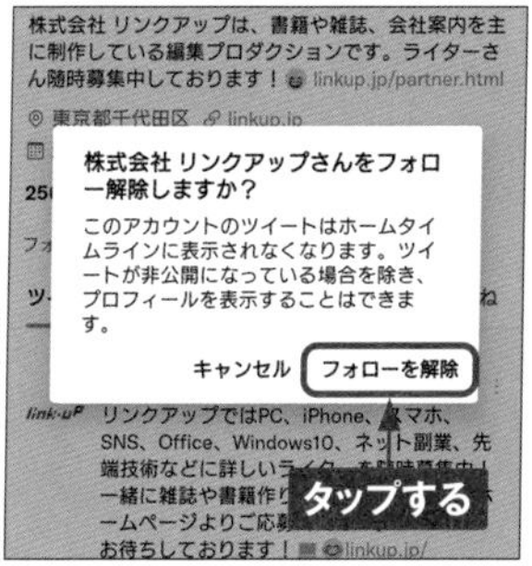

4 フォローが解除されます。

Section 33 迷惑なユーザーをブロックしよう

不審なユーザーは、ブロックすることで、タイムライン上に表示されなくなります。ブロックしたことは相手に通知こそされませんが、自分をフォローできなくなったり、ダイレクトメッセージを送れなくなったりします。

迷惑なユーザーをブロックする

1 ブロックしたいユーザーのプロフィール画面を表示し、（iPhoneでは）をタップします。

2 ［ブロック］（iPhoneでは［@○○さんをブロック］）をタップします。

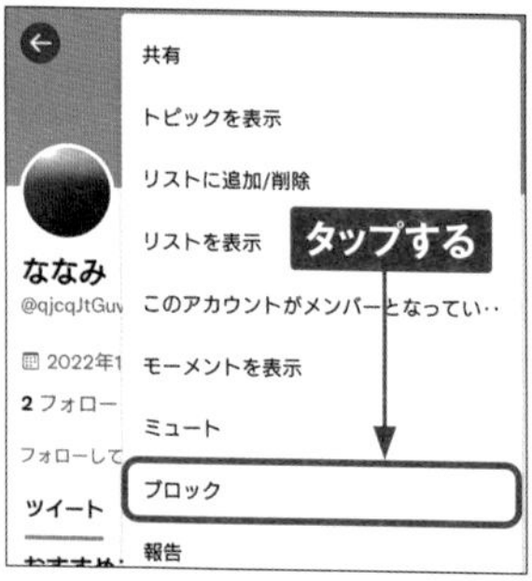

3 ［ブロック］をタップします。

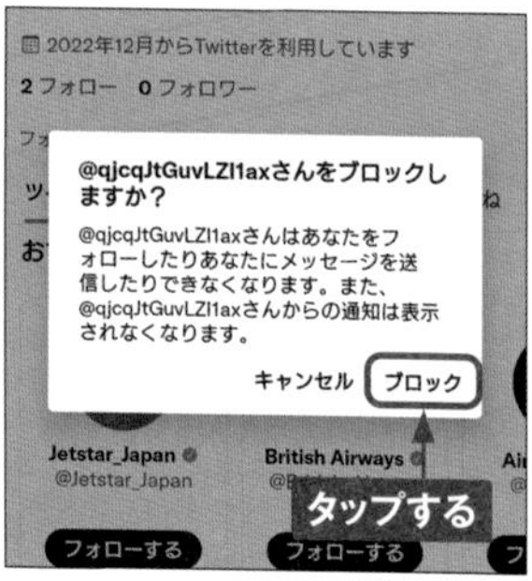

4 ユーザーがブロックされます。

Section

34 迷惑なユーザーを報告しよう

攻撃的なツイートや、不快なツイートを繰り返すユーザーは、Twitterの運営側に通報・報告することができます。報告しても、相手側に誰が報告したのかを知られることはありません。

迷惑なユーザーを報告する

1 報告したいユーザーのプロフィール画面を表示し、⋮（iPhoneでは⋯）をタップします。

タップする
フォローする
ななみ
@qjcqJtGuvLZl1ax
2022年12月からTwitterを利用しています
2 フォロー　0 フォロワー
フォローしている人にフォロワーはいません
ツイート
ツイートと返信
メディア
いいね

2 ［報告］（iPhoneでは［@○○さんを報告する］）をタップします。

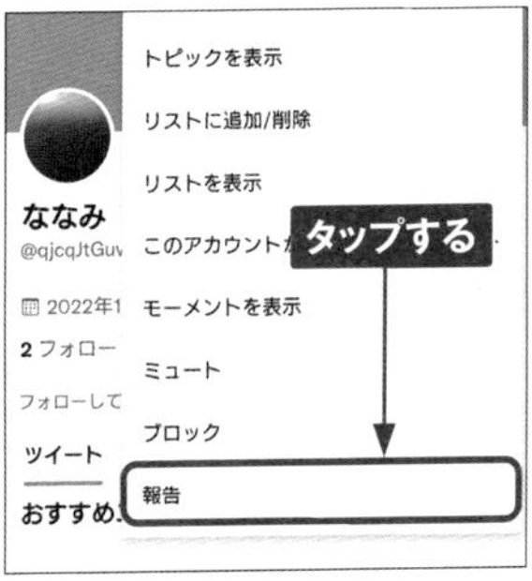

トピックを表示
リストに追加/削除
リストを表示
このアカウント
タップする
モーメントを表示
ミュート
ブロック
報告
ななみ
@qjcqJtGuv
ツイート

3 ［報告を開始する］をタップします。

こんにちは
このアカウントのプロフィールやツイートの状況をより
よく把握するため、いくつかの
ご自身の言葉で情報を追加した
を追加したりすることもできま
深刻に受け止めています。ルールへの違反が見つかった
場合、該当するユーザーにコンテンツの削除が求められ
るか、アカウントのロックまたは凍結の措置が取られま
す。身の危険を感じた場合は、報告に加えてお近くの警
察に通報してください。
タップする
報告を開始する

4 画面の指示に従ってユーザーを報告します。

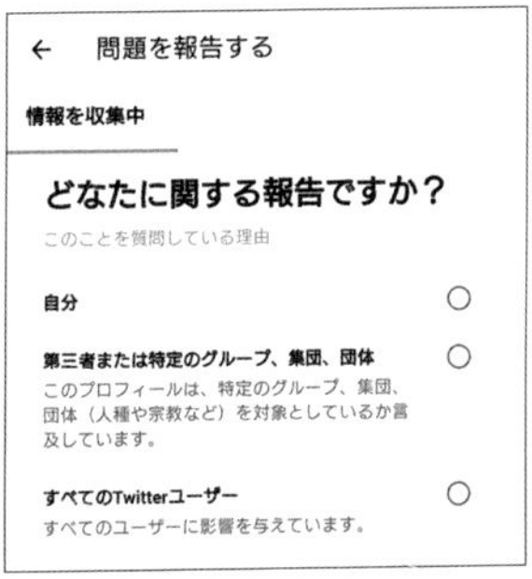

← 問題を報告する
情報を収集中
どなたに関する報告ですか？
このことを質問している理由
自分
第三者または特定のグループ、集団、団体
このプロフィールは、特定のグループ、集団、団体（人種や宗教など）を対象としているか言及しています。
すべてのTwitterユーザー
すべてのユーザーに影響を与えています。

Section 35

リストを作成しよう

「リスト」機能を利用して、ユーザーをカテゴリ別に分けることで、リストに追加したユーザーのみ表示できるタイムラインを作成できます。1つのリストに最大5,000人まで追加でき、作成できるリストは1,000件までです。

リストを作成する

1 P.216手順②の画面で［リスト］をタップします。

2 をタップします。

3 リストの「名前」と「説明」を入力します。

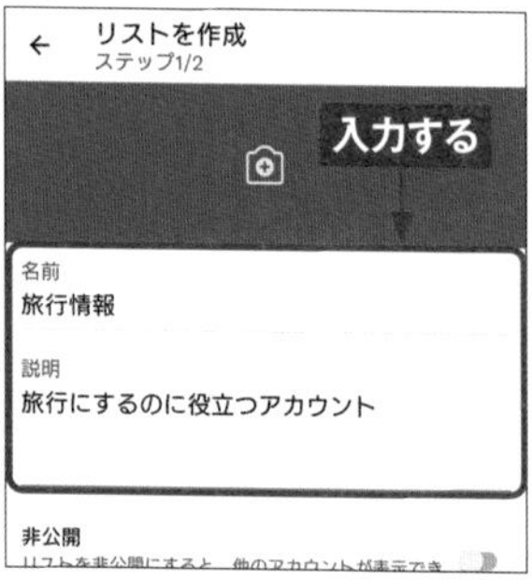

4 「非公開」の（iPhoneでは）をタップして公開か非公開かを設定し、［作成］をタップします。

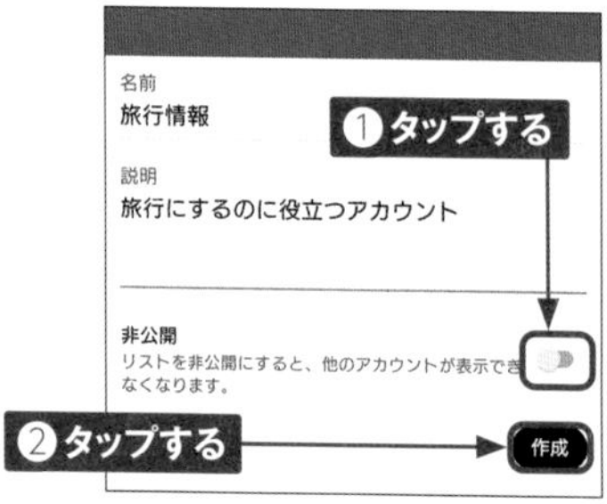

リストにユーザーを追加する

1 リストに追加したいユーザーを表示し、⋮（iPhoneでは…）をタップします。

2 ［リストに追加/削除］（iPhoneでは［リストへ追加または削除］）をタップします。

3 追加したいリストをタップして選択し、←をタップします。

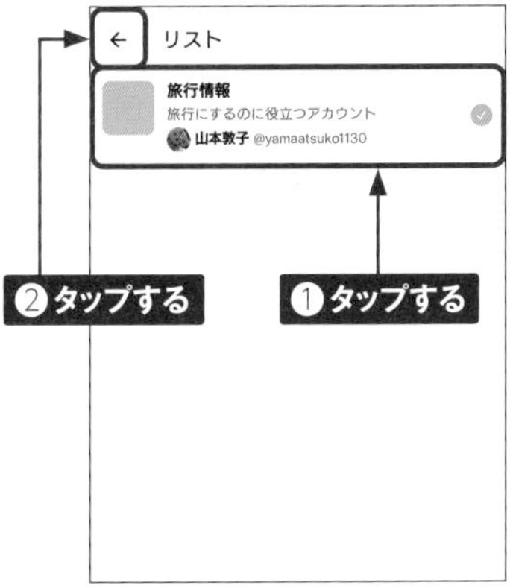

Memo リストを閲覧する

作成したリストは、P.256手順②の画面で「自分のリスト」に一覧表示されます。内容を閲覧したいリストをタップすると、リストに追加したユーザーや、ツイートを確認することができます。

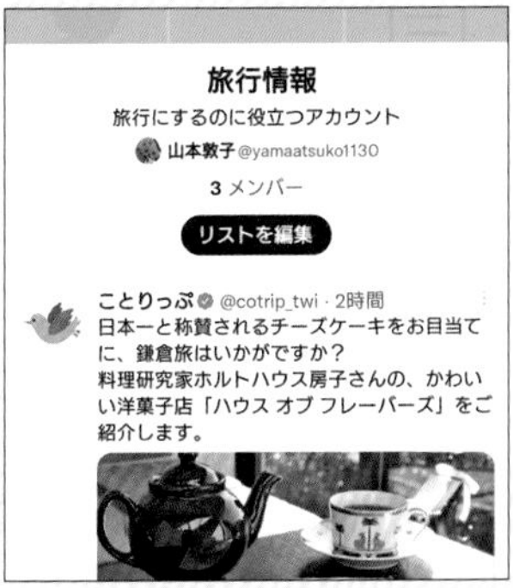

Section
36 ほかのユーザーが作成したリストをフォローしよう

ほかのユーザーが作成したリストは、相手のプロフィール画面から閲覧、フォローすることができます。なお、リスト作成時に「非公開」に設定している場合は、リストが表示されずフォローできません。

ほかのユーザーのリストをフォローする

1 リストに追加したいユーザーのプロフィール画面を表示し、⋮（iPhoneでは⋯）をタップします。

2 ［リストを表示］をタップします。

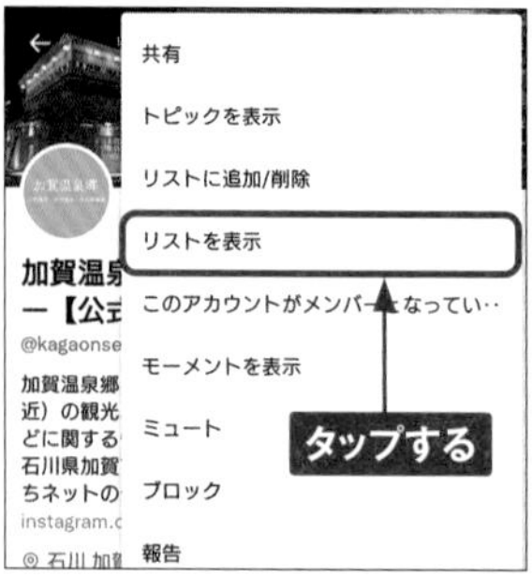

3 フォローしたいリストをタップします。

4 ［フォローする］をタップすると、リストがフォローされます。

第3章 フォロー／フォロワーを管理しよう
LINE
Instagram
Twitter
Facebook

Twitter編

第4章

TwitterのQ&A

Section
37 広告を非表示にするには?

Twitterのタイムライン上には、自分のアクティビティに基づいて、関連付けられた広告が表示される場合があります。不要な場合は、「カスタマイズ広告」をオフにしたり、広告ごとに設定したりして対応ができます。

広告を非表示にする

1 P.215を参考に「設定」画面を表示して、[プライバシーと安全]をタップします。

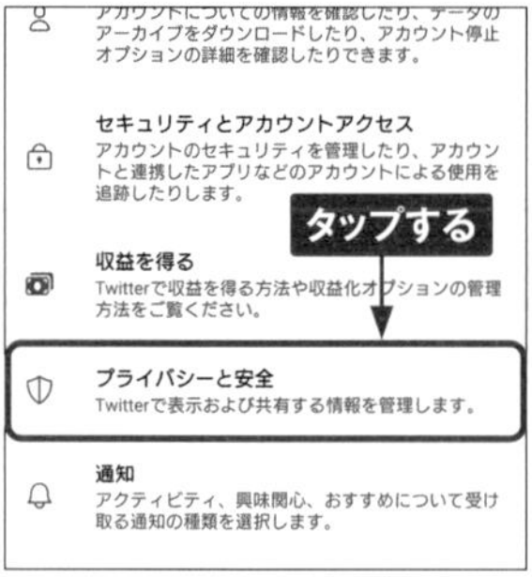
アーカイブをダウンロードしたり、アカウント停止
オプションの詳細を確認したりできます。
セキュリティとアカウントアクセス
アカウントのセキュリティを管理したり、アカウントと連携したアプリなどのアカウントによる使用を追跡したりします。
タップする
収益を得る
Twitterで収益を得る方法や収益化オプションの管理方法をご覧ください。
プライバシーと安全
Twitterで表示および共有する情報を管理します。
通知
アクティビティ、興味関心、おすすめについて受け取る通知の種類を選択します。

2 [広告の環境設定]をタップします。

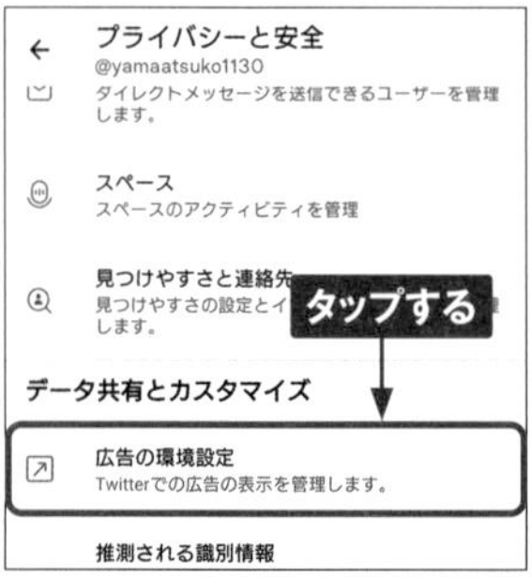
プライバシーと安全
@yamaatsuko1130
ダイレクトメッセージを送信できるユーザーを管理します。
スペース
スペースのアクティビティを管理
見つけやすさと連絡先
タップする
データ共有とカスタマイズ
広告の環境設定
Twitterでの広告の表示を管理します。
推測される識別情報

3 「カスタマイズ広告」の （iPhoneでは「パーソナライズド広告」の ）をタップしてオフにします。

広告の環境設定
@yamaatsuko1130
Twitterでの広告の表示を管理します。
カスタマイズ広告
Twitterには常に、Twitterでのアクティビティに基づいて広告が表示されます。この設定をオンにすると、Twitterでのアクティビティだけでなく他のオンラインアクティビティやパートナーからの情報に基づいて、Twitter広告主の広告がTwitter内外でさらにカスタマイズされます。詳細
タップする

Memo ツイートごとに設定する

広告は、ツイートごとに非表示にすることができます。広告ツイートを表示し ⋮（iPhoneでは ⋯）→[この広告に興味がない]の順にタップします。

Section 38 不快なツイートを極力減らすには？

「クオリティフィルター」をオンにすることで、タイムライン上に何度も表示されるツイートや低品質で不快なコンテンツなどが事前にフィルターにかけられて、不要な通知を減らすことができます。

不快なツイートを減らす

1 P.215を参考に「設定」画面を表示して、[通知] をタップします。

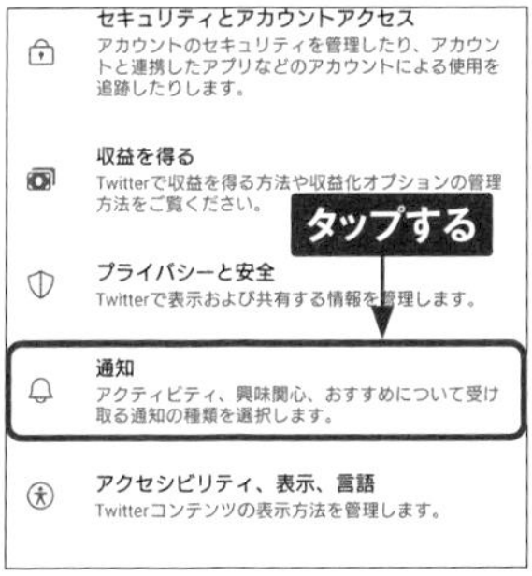
セキュリティとアカウントアクセス
アカウントのセキュリティを管理したり、アカウントと連携したアプリなどのアカウントによる使用を追跡したりします。
収益を得る
Twitterで収益を得る方法や収益化オプションの管理方法をご覧ください。
タップする
プライバシーと安全
Twitterで表示および共有する情報を管理します。
通知
アクティビティ、興味関心、おすすめについて受け取る通知の種類を選択します。
アクセシビリティ、表示、言語
Twitterコンテンツの表示方法を管理します。

2 [フィルター] をタップします。

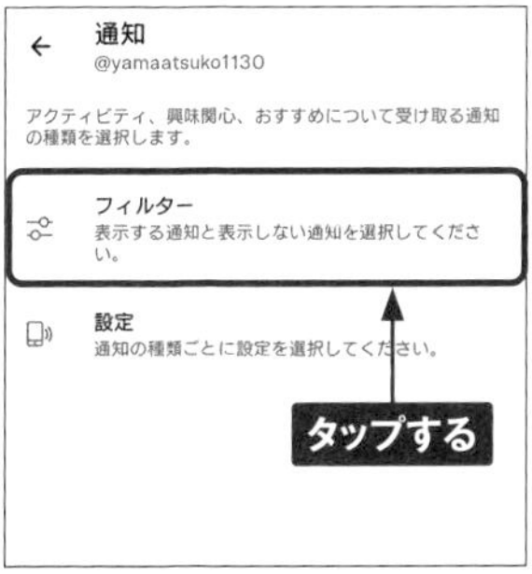
通知
@yamaatsuko1130
アクティビティ、興味関心、おすすめについて受け取る通知の種類を選択します。
フィルター
表示する通知と表示しない通知を選択してください。
設定
通知の種類ごとに設定を選択してください。
タップする

3 「クオリティフィルター」の□（iPhoneでは　）をタップしてオンにします。

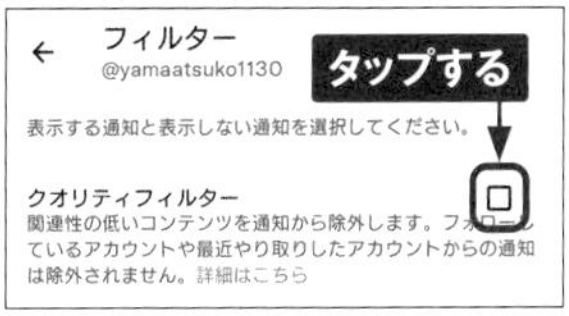
フィルター
@yamaatsuko1130
タップする
表示する通知と表示しない通知を選択してください。
クオリティフィルター
関連性の低いコンテンツを通知から除外します。フ
ているアカウントや最近やり取りしたアカウントからの通知は除外されません。詳細はこちら

Memo 特定のアカウントからの通知をミュートする

手順③の画面で［ミュートしている通知］をタップして通知をミュートにしたいアカウントの項目をオンにすると、対象のアカウントからの通知は表示されなくなります。この設定は自分がフォローしているユーザーには影響しません。

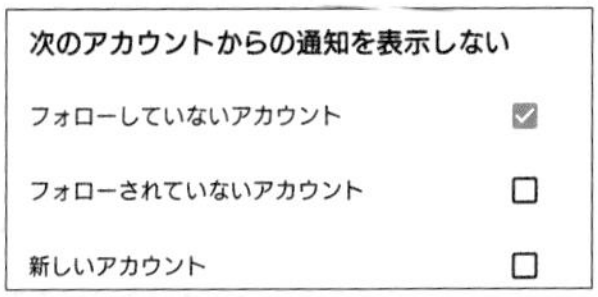
次のアカウントからの通知を表示しない
フォローしていないアカウント
フォローされていないアカウント
新しいアカウント

Section
39 特定のキーワードを非表示にするには?

不快なキーワードを含んだツイートを見たくない場合は、自分で指定したキーワードを含んだツイートを非表示にすることができます。非表示にできる期間が終わるまでは、通知やタイムライン上に表示されることはありません。

特定のキーワードを非表示にする

① P.261手順③の画面で（iPhoneではP.260手順②の画面で［ミュートとブロック］→）［ミュートするキーワード］をタップします。

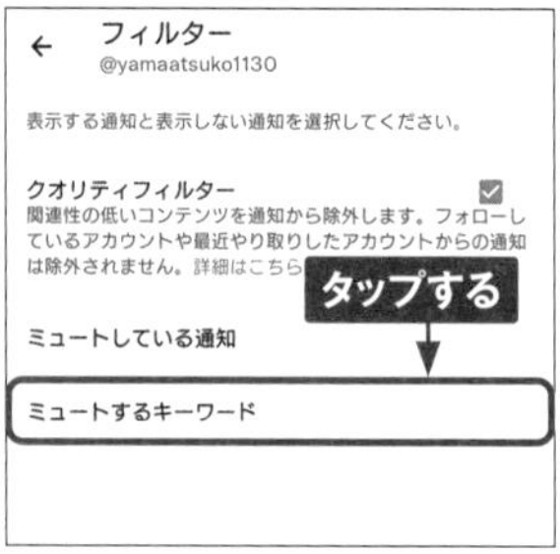

② ●（iPhoneでは［追加する］）をタップします。

③ 非表示にしたい単語やフレーズを入力し、ミュート期間などを設定して［保存］をタップします。

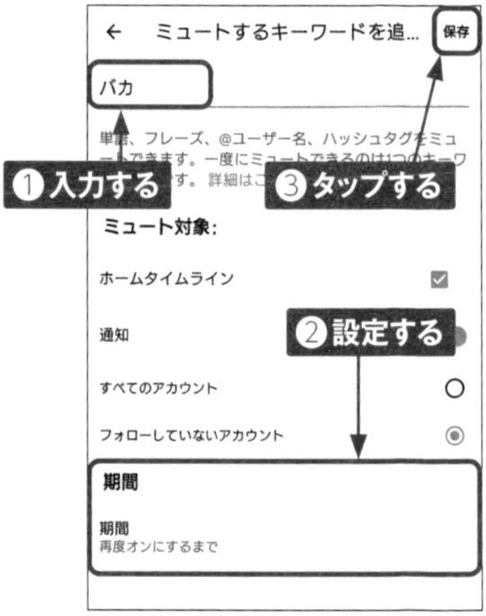

④ 特定のキーワードを含んだツイートが非表示に設定されます。

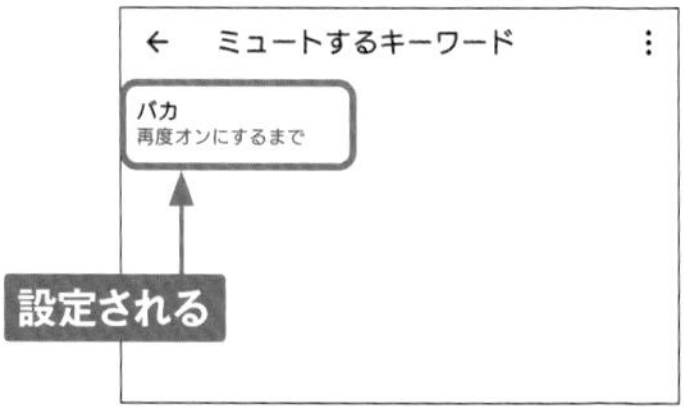

Section
40 特定のユーザーのツイートを非表示にするには?

ユーザーをブロックすると、相手に気づかれてしまうリスクがありますが、「ミュート」機能を利用すれば、相手に気づかれることなく、ツイートをタイムライン上に表示されないよう設定することができます。

特定のユーザーのツイートを非表示にする

① 非表示にしたいツイートを表示し、⋮（iPhoneでは…）をタップします。

② ［@○○さんをミュート］をタップします。

③ ［はい、ミュートします。］（iPhoneでは［はい］）をタップします。

④ 特定のユーザーのツイートが非表示になります。

Section 41 フォロワー以外からのダイレクトメッセージも受信するには?

メッセージリクエストを許可することで、Twitterを利用するすべてのユーザーからダイレクトメッセージを受信することができます。気軽にメッセージのやり取りができますが、不要な場合はオフにしておきましょう。

すべてのユーザーからダイレクトメッセージを受信する

① P.215を参考に「設定」画面を表示し、[プライバシーと安全]をタップします。

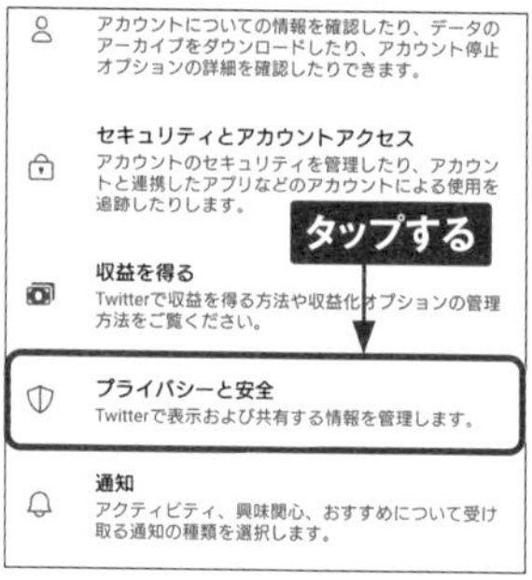
アカウントについての情報を確認したり、データのアーカイブをダウンロードしたり、アカウント停止オプションの詳細を確認したりできます。
セキュリティとアカウントアクセス
アカウントのセキュリティを管理したり、アカウントと連携したアプリなどのアカウントによる使用を追跡したりします。
タップする
収益を得る
Twitterで収益を得る方法や収益化オプションの管理方法をご覧ください。
プライバシーと安全
Twitterで表示および共有する情報を管理します。
通知
アクティビティ、興味関心、おすすめについて受け取る通知の種類を選択します。

② [ダイレクトメッセージ]をタップします。

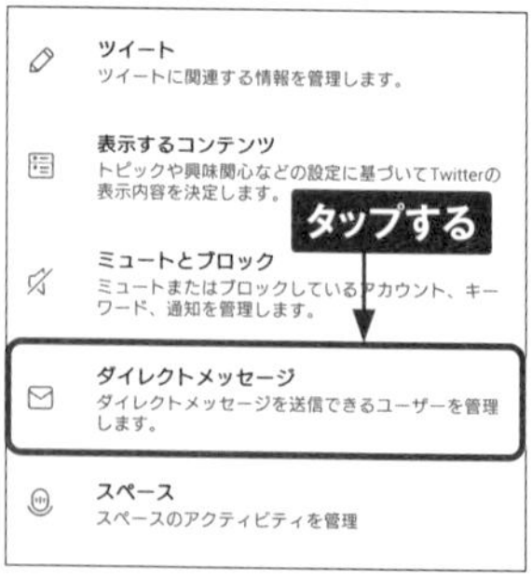
ツイート
ツイートに関連する情報を管理します。
表示するコンテンツ
トピックや興味関心などの設定に基づいてTwitterの表示内容を決定します。
タップする
ミュートとブロック
ミュートまたはブロックしているアカウント、キーワード、通知を管理します。
ダイレクトメッセージ
ダイレクトメッセージを送信できるユーザーを管理します。
スペース
スペースのアクティビティを管理

③ 「すべてのアカウントからのメッセージリクエストを許可する」の (iPhoneでは)をタップします。

Twitter
@yamaatsuko1130
すべてのアカウントからのメッセージリクエストを許可する
フォローしていないアカウントがメッセージリクエストを送信し、あなたをグループ会話に追加できるようにします。そのアカウントのメッセージに返信するには、リクエストを承認してください。詳細はこちら
タップする
既読通知を送信
メッセージを表示したときに相手に知らせます。既読通知は、メッセージリクエストには表示されません。詳細はこちら

④ オンになり、設定が完了します。

Twitter
@yamaatsuko1130
すべてのアカウントからのメッセージリクエストを許可する
フォローしていないアカウントがメッセージリクエストを送信し、あなたをグループ会話に追加できるようにします。そのアカウントのメッセージに返信するには、リクエストを承認してください。詳細はこちら
オンになる
不適切な内容のメッセージを
する
スパムまたは不適切な内容の可能性があると判断されたメッセージリクエストを非表示にします。これらのリクエストは、メッセージリクエストの一番下にある別個の受信トレイに入れられます。希望する場合はそれらのリクエストを表示できます。詳細はこちら

Section

42 不要な通知を止めるには?

たくさんの通知がされると、処理することが大変です。あまり重要でない通知はオフに設定したり、絶対に確認したい通知はオンにしたりして、自分で使いやすいようにカスタマイズしましょう。

不要な通知を止める

① P.215を参考に「設定」画面を表示して、［通知］→［設定］の順にタップします。

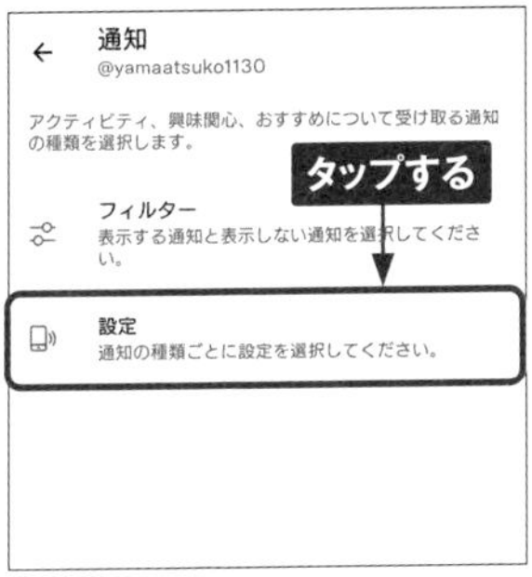

② ［プッシュ通知］をタップします。

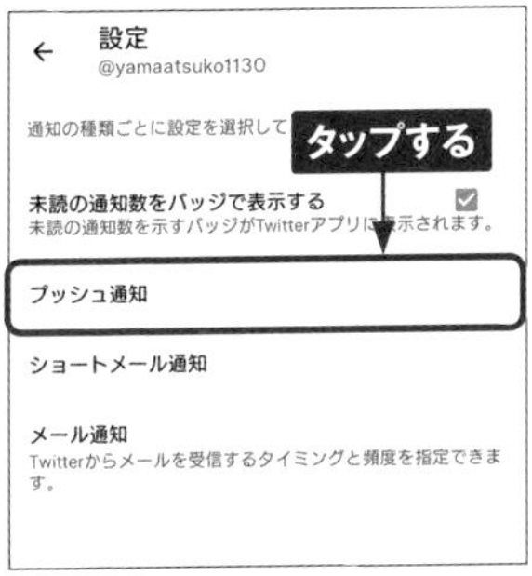

③ 通知を止めたい項目(ここでは「新しいフォロワー」)の（iPhoneでは）をタップします。

④ 通知がオフになります。

Section 43 ツイートの位置情報をオフにするには?

ツイートに位置情報を追加するには、タグ付け（P.230参照）する方法がありますが、自分の居場所が知られてしまうリスクがあります。スマートフォンでTwitterの位置情報へのアクセスをオフにすれば、情報が追加される事態を防ぐことができます。

Androidスマートフォンで位置情報をオフにする

1. Androidスマートフォンで「設定」アプリを起動し、［位置情報］をタップします。

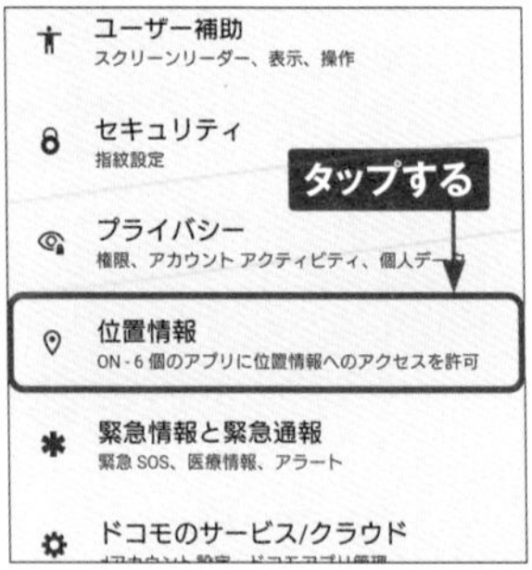

2. ［アプリへの位置情報の利用許可］をタップします。

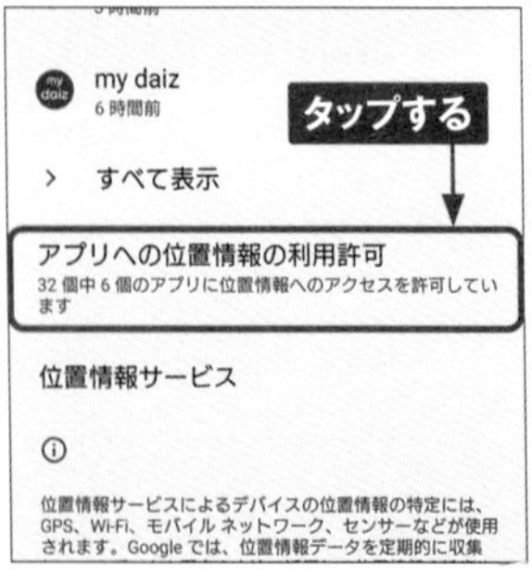

3. ［Twitter］をタップします。

4. ［許可しない］をタップします。

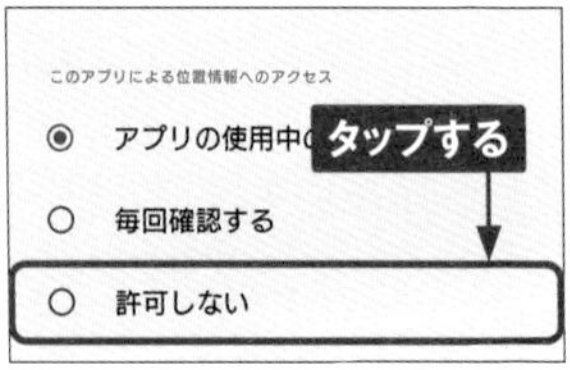

5. Twitterの位置情報へのアクセスがオフに設定されます。

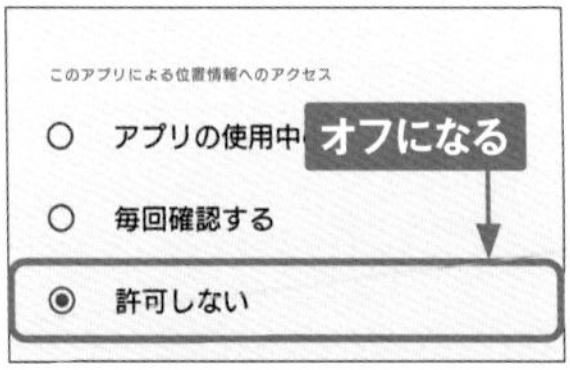

iPhoneで位置情報をオフにする

1 iPhoneで「設定」アプリを起動し、[プライバシーとセキュリティ]をタップします。

2 [位置情報サービス]をタップします。

3 [Twitter]をタップします。

4 [しない]をタップします。

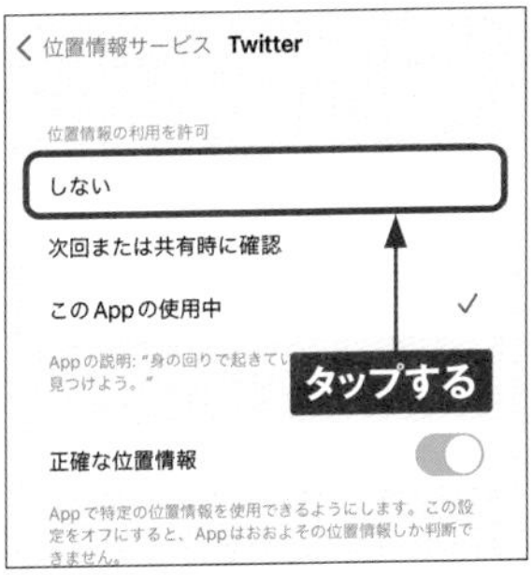

5 Twitterの位置情報へのアクセスがオフに設定されます。

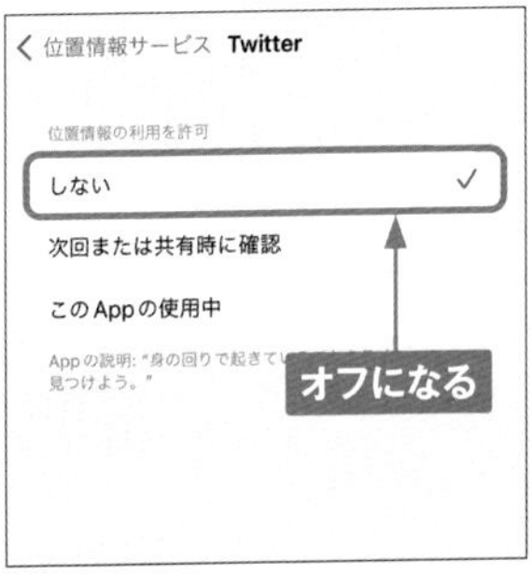

Section

44 自分の投稿を非公開にするには?

自分の投稿を非公開に設定すると、自分のフォロワーにのみツイートが表示されるようになります。非公開にしたあとは、勝手にフォローされることなくフォロー申請を受け取るので、ユーザーごとに許可するかどうかを判断できます。

自分の投稿を非公開にする

1 P.215を参考に「設定」画面を表示し、[プライバシーと安全]をタップします。

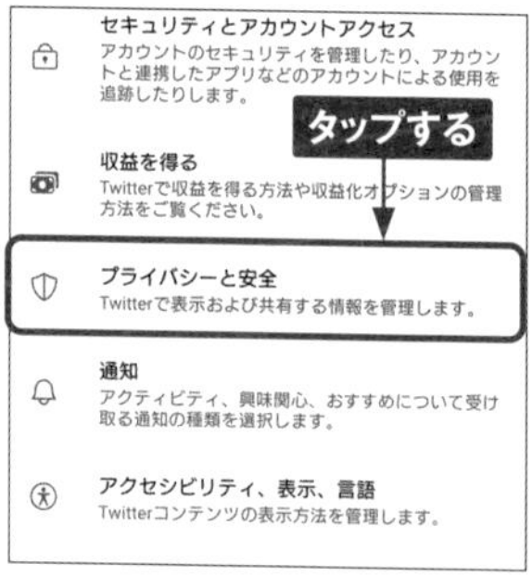

セキュリティとアカウントアクセス
アカウントのセキュリティを管理したり、アカウントと連携したアプリなどのアカウントによる使用を追跡したりします。
タップする
収益を得る
Twitterで収益を得る方法や収益化オプションの管理方法をご覧ください。
プライバシーと安全
Twitterで表示および共有する情報を管理します。
通知
アクティビティ、興味関心、おすすめについて受け取る通知の種類を選択します。
アクセシビリティ、表示、言語
Twitterコンテンツの表示方法を管理します。

2 [オーディエンスとタグ付け]をタップします。

プライバシーと安全
@yamaatsuko1130
Twitterアクティビティ
オーディエンスとタグ付け
Twitterで他のユーザーに表示する情報を管理します。
ツイート
ツイートに関連する情報を管理します。
表示するコンテンツ
トピックや興味関心など
表示内容を決定します。
タップする
ミュートとブロック
ミュートまたはブロックしているアカウント、キーワード、通知を管理します。

3 「ツイートを非公開にする」の （iPhoneでは ）をタップします。

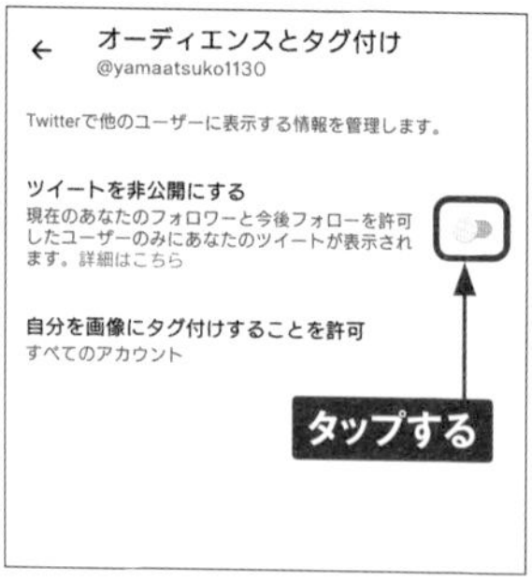

オーディエンスとタグ付け
@yamaatsuko1130
Twitterで他のユーザーに表示する情報を管理します。
ツイートを非公開にする
現在のあなたのフォロワーと今後フォローを許可したユーザーのみにあなたのツイートが表示されます。詳細はこちら
自分を画像にタグ付けすることを許可
すべてのアカウント
タップする

4 オンになり、自分の投稿が非公開に設定されます。

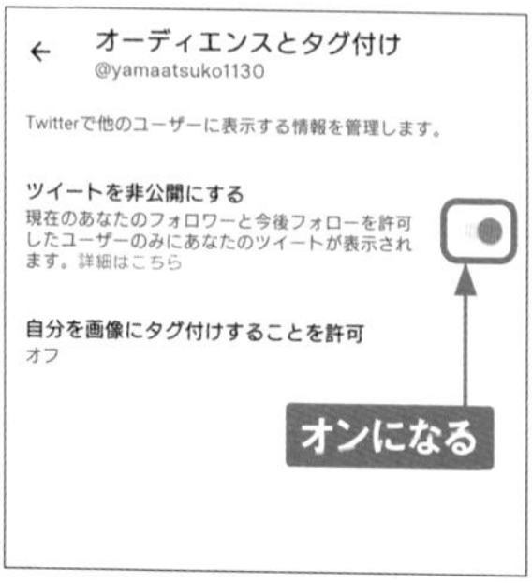

オーディエンスとタグ付け
@yamaatsuko1130
Twitterで他のユーザーに表示する情報を管理します。
ツイートを非公開にする
現在のあなたのフォロワーと今後フォローを許可したユーザーのみにあなたのツイートが表示されます。詳細はこちら
自分を画像にタグ付けすることを許可
オフ
オンになる

Section

45 自分の投稿へのリプライを非表示にするには?

自分のツイートに、嫌がらせや不快なリプライを投稿されたときには、リプライを非表示にすることで対応できます。ほかのユーザーは、リプライの内容を閲覧可能ですが、非表示にしたことは相手に知らされません。

リプライを非表示にする

1 非表示にしたいリプライを表示し、⋮（iPhoneでは⋯）をタップします。

2 ［返信を非表示にする］をタップします。

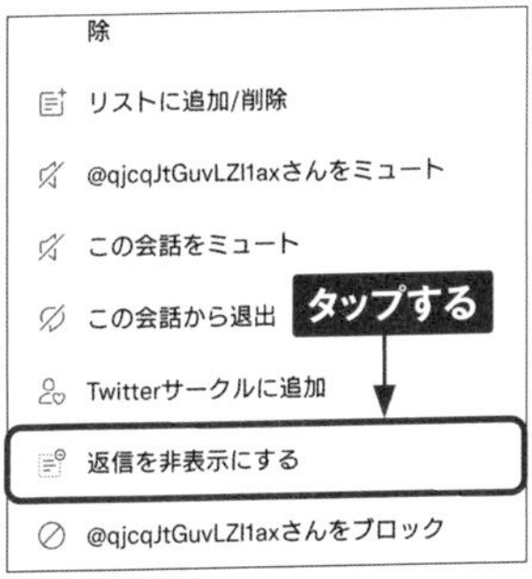

3 初回は［返信を非表示にする］をタップします。

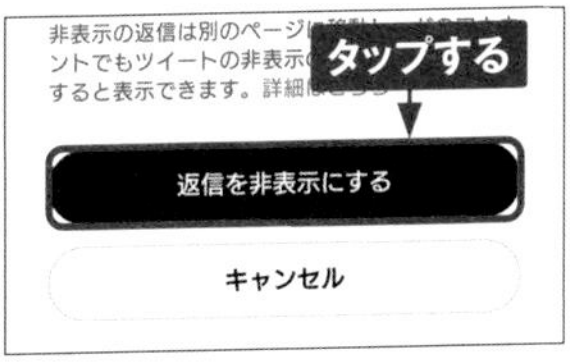

4 相手をブロックすることもできます。［ブロック］または［キャンセル］をタップします。

5 リプライが非表示になります。

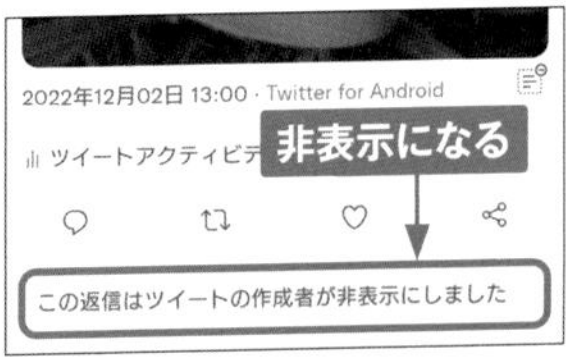

Section
46 Twitterのアカウントを削除するには？

Twitterをやめたい場合は、アプリをアンインストールする前に、アカウントを削除します。なお、削除してから30日以内であれば再復活でき、データも消えることはありません。

Twitterのアカウントを削除する

1 P.215を参考に「設定」画面を表示し、[アカウント] をタップします。

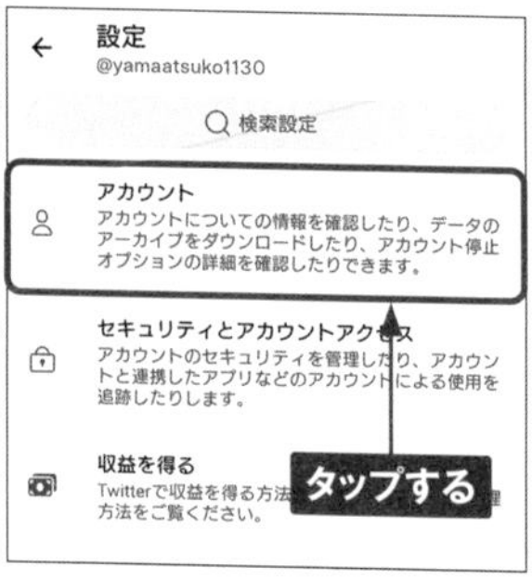
設定
@yamaatsuko1130
検索設定
アカウント
アカウントについての情報を確認したり、データのアーカイブをダウンロードしたり、アカウント停止オプションの詳細を確認したりできます。
セキュリティとアカウントアクセス
アカウントのセキュリティを管理したり、アカウントと連携したアプリなどのアカウントによる使用を追跡したりします。
収益を得る
Twitterで収益を得る方法
方法をご覧ください。
タップする

2 [アカウントを削除]（iPhoneでは [アカウントを停止する]）をタップします。

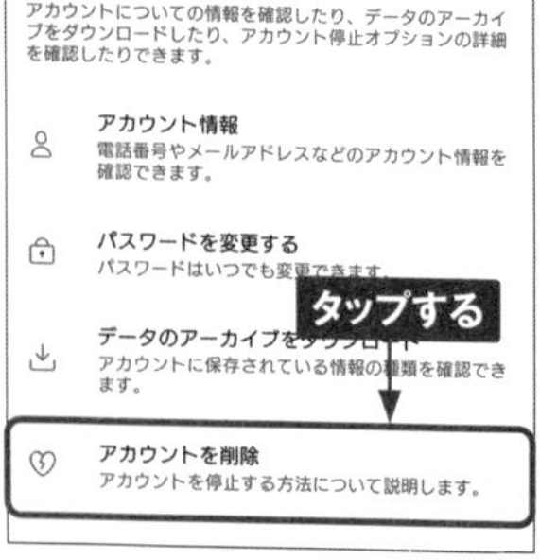
アカウントについての情報を確認したり、データのアーカイブをダウンロードしたり、アカウント停止オプションの詳細を確認したりできます。
アカウント情報
電話番号やメールアドレスなどのアカウント情報を確認できます。
パスワードを変更する
パスワードはいつでも変
タップする
データのアーカイブを
アカウントに保存されている情報の種類を確認できます。
アカウントを削除
アカウントを停止する方法について説明します。

3 [アカウント削除] をタップします。

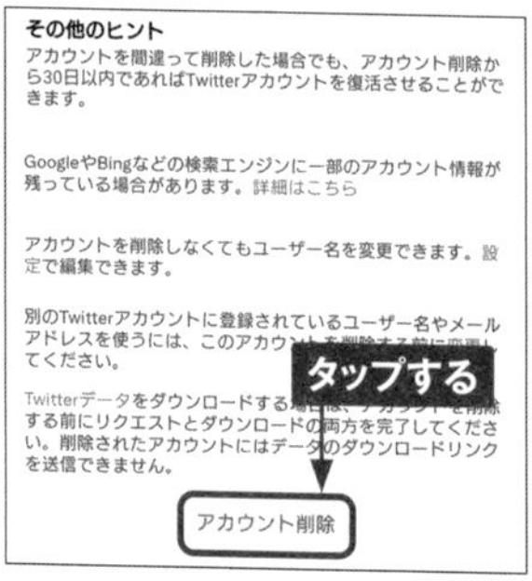
その他のヒント
アカウントを間違って削除した場合でも、アカウント削除から30日以内であればTwitterアカウントを復活させることができます。
GoogleやBingなどの検索エンジンに一部のアカウント情報が残っている場合があります。詳細はこちら
アカウントを削除しなくてもユーザー名を変更できます。設定で編集できます。
別のTwitterアカウントに登録されているユーザー名やメールアドレスを使うには、このアカウ
てください。
タップする
Twitterデータをダウンロードする
する前にリクエストとダウンロードの両方を完了してください。削除されたアカウントにはデータのダウンロードリンクを送信できません。
アカウント削除

4 パスワードを入力し、[アカウント削除] をタップします。

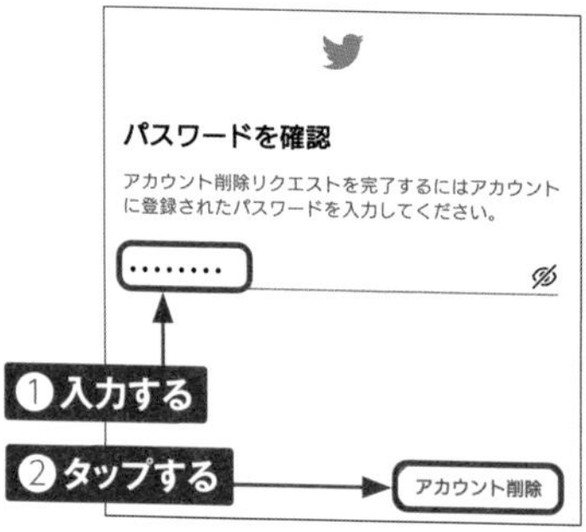
パスワードを確認
アカウント削除リクエストを完了するにはアカウントに登録されたパスワードを入力してください。
••••••••
①入力する
②タップする
アカウント削除

Facebook編

第1章

Facebookをはじめよう

Section

01 Facebookのアカウントを登録しよう

「Facebook」は、実名でコミュニケーションを行うSNSです。アカウントの登録は、スマートフォンの電話番号もしくはメールアドレスを使って行います。ここでは、電話番号を使って登録する方法を紹介します。

Facebookのアカウントを登録する

① 「Facebook」アプリを起動し、[新しいアカウントを作成] をタップします。

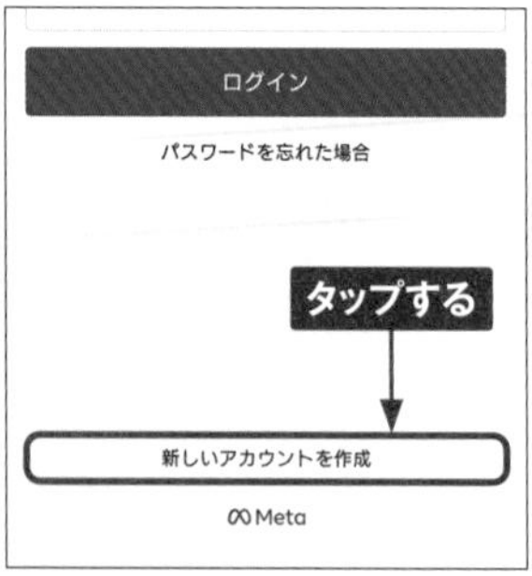

② [次へ] (iPhoneでは [登録]) をタップします。

③ 連絡先へのアクセスと電話の発信と管理の許可画面が表示されるので、許可する場合は [許可]、許可しない場合は [許可しない] をタップします (iPhoneではこの操作はありません)。

④ 名前 (実名) を入力し、[次へ] をタップします。

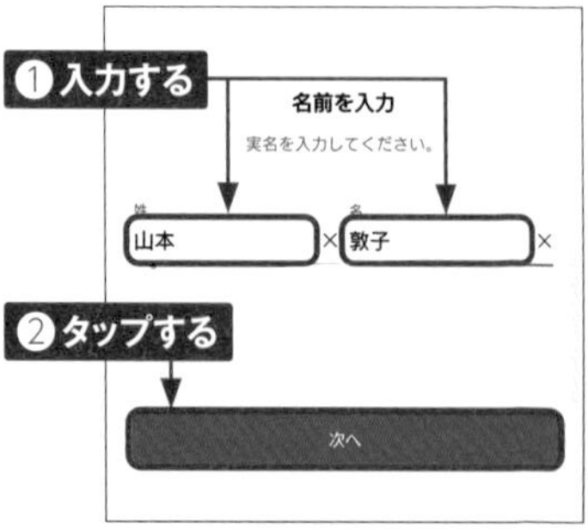

5 生年月日を設定し、[次へ] をタップします。

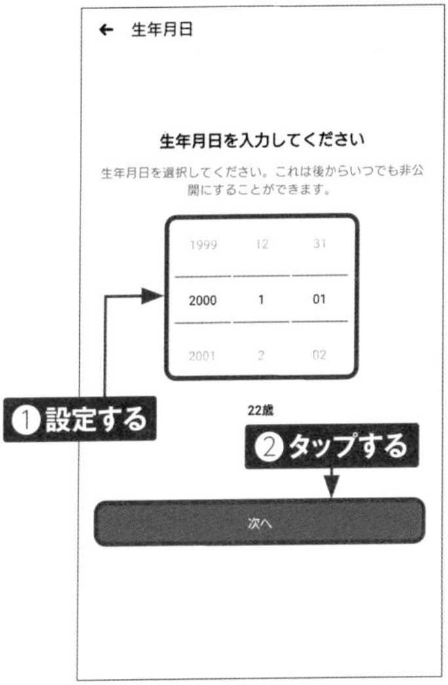

6 [女性] または [男性] または [カスタム] をタップし、[次へ] をタップします。

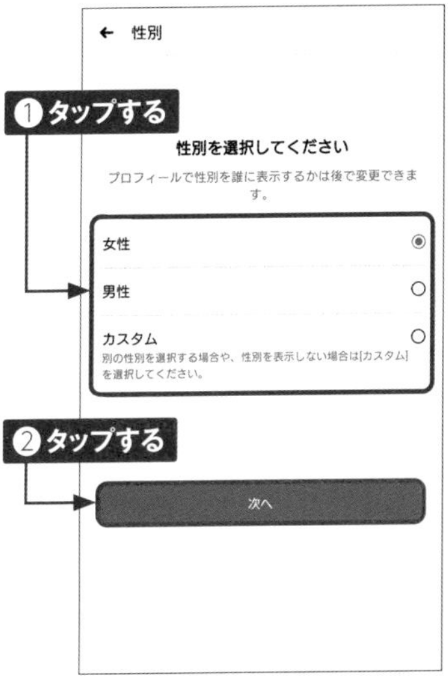

7 ここでは電話番号を入力し、[次へ] をタップします。メールアドレスで登録したい場合は、画面下部の [メールアドレスで登録]（iPhoneでは [メールアドレスを使用]）をタップします。

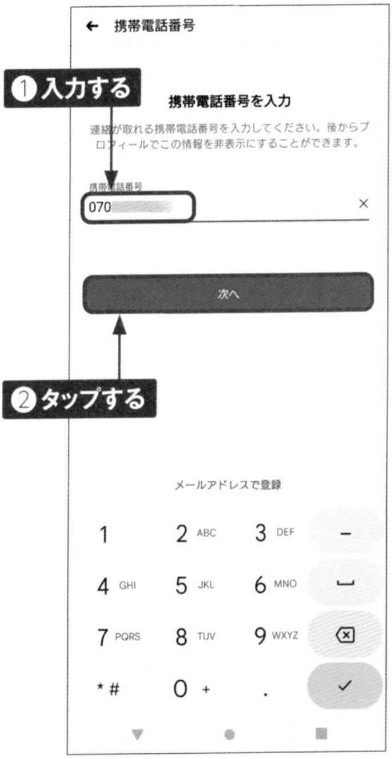

Memo アカウントに登録する名前

Facebookは実名での登録がルールです。偽名とみられるユーザーに対しては、Facebookの運営側がアカウントの停止を行うことがあります。手順④の画面では、必ず実名を入力してください。

⑧ Facebookで利用するパスワードを入力し、[次へ] をタップします。

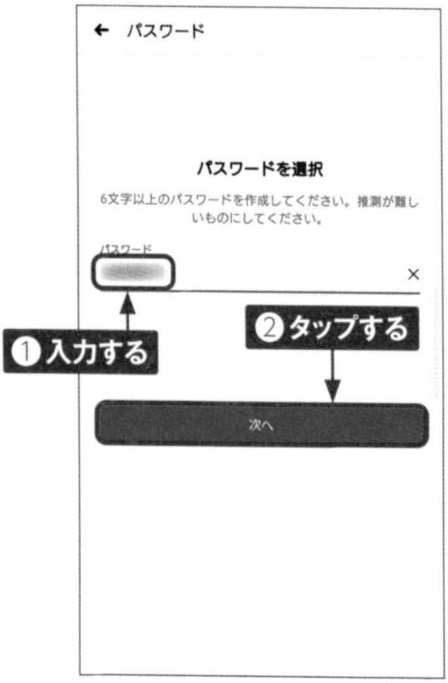
← パスワード
パスワードを選択
6文字以上のパスワードを作成してください。推測が難しいものにしてください。
パスワード
①入力する
②タップする
次へ

⑨ [登録する](iPhoneでは[登録])をタップすると、アカウントの作成が完了し、ログインが行われます(iPhoneではログイン後に通知の許可画面が表示されます)。

16:07
54%
← 利用規約とプライバシー
登録を完了
People who use our service may have uploaded your contact information to Facebook. 詳しくはこちら
[登録する]をタップすることにより、利用規約、データに関するポリシー、Cookieポリシーに同意するものとします。FacebookからSMS通知が届くことがありますが、これはいつでもオフに設定できます。
タップする
登録する

⑩ プロフィール写真の追加画面が表示されたら、[スキップ] をタップします。

す。
タップする
写真を追加
スキップ

⑪ 連絡先のアップロード画面が表示されたら、[後で] (iPhoneでは[次へ]) をタップします。

継続的に連絡先情報をアップロードすることでFacebookを使っている友達を確認でき、Facebookの友達として追加したい人を選択できます。
スムーズな友達の検索および広告配信やサービス向上のため、携帯電話にある名前や電話番号、ニックネームなどの連絡先情報がFacebookに送信されます。
これを[設定]でオフにして、Facebookと共有する連絡先情報を管理または削除することができます。詳しくはこちら
タップする
オンにする
後で

12 ［スキップ］（iPhoneでは［許可しない］）をタップします。

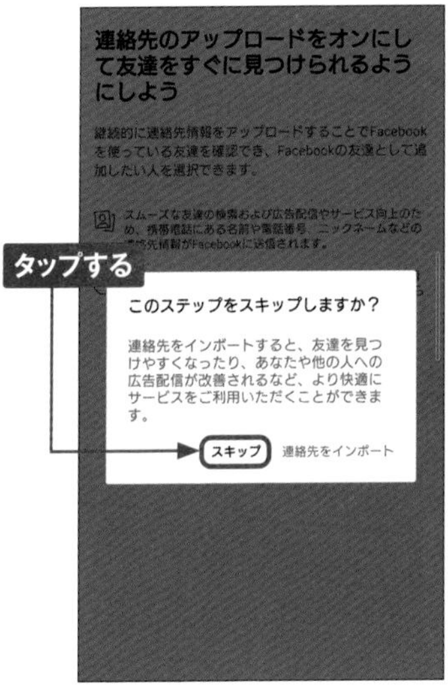
連絡先のアップロードをオンにして友達をすぐに見つけられるようにしよう
タップする
このステップをスキップしますか？
連絡先をインポートすると、友達を見つけやすくなったり、あなたや他の人への広告配信が改善されるなど、より快適にサービスをご利用いただくことができます。
スキップ
連絡先をインポート

13 ［次へ］をタップします。

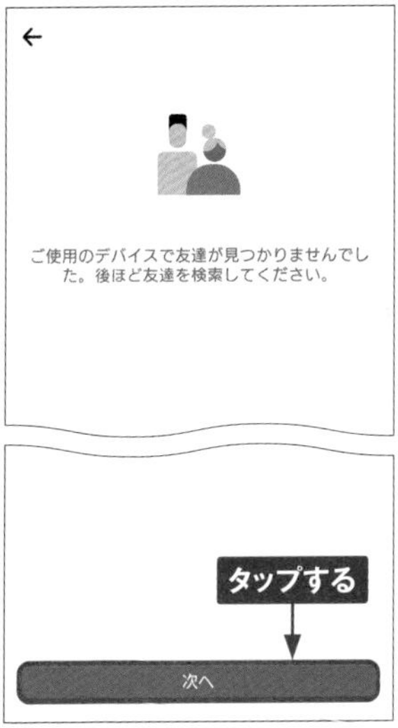
ご使用のデバイスで友達が見つかりませんでした。後ほど友達を検索してください。
タップする
次へ

14 アカウントの設定が完了し、ホーム画面が表示されます。

facebook
その気持ち、シェアしよう
ストーリーズ
日テレNEWS24公式ページさんがNドキュポケットのエピソードを投稿しました。
おすすめの投稿 · 11月25日
83年の歴史がある「小倉昭和館」が大火で焼け落ちた。母と息子、二人三脚でその歴史を守ってきた映画館の灯りは消えてしまうのか？再開を待… もっと見る
わーわーわー
2,056
コメント27件・シェア196件・閲覧73万件
いいね！
コメント
シェア
O'right Shop
おすすめの投稿 · 10月18日
Netflix2022でベストアクションシリーズを再訪
この翻訳の評価

Memo アカウントの認証

アカウントの作成時やアカウントの作成後に、携帯電話番号を確認するためのアカウント認証画面が表示されることがあります。登録した携帯電話番号宛てにSMSで認証コードが届くので、画面の指示に従って入力し、認証を行ってください。

Section 02 Facebookの画面の見方を覚えよう

アカウントを登録したら、Facebookのホーム画面の見方とメニュー画面や設定画面の表示方法を覚えましょう。ホーム画面は、ショートカットバーなどのアイコンの表示位置以外、AndroidスマートフォンとiPhoneで大きな差違はありません。

ホーム画面の画面構成

●Androidスマートフォン

●iPhone

❶	「投稿」「ストーリーズ」「リール」「ライブ動画」を作成できます。
❷	キーワードで投稿を検索したり、友達やグループ、Facebookページを探したりする際に利用します。
❸	「Messenger」アプリ（P.311参照）を通じて友達からメッセージが届いたときに通知が表示されます。
❹	ほかの画面からホーム画面に戻ることができます。
❺	ショートカットバーです。よく使うメニューのアイコンが自動的にカスタマイズされて表示されます。

❻	友達の投稿や自分の投稿へのコメントなど、新着情報のお知らせが確認できます。
❼	各機能や通知設定、アカウントのセキュリティなど、Facebookに関する各種「メニュー」画面に移動します。
❽	「プロフィール」画面が表示されます。
❾	「投稿を作成」画面へ移動し、フィードに近況を投稿できます。
❿	すばやく写真の投稿ができます。
⓫	24時間限定で動画や写真を投稿できる「ストーリーズ」を作成・投稿できます。
⓬	フィードです。自分の投稿や友達の投稿などが表示されます。

Memo ショートカットバーのアイコンが本書と違う場合

❺のショートカットバーに表示されるアイコンは、機種やアカウントによって異なります。ショートカットバーに本書で解説するアイコンが表示されていない場合は、下記の「メニュー」画面から利用することができます。また、ショートカットバーのアイコンの表示を固定することも可能です（P.325参照）。

「メニュー」画面と「設定とプライバシー」画面の表示方法

① ホーム画面で☰（iPhoneでは［メニュー］）をタップします。

② 「メニュー」画面が表示されます。画面を上方向にスワイプします。

③ ［設定とプライバシー］→［設定］の順にタップします。

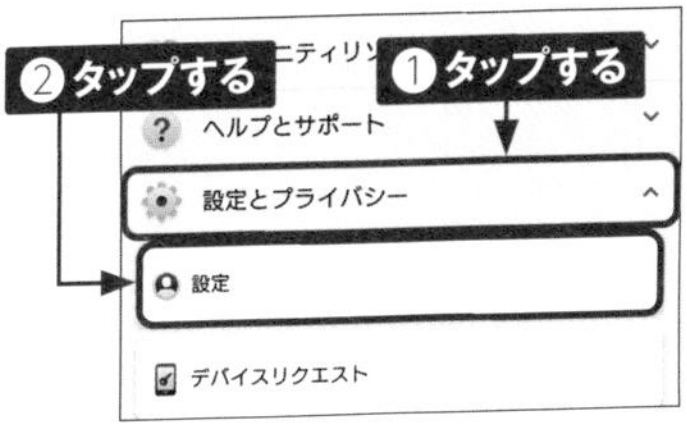

④ 「設定とプライバシー」画面が表示されます。

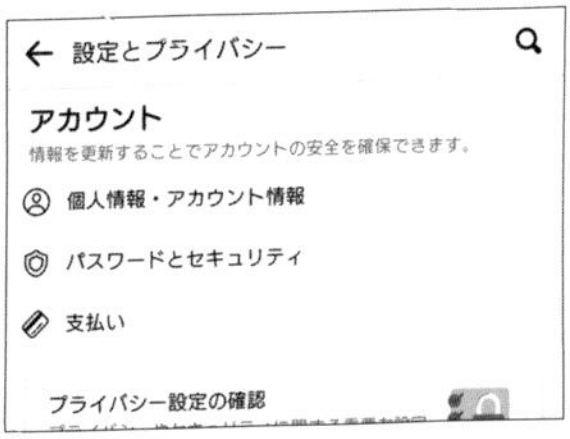

Section 03

プロフィールを登録しよう

プロフィールを登録しておくと、Facebook内で友達の輪が広がります。ここでは、初回のプロフィール登録方法を紹介します。すべての項目の登録が必須なわけではないので、公開してもよい範囲で設定しましょう。

プロフィールを登録する

1 ホーム画面で（プロフィール写真）をタップします。

2 初回は自動的に「プロフィールを更新」が始まります。［スタート］をタップします。

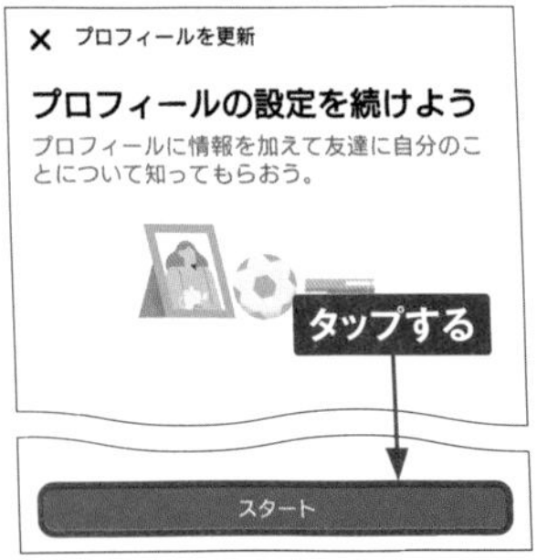

3 情報を追加する場合は、画面の指示に従って設定し、［次へ］をタップします。

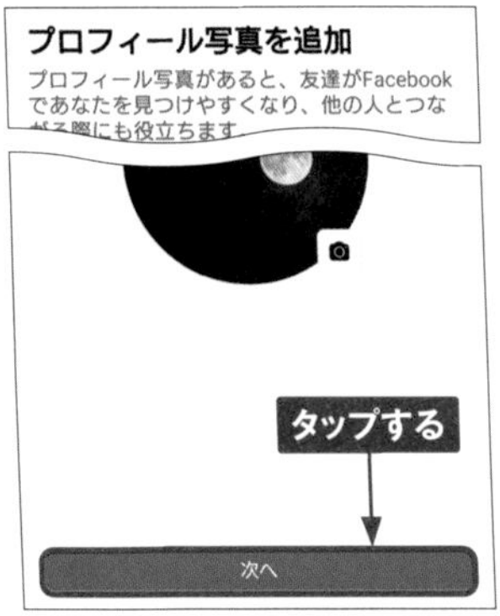

4 情報を追加したくない場合は、［スキップ］をタップします。

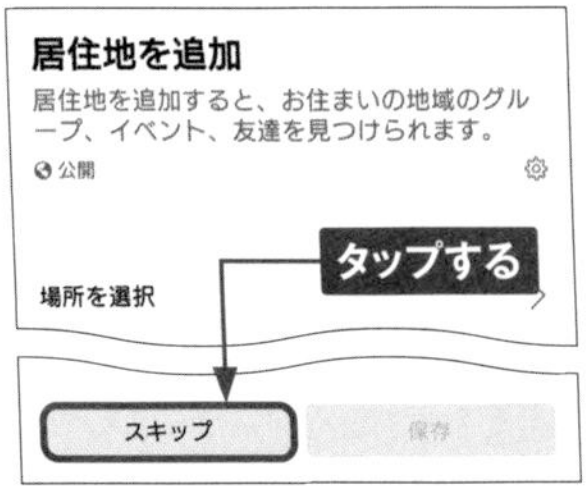

5 手順③～④をくり返し、「プロフィールを更新」の設定が終わると、追加したプロフィール項目が一覧で表示されます。[プロフィールを見る] をタップします。

6 「プロフィール」画面が表示されます。[プロフィールを編集]をタップすると、登録したプロフィールの再編集や、ここでは登録できなかった項目の追加ができます。

プロフィールの項目

Facebookのプロフィールには、さまざまな項目を登録することが可能です。「プロフィールを更新」では、ここで紹介する11項目を登録することができます。

プロフィール写真	アカウントのアイコン画像を登録できます。
居住地	住んでいる県や市·区を登録できます。近所のグループやイベント、友達を見つけやすくなります。
出身地	出身地の県や市·区を登録できます。地元の友達を見つけやすくなります。
高校（学校）	高校の名前と卒業年度を登録できます。高校のクラスメートやOB·OGを見つけやすくなります。
大学	大学の名前と学部·学科／専攻、入学日、卒業の有無を登録できます。同級生やOB·OGを見つけやすくなります。
勤務先（会社）	会社名のほか、役職や場所、仕事内容、勤務開始日などを登録できます。また、過去の勤務先の登録もできます。
交際ステータス	自分の交際状況を登録できます。交際中や婚約中、既婚などさまざまな項目があるため、近況を伝えたいときに便利です。
カバー写真	プロフィール画面上部に表示される写真を登録できます。
自己紹介	自分の人となりを101文字以内の文章で表現できます。
趣味	趣味を登録することで、共通の趣味·関心を持つ友達を見つけやすくなります。
音楽	お気に入りの楽曲をプロフィールに追加できます。

Section 04

情報の公開範囲を設定しよう

実名登録が基本のFacebookを楽しむうえで、公開範囲の設定は重要です。初期状態では、プロフィールは「公開」、検索・リクエストも「公開」、投稿は「友達」となっているので、自分の利用方法に合わせて設定しましょう。

プロフィールの公開範囲を変更する

① P.277を参考に「設定とプライバシー」画面を表示し、画面を上方向にスワイプします。

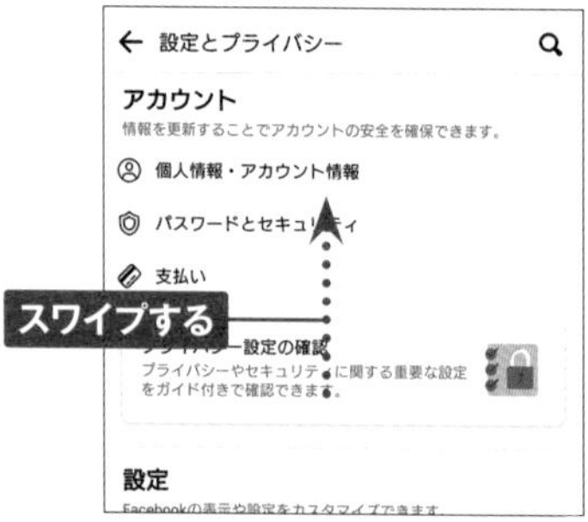

② 「共有範囲と公開設定」の［プロフィール情報］をタップします。

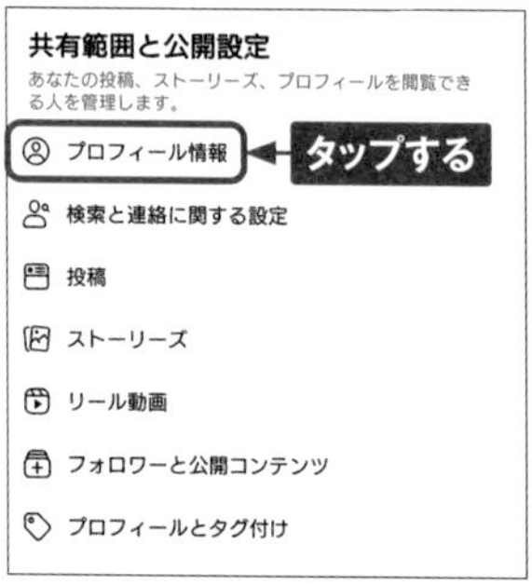

③ 公開範囲を変更したいプロフィール項目（ここでは「勤務先」）のをタップし、［プライバシー設定］（iPhoneでは公開範囲の）をタップします。

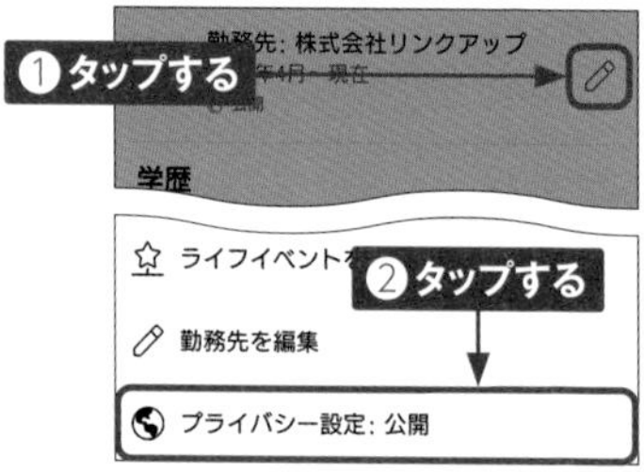

④ ［公開］［友達］［自分のみ］から任意の公開範囲をタップして選択すると、プロフィールの項目ごとに公開範囲を変更できます。iPhoneでは公開範囲を選択後、［保存］をタップします。

検索・リクエストの公開範囲を設定する

1. P.280手順②の画面で［検索と連絡に関する設定］をタップします。

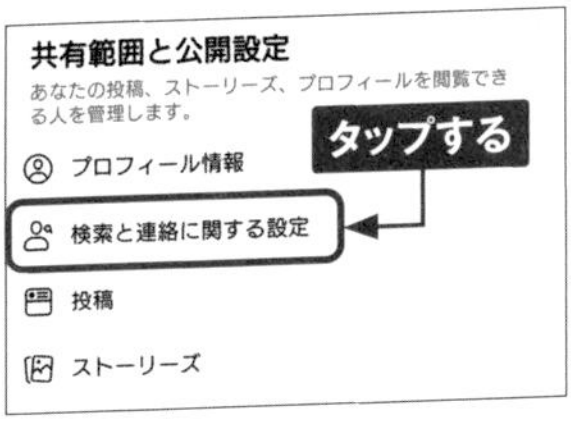

2. 公開範囲を変更したい項目（ここでは［あなたに友達リクエストを送信できる人］）をタップします。

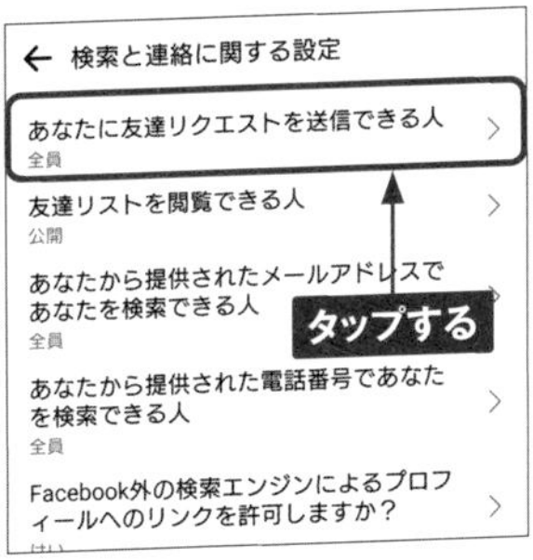

3. ［全員］［友達の友達］から任意の公開範囲をタップして選択します。

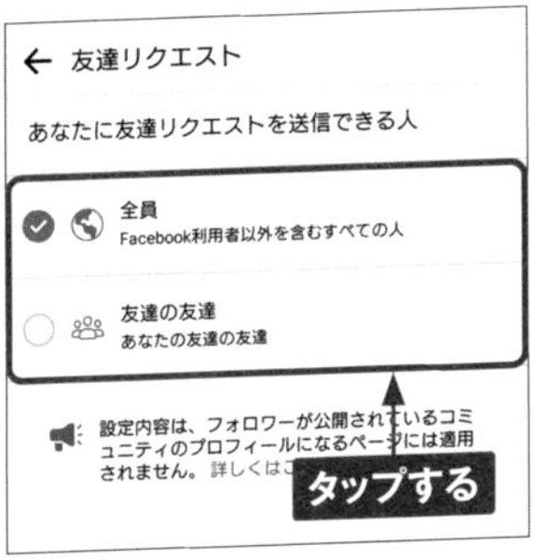

投稿の共有範囲を変更する

1. P.280手順②の画面で［投稿］をタップします。

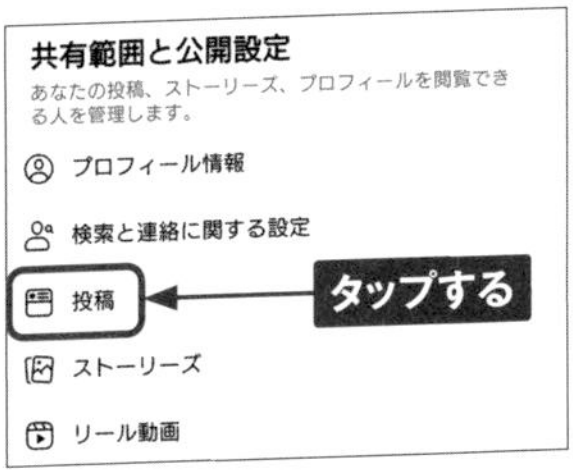

2. ［今後の投稿のプライバシー設定］をタップします。

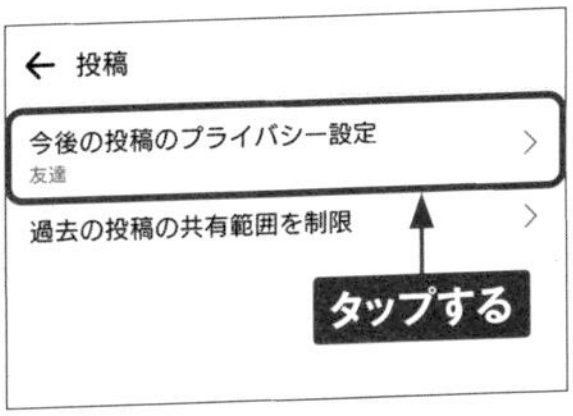

3. デフォルトにしたい共有範囲をタップして選択します。［もっと見る］をタップすると、より細かく共有範囲を設定できます。

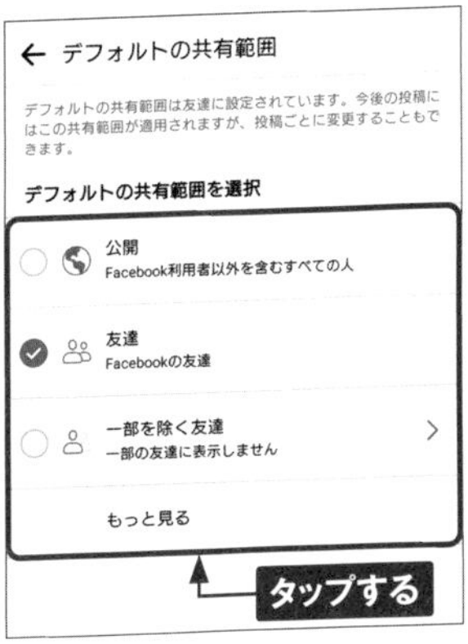

Section 05 友達を探そう

知り合いの中には、Facebookを利用している人もいるかと思います。Facebookの検索機能を利用して、すでにFacebookを始めている知り合いに友達リクエストを送ってみましょう。承認されると友達に追加されます。

友達を名前で検索する

① ホーム画面で をタップします。

② 知り合いの名前を入力して、[「(知り合いの名前)」に一致する検索結果]をタップします。

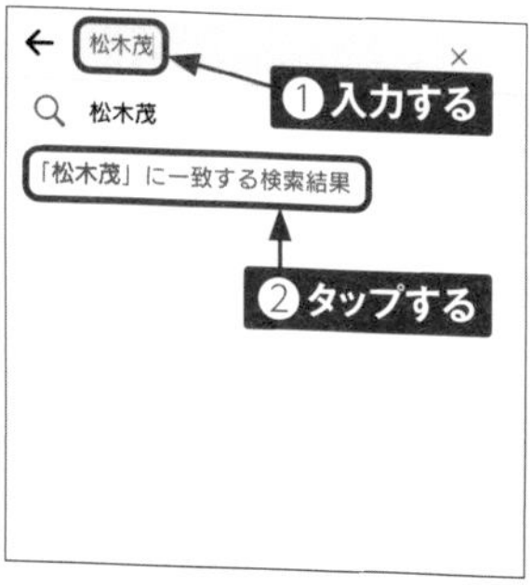

③ 「利用者」の[すべて見る]をタップします。

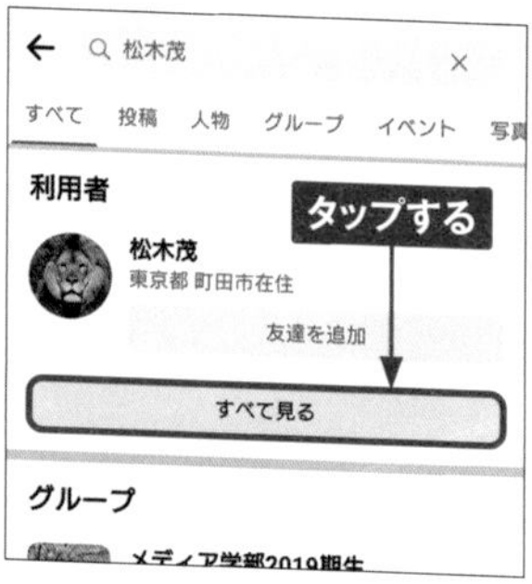

④ 検索結果の中から知り合いと思われるアカウントのプロフィール写真をタップします。

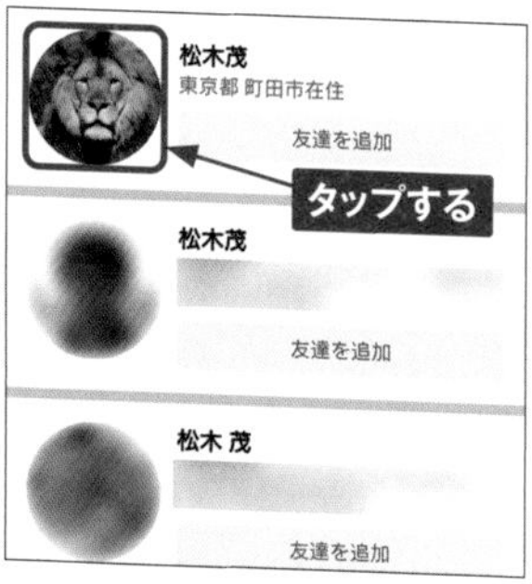

⑤ プロフィールの情報や投稿内容などを確認し、知り合いであることが確認できたら、［友達を追加］（iPhoneでは［友達になる］）をタップします。

⑥ ☒をタップします（iPhoneではこの操作はありません）。

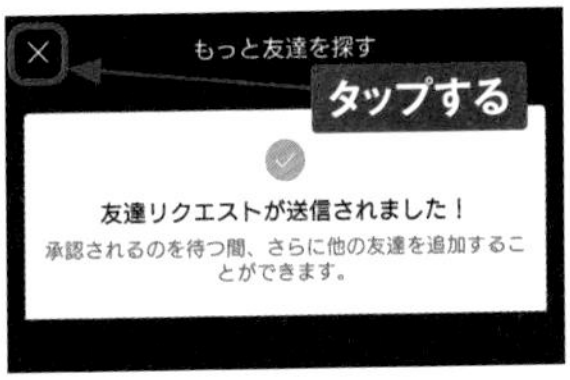

⑦ 「この人は知り合いですか?」画面が表示された場合は、［承認］（iPhoneでは［友達になる］→［プロフィールへ戻る］）をタップします。

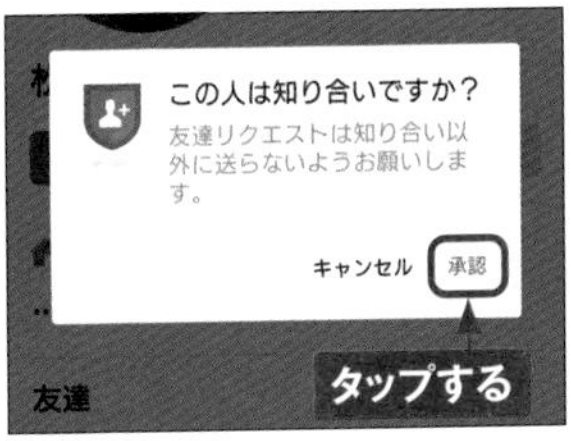

⑧ 友達リクエストを送った知り合いが友達リクエストを承認すると、に数字が表示されます。をタップします。

⑨ 友達リクエストが承認されたことを確認できます。

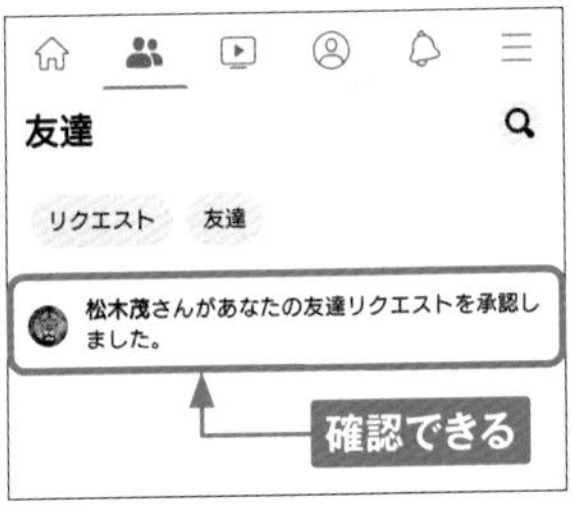

Memo 友達リクエストをキャンセルする

送信した友達リクエストを取りやめたい場合は、手順⑤の画面で、「友達を追加」から表示が変わった［リクエスト済み］（iPhoneでは［リクエストを取り消す］）をタップし、［リクエストを取り消す］（iPhoneでは［リクエストをキャンセル］）をタップします。この操作で相手への友達リクエストの通知も行われなくなります。

Section

06 友達のプロフィールを見よう

友達の情報を確認したいときは、友達のプロフィールを見てみましょう。友達のプロフィールでは、友達が公開範囲を「公開」または「友達」に設定している情報を確認できます。

友達のプロフィールを見る

① ホーム画面で●（プロフィール写真）をタップします。

② ［すべての友達を見る］をタップします。

③ プロフィールを見たい友達をタップします。

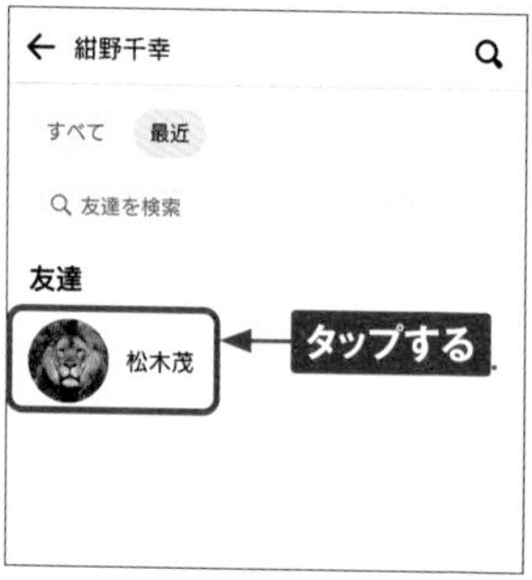

④ 友達のプロフィールが表示されます。［○○さんの基本データを見る］をタップすると、より詳細な情報が表示されます。

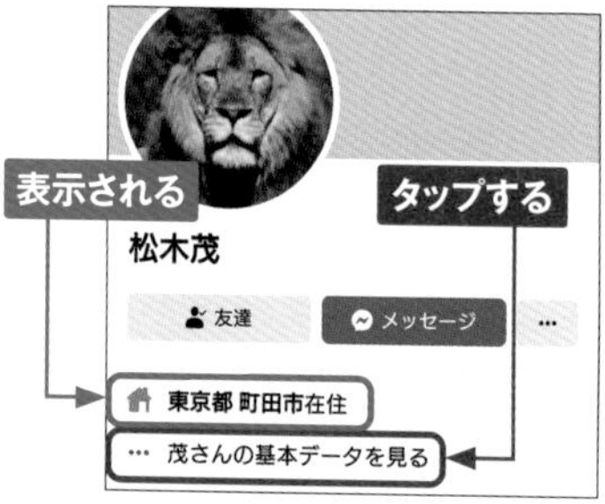

Section 07

友達の投稿を見よう

友達がこれまでにした投稿や写真などは、友達のタイムラインから見ることができます。友達のタイムラインには、友達の投稿のほかにもシェアした投稿などが表示されます。

友達の投稿を見る

1 ホーム画面で●（プロフィール写真）をタップします。

2 ［すべての友達を見る］をタップします。

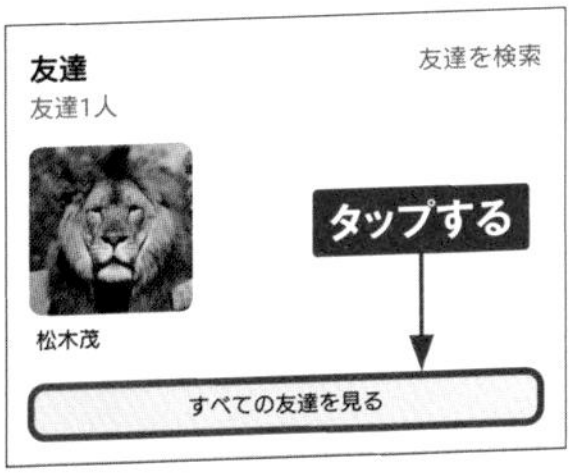

3 投稿を見たい友達をタップします。

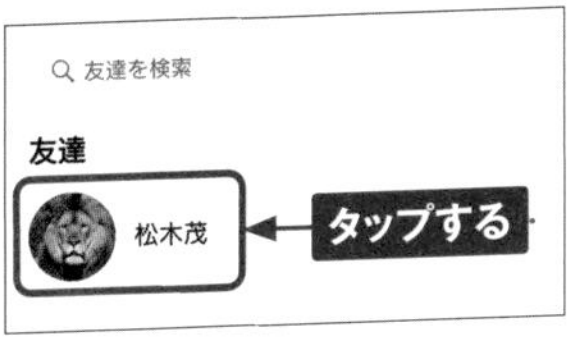

4 上方向にスワイプします。

5 友達のタイムラインが表示され、友達がこれまでに投稿した内容が閲覧できます。

Section
08 友達の投稿に「いいね!」を付けよう

「いいね!」は、Facebookの交流の基本です。積極的に「いいね!」を付けて手軽に共感を示し、Facebookならではのコミュニケーションを深めていきましょう。「いいね!」を付けると友達に通知されます。

友達の投稿に「いいね!」を付ける

① フィードや友達のタイムラインに表示されている友達の投稿で、気に入った投稿や共感できる投稿の[いいね!]をタップします。

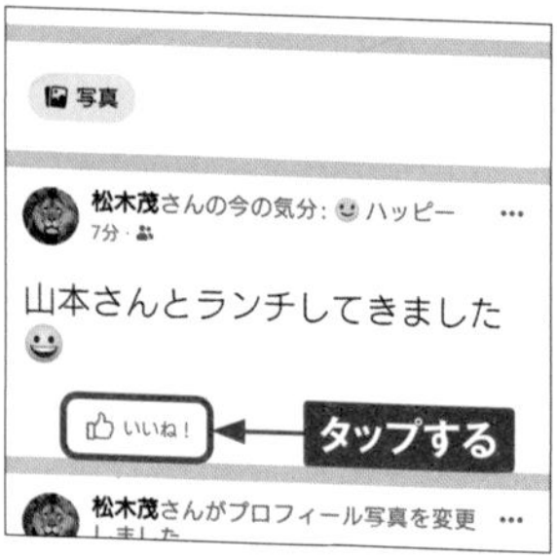

② 「いいね!」が付きます。

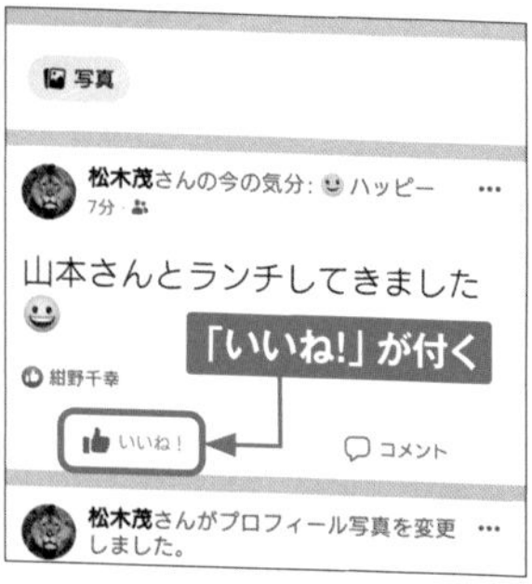

③ 「いいね!」を取り消したい場合は、再度[いいね!]をタップします。

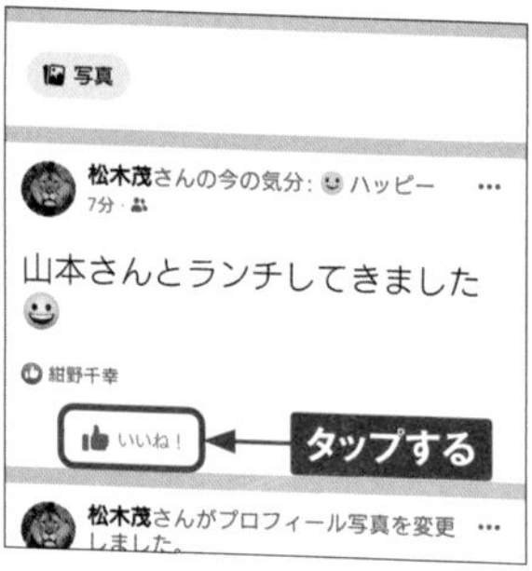

Memo 「いいね!」されるとどうなる?

友達が自分の投稿に「いいね!」を付けると、🔔に数字が表示され、「お知らせ」画面に通知が届きます。

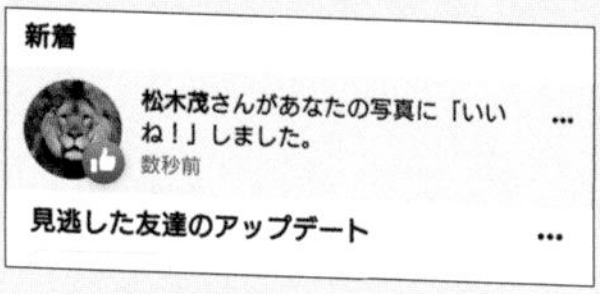

Section
09 「いいね!」以外のリアクションを付けよう

より多彩な感情で投稿に共感を示すことができるリアクションでは、「いいね!」だけではなく、「超いいね!」「大切だね」「うけるね」「すごいね」「悲しいね」「ひどいね」の気持ちを表せます。

「いいね!」以外のリアクションを付ける

1 フィードや友達のタイムラインに表示されている友達の投稿で、気に入った投稿や共感できる投稿の[いいね!]を長押しします。

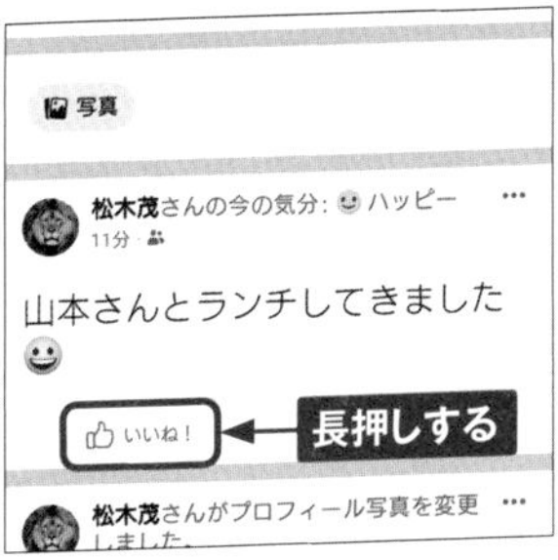

2 リアクションアイコンが表示されます。

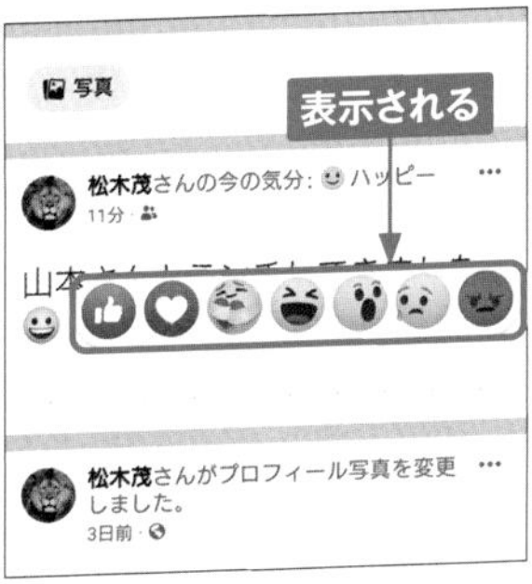

3 リアクションアイコンをタップします。リアクションアイコンを長押しすると、どのような感情のアイコンか確認できます。

4 リアクションが付きます。

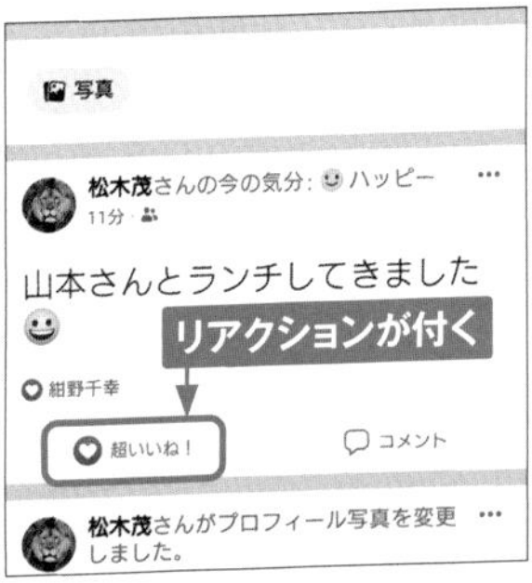

Section

10 友達の投稿にコメントを付けよう

コメントは、友達の投稿に感想を述べたり、新たな情報を付け加えたりできる機能です。付けたコメントは友達の投稿を見ることができるすべての人に公開されるので、コメントから交流が深まることもあります。

友達の投稿にコメントをする

① フィードや友達のタイムラインに表示されている友達の投稿で、コメントを付けたい投稿の［コメント］（iPhoneでは［コメントする］）をタップします。

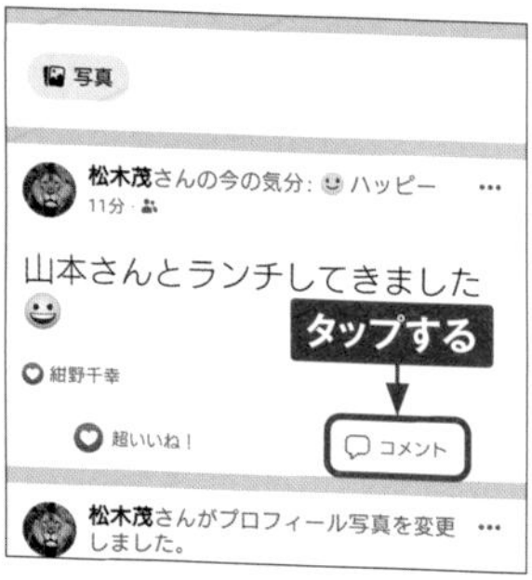

② コメントを入力し、➤をタップします。

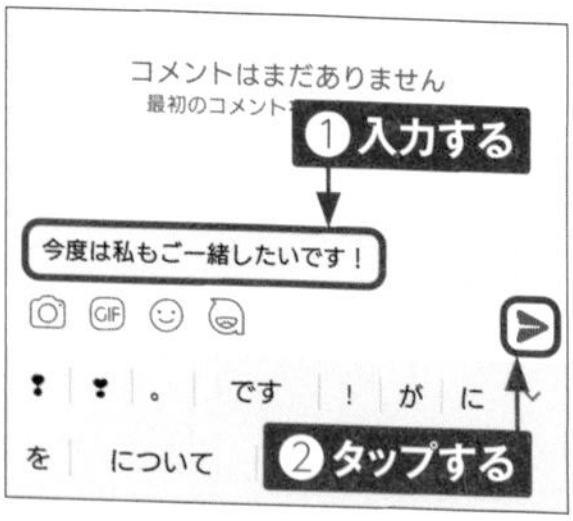

③ 投稿にコメントが付きます。画面を下方向にスワイプします（iPhoneでは**く**をタップします）。

④ 投稿に戻ると、コメント件数が表示されたことを確認できます。

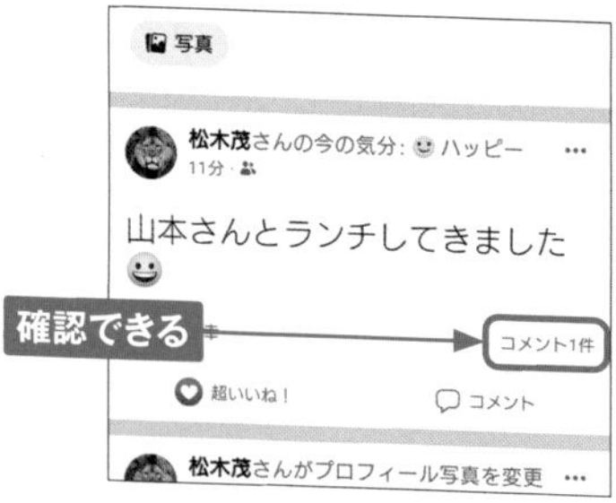

Section 11

友達の投稿をシェアしよう

シェアとは、有益な情報を自分の友達にも広めたい（共有したい）ときに利用する機能で、Twitterのリツイートに近い機能です。友達が投稿を「公開」で投稿しているときに利用できます。

友達の投稿をシェアする

① フィードや友達のタイムラインに表示されている友達の投稿で、共有したい投稿の［シェア］をタップします。

② ［今すぐシェア］をタップします。

③ シェアが完了すると、「この投稿をシェアしました。」（iPhoneでは「投稿されました!」）と表示されます。

④ シェアした投稿がフィードに表示されます。

Section 12

企業や有名人のFacebookページをフォローしよう

企業や有名人がビジネス目的で用意しているFacebookページには友達リクエストを送ることはできませんが、投稿を購読（フォロー）することはできます。フォローすれば、投稿された近況が自分のフィードに表示されます。

企業や有名人のFacebookページをフォローする

① P.282を参考にフォローしたい企業の名前を検索し、「Facebookページ」の［すべて見る］をタップします。

② 検索結果に表示された名前をタップします。

③ ［フォローする］（iPhoneでは［フォロー］）をタップします。

④ 「フォロー設定を管理」（iPhoneでは「フォロー中」）に表示が変わり、フォローが完了します。

Facebook編

第2章

友達とコミュニケーションをとろう

Section 13

自分の近況を投稿しよう

投稿は、あなたの“今”を知らせる、Facebookの基本となる機能です。投稿ごとに公開範囲を設定できるので、幅広く近況をアピールするだけでなく、親しい友達にいっせいメールを送る感覚で使うこともできます。

近況を投稿する

1 ホーム画面で［その気持ち、シェアしよう］をタップします。

2 近況の文章を入力します。

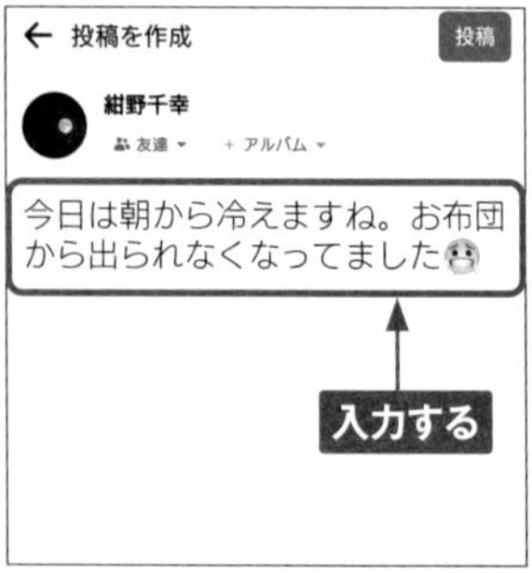

3 ［投稿］をタップします。

4 投稿が完了すると、フィードやタイムラインに表示されます。

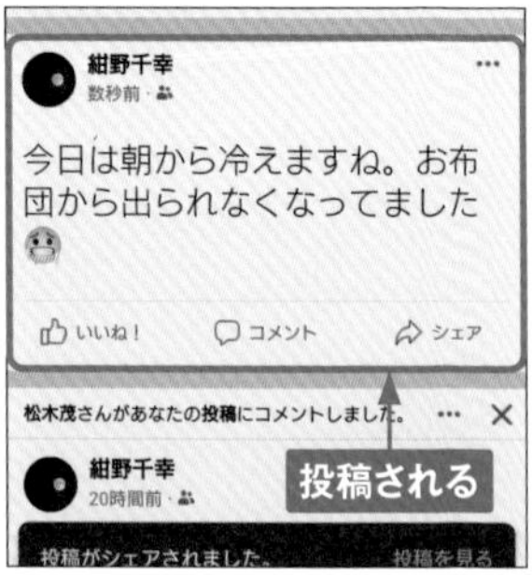

写真を付けて近況を投稿する

① ホーム画面で をタップします。

② 投稿したい写真をタップします。iPhoneでは写真をタップし、［完了］をタップします。

③ 文章を入力し、［投稿］をタップします。

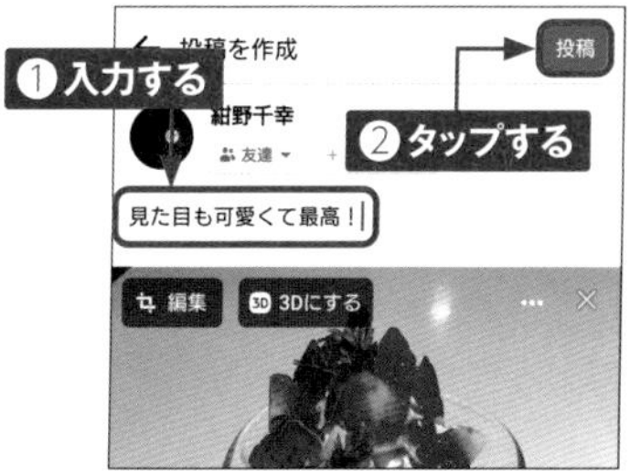

④ 写真付きの近況が投稿されます。

Memo その場で写真を撮影して投稿する

手順②の画面で をタップすると写真の撮影画面になります。 をタップして写真を撮影し、［完了］（iPhoneでは［次へ］）をタップすると、手順③の画面が表示され、その場で撮影した写真を付けた近況が投稿できます。なお、初回はカメラやマイクを利用する許可画面が表示されます。

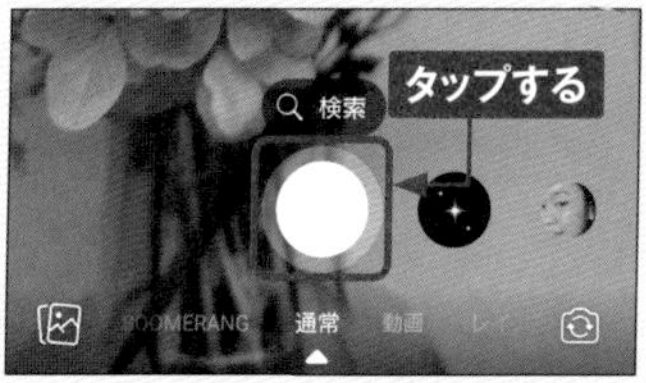

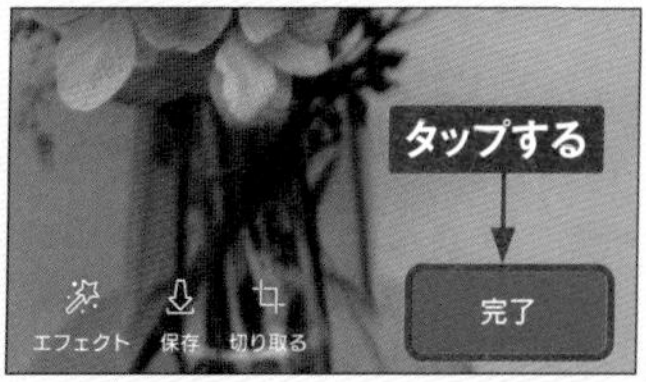

位置情報を付けて近況を投稿する

① ホーム画面で［その気持ち、シェアしよう］をタップします。

② 下部のリストから［チェックイン］をタップします。

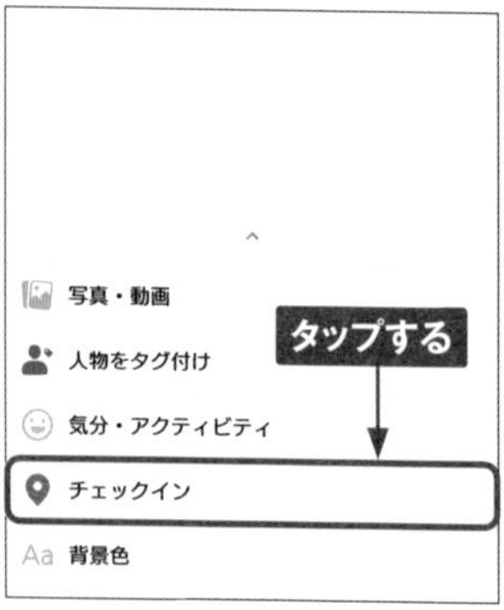

Memo 位置情報の許可画面

近隣スポットを検索·表示するには、位置情報へのアクセスを許可する必要があります。位置情報に関する許可画面が表示された場合は、画面の表示に従って許可しておきましょう。

③ 付近のスポットがリスト表示されます。今いる場所をタップします。

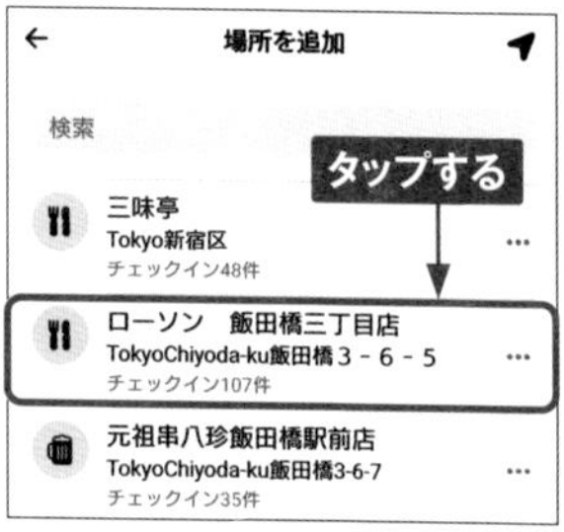

④ 文章を入力し、［投稿］をタップします。

Memo スポットを検索する

今いる場所がリストにない場合は、上部の検索欄（手順③参照）から探すことも可能です。検索欄をタップして今いる場所を検索し、検出したスポットをタップして確定します。検索を使えば、今いる場所とはまったく異なるスポットを検出し、その場所にチェックインすることもできます。

Section

14 ハッシュタグを付けて投稿しよう

ハッシュタグとは、「#キーワード」のように「#」(ハッシュマーク)を頭に付けたキーワードのタグのことです。ハッシュタグを投稿の文章に付けると、同じハッシュタグを付けたほかのユーザーの投稿と結び付けられ、一括で閲覧することができます。

ハッシュタグを付けて投稿する

① ホーム画面で[その気持ち、シェアしよう]をタップします。

② 文章を入力し、半角スペースを空けるか改行してから、「#キーワード」(ここでは「#東京スカイツリー」)を入力し、[投稿]をタップします。

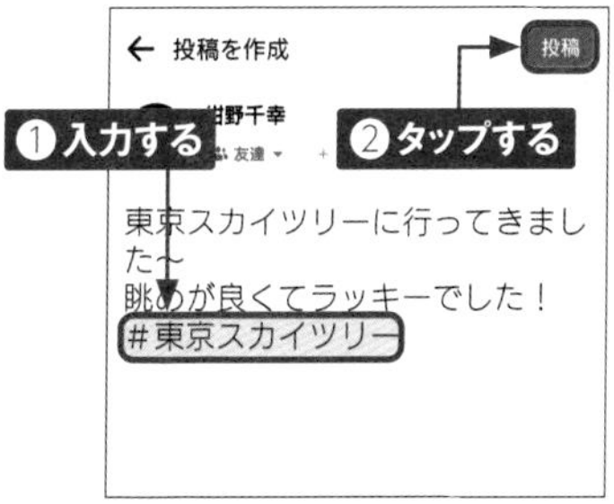

③ ハッシュタグ付きの近況が投稿されます。ハッシュタグをタップします。

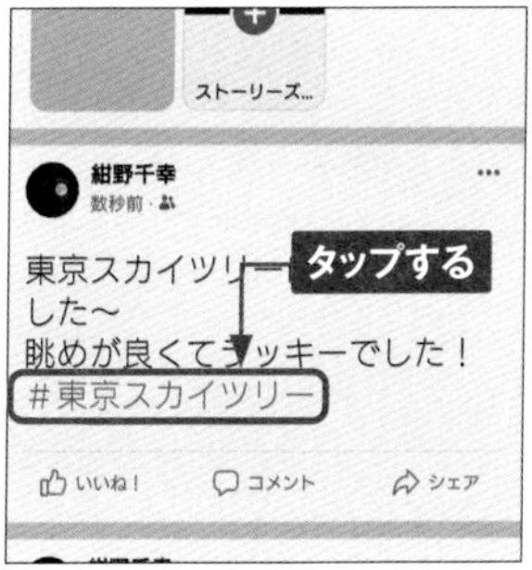

④ ハッシュタグで検索が行われ、関連する投稿やFacebookページ、写真が表示されます。

Section 15

投稿や写真に友達をタグ付けしよう

タグ付けは、文章や写真に友達のFacebookアカウントのリンクを作成できる機能です。近況の投稿でタグ付けすれば、一緒にいる人を公表することができます。タグをタップすると、その友達のプロフィール画面へリンクします。

投稿に友達をタグ付けする

1 P.292手順②の画面で をタップします。

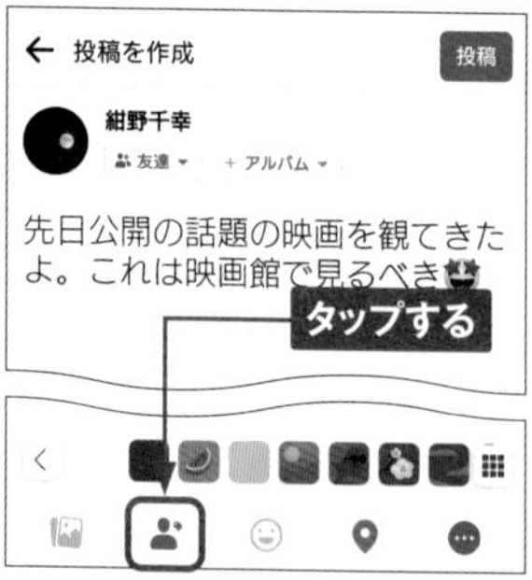

2 タグ付けできる友達一覧が表示されます。現在一緒にいる友達をタップし、← (iPhoneでは［完了］) をタップします。

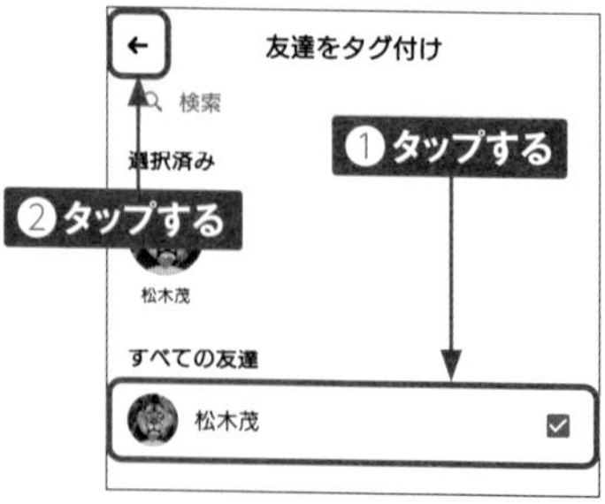

3 タグ付けした友達の名前が表示されます。［投稿］をタップします。

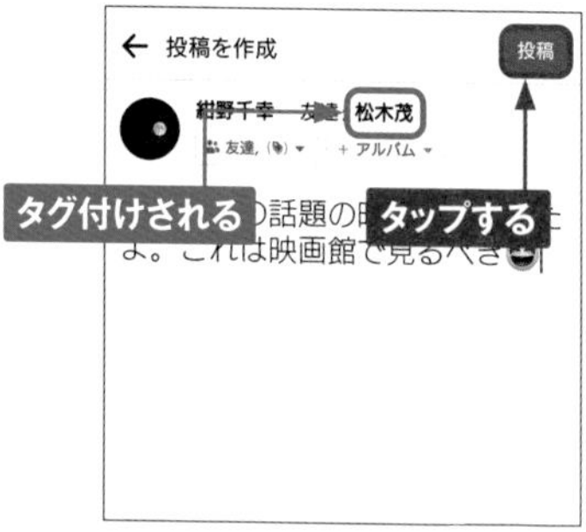

4 タグを付けて近況が投稿されます。

写真に友達をタグ付けする

1 P.293を参考に友達が写った写真を投稿に追加し、［編集］をタップします。

2 をタップします。

3 友達をタップし、表示される候補から友達の名前をタップします。候補にない場合は、友達の名前を入力します。

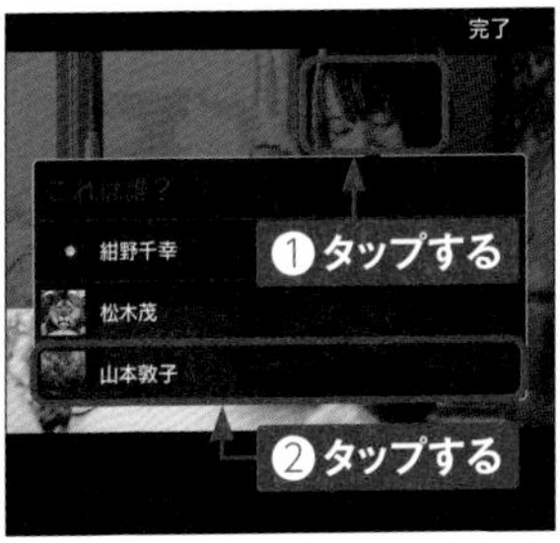

4 ［完了］→［完了］（iPhoneでは［完了］→［次へ］）の順にタップします。

5 ［投稿］をタップすると、写真にタグを付けて近況が投稿されます。

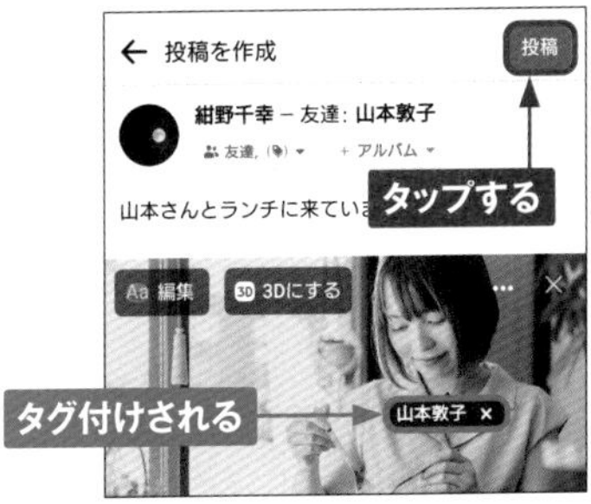

Memo **タグ付けとプライバシー**

タグ付けすると、タグ付けされた人の名前や写真が広く公開されることになります。友達の行動もネット上に公開されることになるため、友達のプライバシーも十分配慮して使うことが必要です。なお、友達がタグ付けを制限していたり、削除したりした場合は、タグは付きません。

Section 16

自分の今までの投稿を見よう

自分の投稿やシェアした記事など、自分発信の情報がまとめられているのがプロフィール画面のタイムラインです。タイムラインには、登録したプロフィール情報に基づいた出来事なども表示されます。

自分の今までの投稿を見る

① ホーム画面で●（プロフィール写真）をタップします。

② プロフィール画面が表示されます。上方向にスワイプすると、タイムラインが表示されます。

③ 投稿をさかのぼって見ることができます。

Memo 表示する投稿を絞り込む

手順③の画面で［フィルター］をタップすると、投稿者やタグ付けなどでタイムラインに表示する投稿を絞り込むことができます。

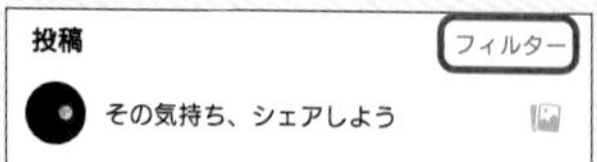

Section 17

投稿を編集しよう

タイムラインを閲覧すると、「近況の投稿に間違えたことを書いてしまった」と、あとから気が付くときがあります。公開したあとでも投稿の内容を編集することができるので、焦らず修正しましょう。

投稿内容を編集する

① P.298を参考にタイムラインを表示し、編集したい投稿の … をタップします。

② ［投稿を編集］をタップします。

③ 投稿内容を編集し、［保存］をタップします。

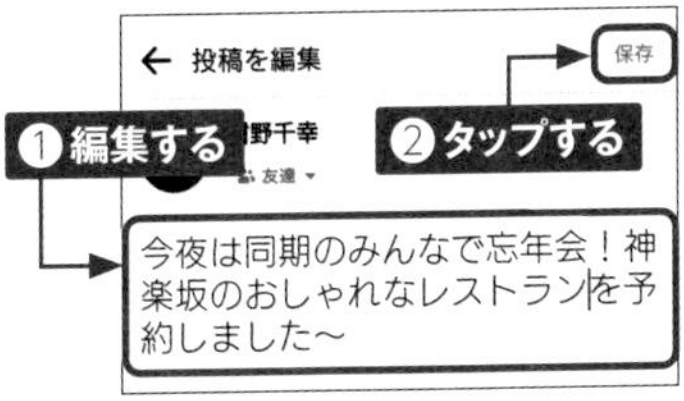

Memo 編集履歴は公開される

投稿を編集したあと、手順②の画面に表示される［編集履歴を表示］をタップすると、編集内容を確認することができます。この履歴は自分だけでなく、この投稿の公開範囲であるユーザーも確認できます。

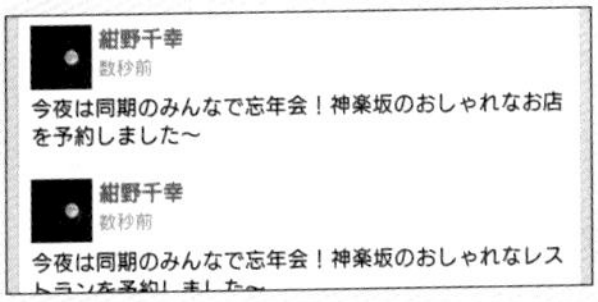

Section 18

アルバムを作成しよう

Facebookでは「アルバム」機能を使って写真の整理・管理を行うことができます。アルバムごとに公開範囲を設定できるので、家族や仲間と写真を共有するときにも非常に便利です。

アルバムを作成する

① P.298を参考にタイムラインを表示し、[写真]をタップします。

② [アルバム]をタップし、[アルバムを作成]をタップします。

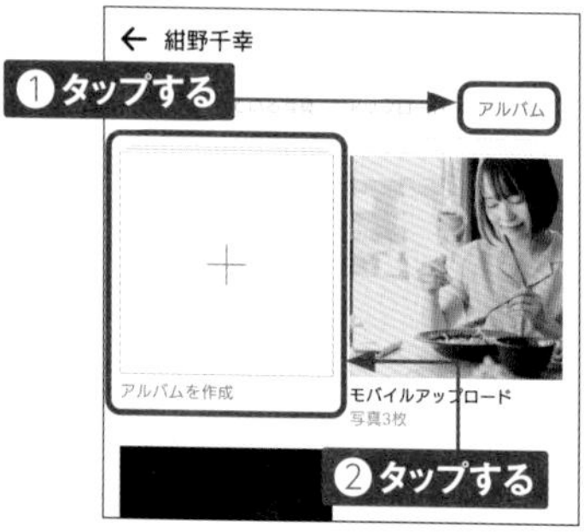

③ アルバム名を入力し、[作成](iPhoneでは[保存])をタップします。

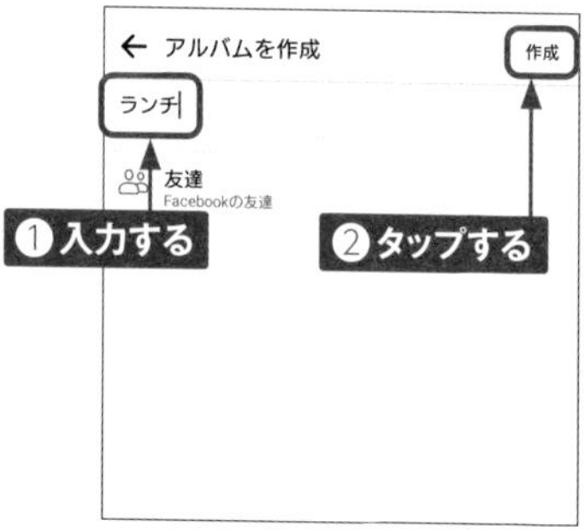

④ 作成したアルバムをタップします。iPhoneではこの操作はありません。

5 ［写真・動画を追加］（iPhoneでは［写真／動画を追加］）をタップします。

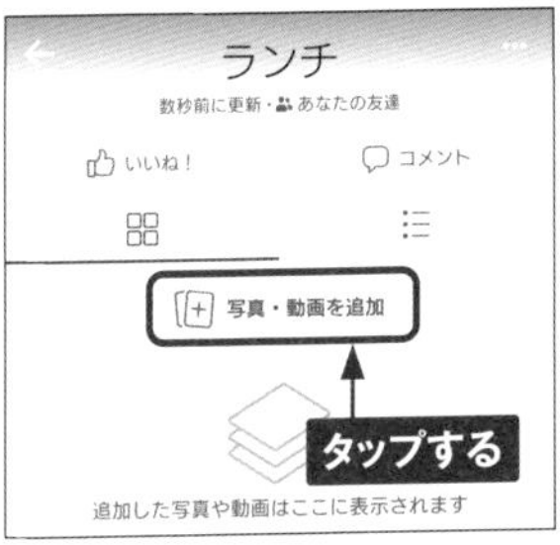

6 端末に保存されている画像が表示されるので、アルバムに入れたい写真をタップし、［次へ］（iPhoneでは［完了］）をタップします。

7 写真をタップすると、各写真にキャプションを入力できます。任意でコメントを入力し、［投稿］（iPhoneでは［アップロード］）をタップします。

8 アルバムに写真が追加されます。

Memo 友達のアルバムを閲覧する

P.285を参考に友達のタイムラインを表示し、［写真］→［アルバム］の順にタップすると、友達のアルバムが表示されます。見たいアルバムをタップすると、友達のアルバムを閲覧できます。

Section 19 投稿を削除しよう

間違ったことを書いたり、投稿を取り消したりしたいときは、投稿自体を削除してしまいましょう。削除すれば投稿した履歴も消去され、その痕跡も消すことができます。なお、削除した投稿はゴミ箱に移動し、30日以内であれば復元できます。

投稿を削除する

① P.298を参考にタイムラインを表示し、編集したい投稿の ··· をタップします。

② ［ゴミ箱に移動］をタップします。

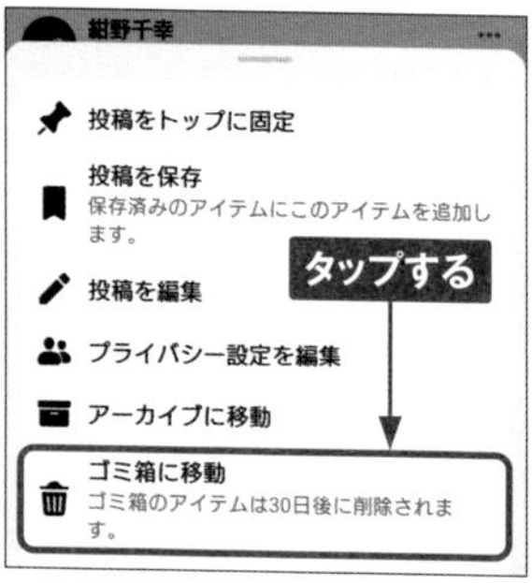

③ ［移動］をタップすると、投稿が削除されます。

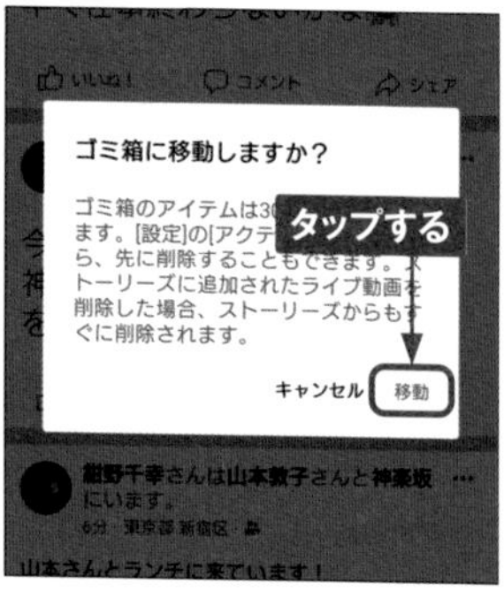

Memo 投稿をアーカイブに移動する

手順②の画面で［アーカイブに移動］をタップすると、投稿がアーカイブに移動され、タイムラインから非表示となります。アーカイブに移動した投稿は、ほかの人からも見えなくなるので、自分用として残しておきたい古い投稿などを整理する際に便利です。

Section
20 ストーリーズを投稿しよう

ストーリーズは、Facebookの投稿方法の1つで、写真や動画の投稿ができます。公開期間が24時間に限定されていますが、気軽に投稿でき、ライブ感覚で友達と共有できます。

ストーリーズを投稿する

① ホーム画面で［ストーリーズ］→［ストーリーズを作成］の順にタップします。

② ストーリーズに投稿する写真を選択します。

③ 必要であれば写真を編集し、［シェア］をタップします。

④ ストーリーズが投稿されます。

Section
21 グループを作成しよう

Facebookでは「グループ」と呼ばれるコミュニティに参加することができます。グループは広く公開することも、仲間だけのクローズドな状態でも利用できます。仲間と集まるコミュニティ、イベントの連絡場所など、さまざまな使い方ができます。

グループを作成する

① P.277を参考に「メニュー」画面を表示して、[グループ]をタップします(「グループ」が表示されていないときは[もっと見る]をタップすると表示されます)。

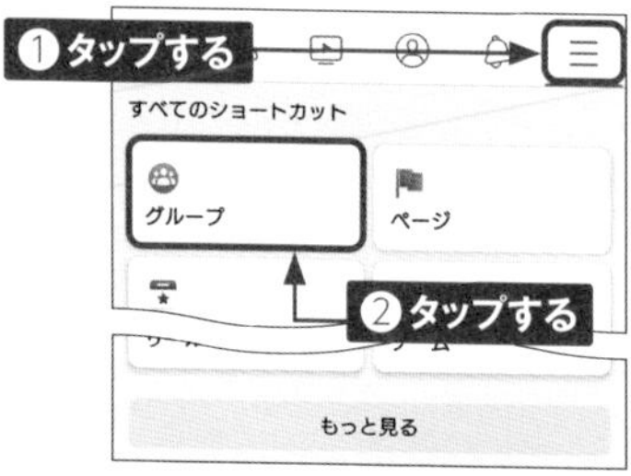

② (iPhoneでは画面右上の)→[グループを作成]の順にタップします。

③ グループ名を入力し、[プライバシー設定を選択]をタップします。

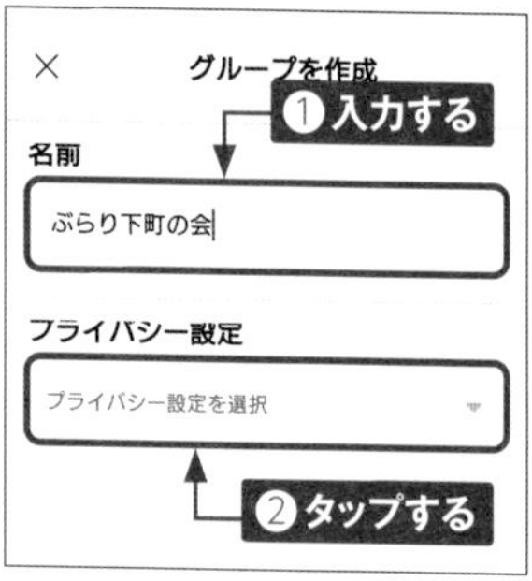

④ 公開範囲をタップして設定します。

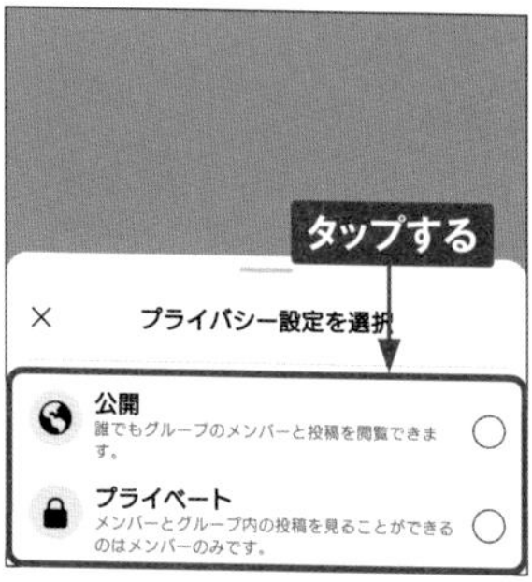

⑤ [グループを作成] をタップします。

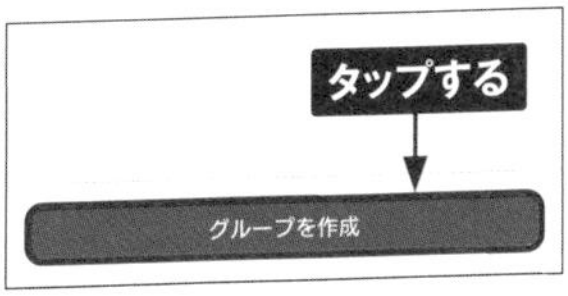

⑥ グループに招待したい友達の [招待する] (iPhoneでは [招待]) をタップし、[次へ] をタップします。

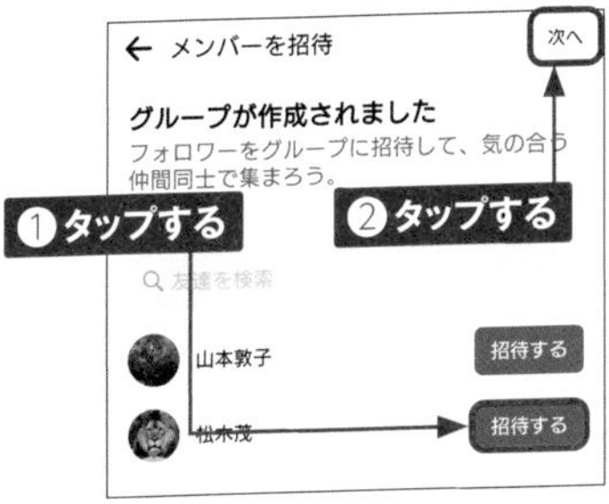

⑦ [次へ] をタップします。

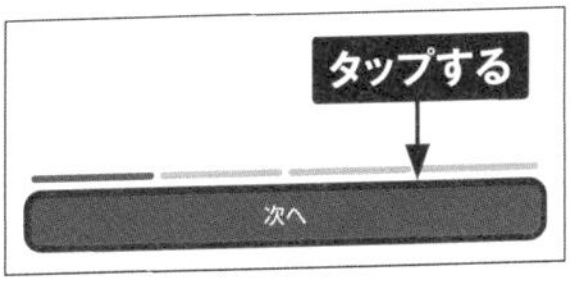

⑧ グループの説明を入力し、[次へ] をタップします。

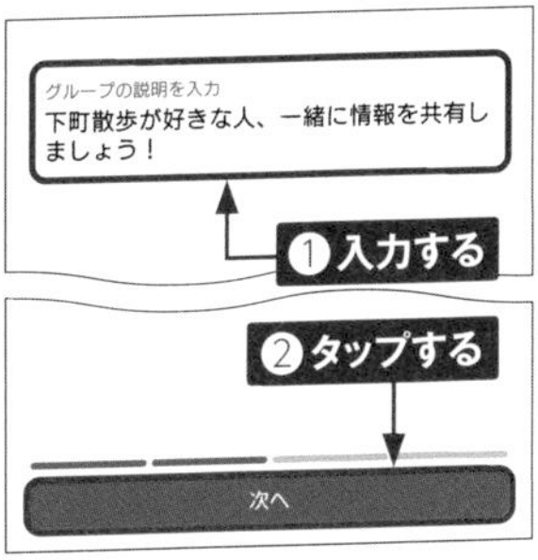

⑨ グループの活動目標を1つタップして選択し、[次へ] をタップします。

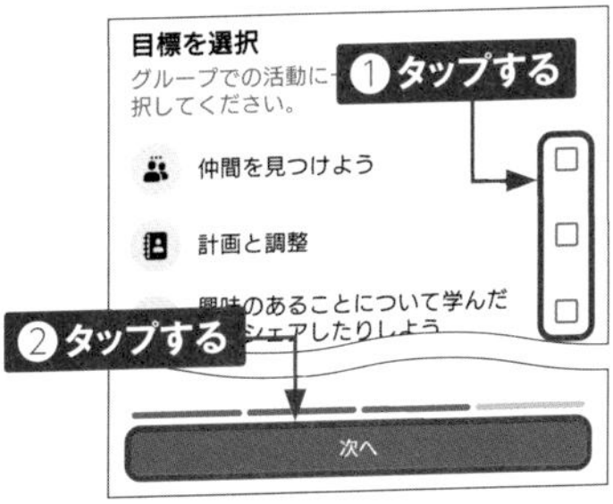

⑩ [テキストを入力] をタップし、ウェルカム投稿を入力して、[投稿] をタップします。

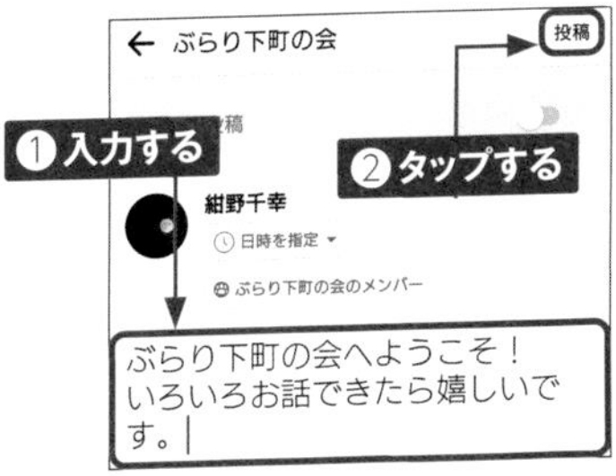

⑪ [完了] をタップします。

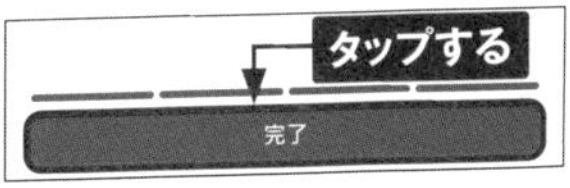

⑫ グループが作成されます。

Section

22 招待されたグループに参加しよう

友達が参加しているグループに招待され、自分もグループに参加したくなったらグループへの参加を表明しましょう。参加に迷ったら、招待の有効期限まで参加を保留にしたり、招待を削除したりすることも可能です。

招待されたグループに参加する

① 友達にグループに招待されると🔔に数字が表示されます。🔔をタップします。

② グループ招待の通知をタップします。

③ グループの詳細が表示されます。活動内容などを確認し、［グループに参加］をタップします。

④ グループ画面の表示が変化し、グループへの参加が完了します。

Section

23 グループへの参加を承認しよう

ユーザーがグループへの参加をリクエストした場合、グループ管理者が参加を承認しないと、そのユーザーはグループメンバーになれません。リクエストがあったらユーザー情報を確認して、承認しましょう。

グループへの参加を承認する

① グループへの参加リクエストがあると、に数字が表示されます。をタップします。

② グループへの参加リクエストの通知をタップします。

③ 参加リクエストをしたユーザーの情報を確認し、［承認する］をタップします。複数いる場合は［すべて承認する］をタップして一括で承認することもできます。

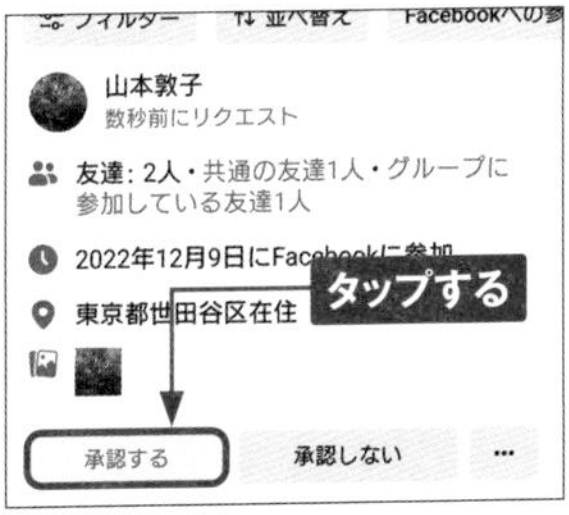

④ 参加が承認されます。←（iPhoneでは＜）をタップしてグループ画面を表示すると、メンバーが増えたことを確認できます。

Section 24

グループにアンケートを投稿して投票してもらおう

グループのメンバーに意見を求めたいときには、「アンケート」機能が便利です。閲覧・投票できるのはグループのメンバーのみとなっており、何度でも選択肢を変更できます。作成者側には、メンバーの選択肢が表示されるようになっています。

アンケート機能を使用する

① P.304手順①を参考に「グループ」画面を表示します。画面上部に参加しているグループが表示されるので、アンケートを作成したいグループをタップします。

② [テキストを入力…] をタップします。

③ 画面下部のメニューから[アンケート] をタップします。

④ [選択肢(数字)] をタップします。

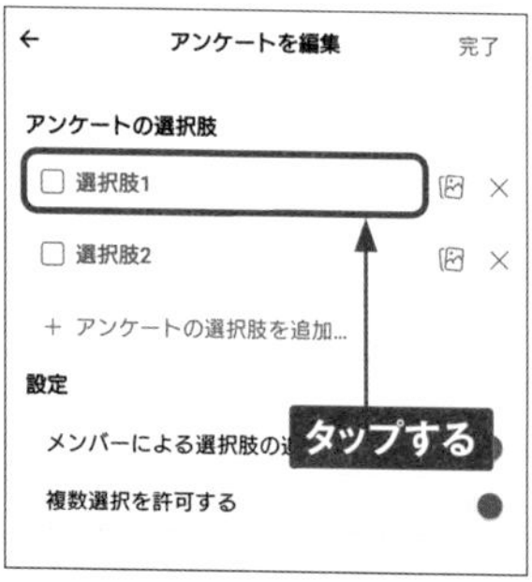

第2章 友達とコミュニケーションをとろう
LINE
Instagram
Twitter
Facebook

5 選択肢を入力し、[完了] をタップします。選択肢を増やしたい場合は、[アンケートの選択肢を追加…](iPhoneでは [＋選択肢を追加...])をタップします。

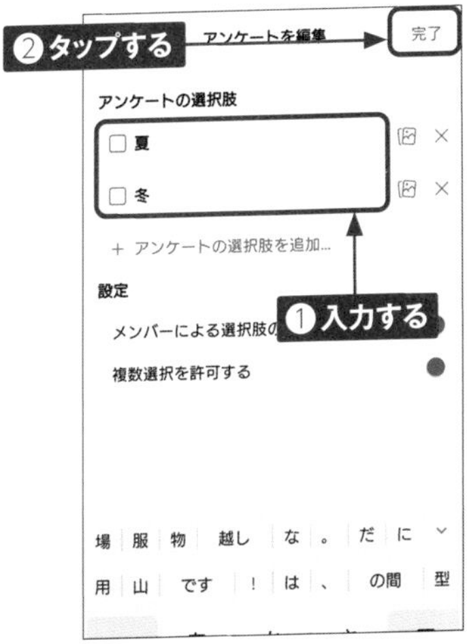

6 [質問する…] をタップします。

7 質問を入力し、[投稿] をタップします。

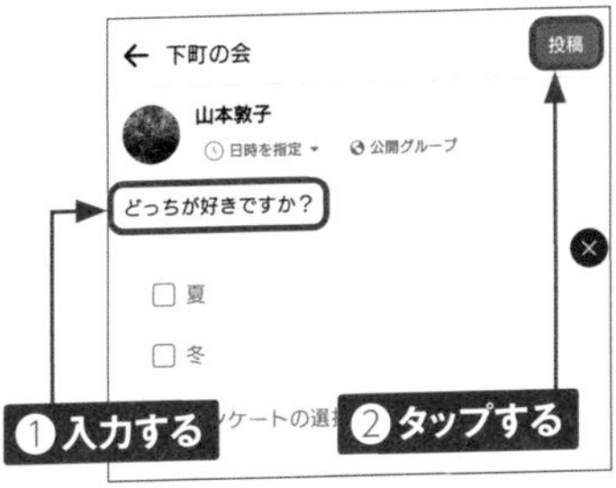

8 アンケートが投稿されます。

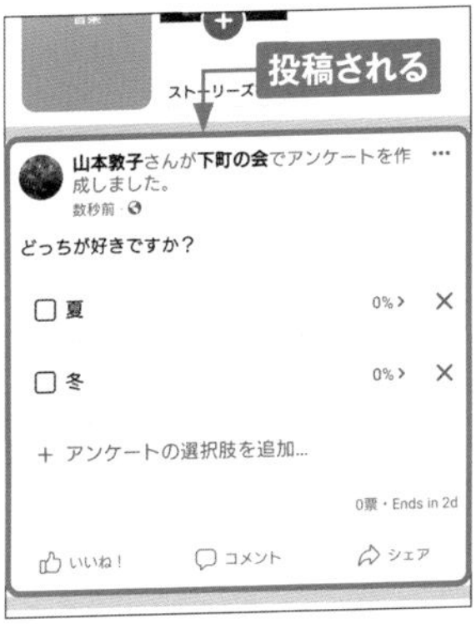

9 自分やメンバーが投票すると、投票結果が表示されます。

Section 25

グループから退会しよう

「グループが増えたので整理したい」「しばらく動きがないのでグループを退会したい」というときは、グループから退会できます。退会してもメンバーに通知されることはありません。

グループから退会する

① P.308手順②の画面で≡（自分がグループの管理者の場合は）をタップします。

② をタップします。自分がグループの管理者の場合はこの操作はありません。

③ ［グループを退会］をタップします。グループメンバーが自分1人の場合は［グループを削除］をタップします。

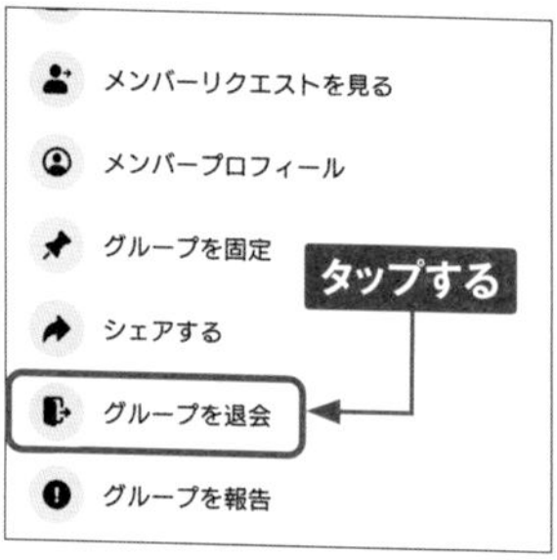

④ ［グループを退会］をタップします。「このグループを退会しました」と表示されたら、［閉じる］をタップします。グループメンバーが自分1人の場合は［グループを削除］をタップします。

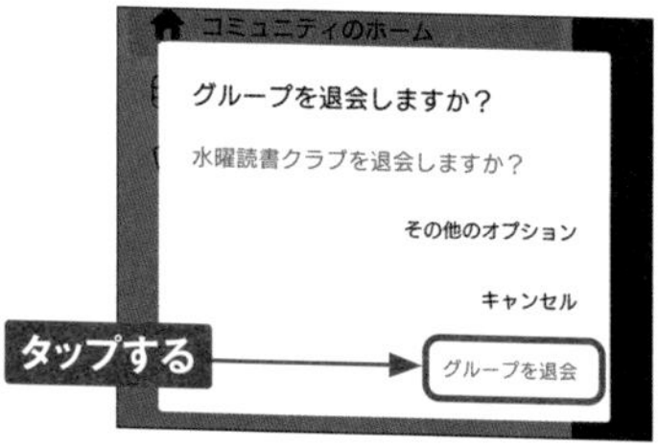

Section 26

Messengerでメッセージを送ろう

Facebookのメッセージ機能を利用するには、別途「Messenger」アプリがインストールされている必要があります。また、利用する環境によっては「Messenger」アプリに切り替わる場合があります。

Messengerでメッセージを送る

1 ホーム画面で をタップします。「Messenger」アプリがインストールされていない場合は、インストール画面が表示されるのでインストールし、Facebookと同じアカウントでログインします。

2 上部の検索欄にメッセージを送りたい友達の名前を入力し、表示される候補から友達をタップします。

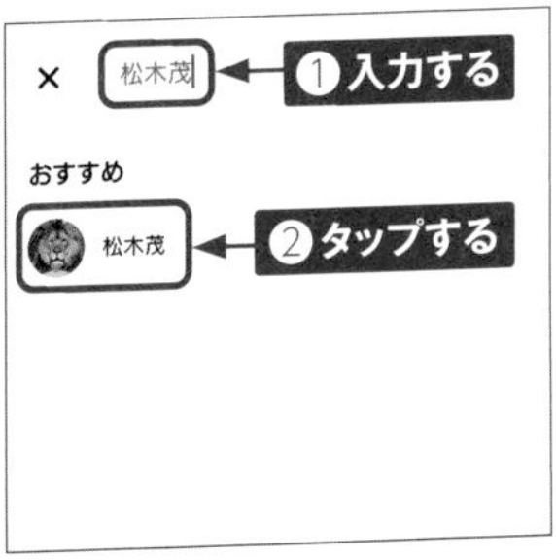

3 メッセージを入力し、 をタップします。

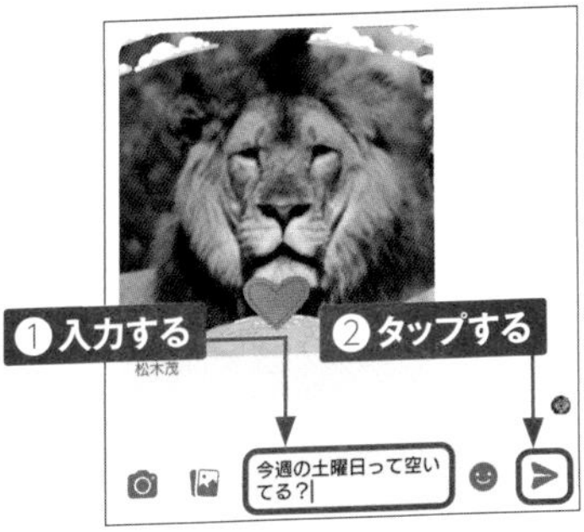

4 メッセージが送信されます。

Section 27

Messengerで無料通話しよう

Messengerでは、オンラインの友達と無料で通話することができます（パケット通信を利用します）。また、利用する環境によっては「Messenger」アプリに切り替わる場合があります。

Messengerで無料通話を発信する

1 通話したい友達のスレッドをタップします。

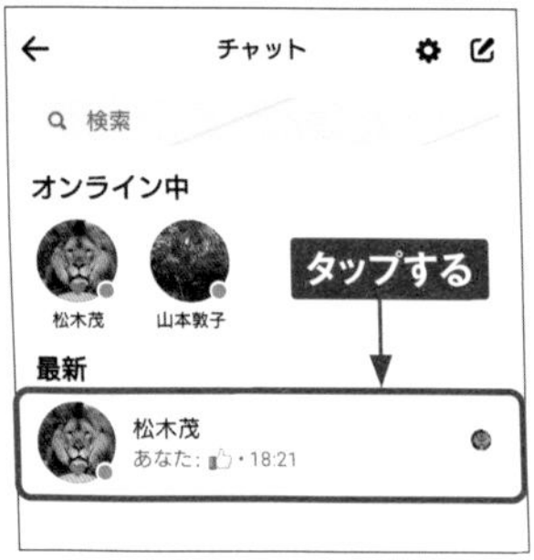

2 をタップして友達を呼び出します。

3 友達が応答すると、通話時間が表示され、通話が始まります。通話を終了するには、をタップします。

Memo ビデオ通話を発信する

手順②の画面で をタップすると、ビデオ通話の発信ができます。また、手順③の画面で をタップすると、通話からビデオ通話に切り替えることも可能です。

Facebook編

第3章

友達を管理しよう

Section 28

連絡先から友達を追加しよう

スマートフォンの連絡先を同期することで、自動的に友達に友達リクエストを送信することができます。しかし、自分が望んでいない相手にもリクエストが送信されてしまうため、あらかじめ連絡先の内容を確認しておくとよいでしょう。

連絡先から友達を追加する

① P.277を参考に「設定とプライバシー」画面を表示して［連絡先のアップロード］をタップします。

② ［継続的な連絡先のアップロード］（iPhoneでは「連絡先をアップロード」の）をタップします。

③ ［開始する］（iPhoneでは［次へ］）をタップします。

④ ［アプリ設定］（iPhoneでは［設定］）をタップし、画面の指示に従って連絡先へのアクセスを許可します。

「知り合いかも」から友達を追加する

① ホーム画面で👥をタップします。

② 「知り合いかも」のリストが表示されます。［友達を追加］をタップすると、相手に友達リクエストが送信されます。

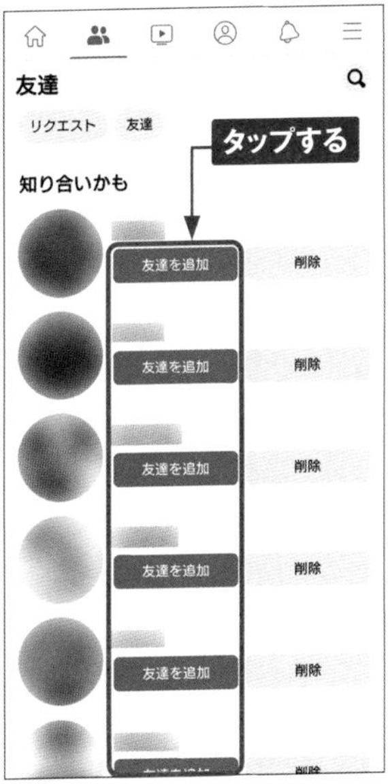

Memo 「知り合いかも」とは

Facebookでは、「知り合いかも」と記載されたFacebookユーザーのリストが、お知らせやフィード、「友達」画面に表示されることがあります。「知り合いかも」リストに表示されるユーザーは、自分のプロフィールページで居住地、学校、職場などを公開し、同じように登録している人、共通の友達や同じFacebookグループに参加している人などです。これは、プロフィールに設定した自分の職歴、学歴などを通して、お互いに知り合いである可能性の高いユーザーが自動的に検出されているからです。Facebookは実名登録であるため、知り合いを探しやすいほか、共通の趣味・関心を持っていそうな利用者をかんたんに見つけることができます。なお、友達になりたくないユーザーが表示されている場合は、上の手順②の画面で、削除したいユーザーの［削除］をタップすることで、削除することができます。

Section
29 友達からのリクエストを承認しよう

友達リクエストを受け取った場合は、相手が知り合いかどうかを確認して、承認するか削除するかを決めましょう。友達に承認すると、お互いが友達どうしとなり、フィードに投稿内容が表示されるようになります。

友達からのリクエストを承認する

① 友達リクエストが届くと👥にリクエスト数が表示されるのでタップします。

② 相手の名前をタップします。

③ プロフィールを確認して、承認する場合は［返信］→［承認］（iPhoneでは［リクエストを承認］）の順にタップします。

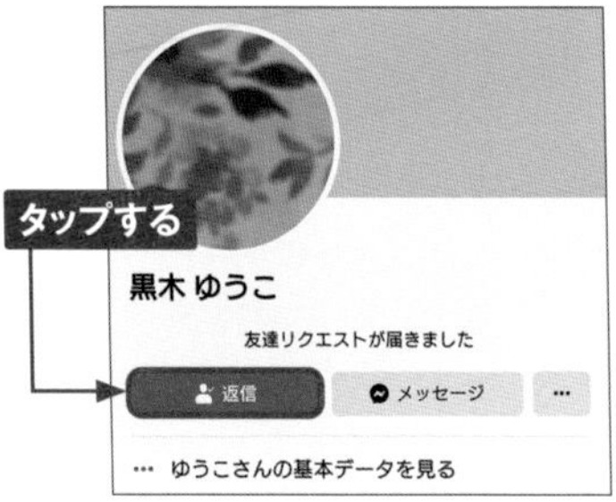

④ 友達に承認されます。

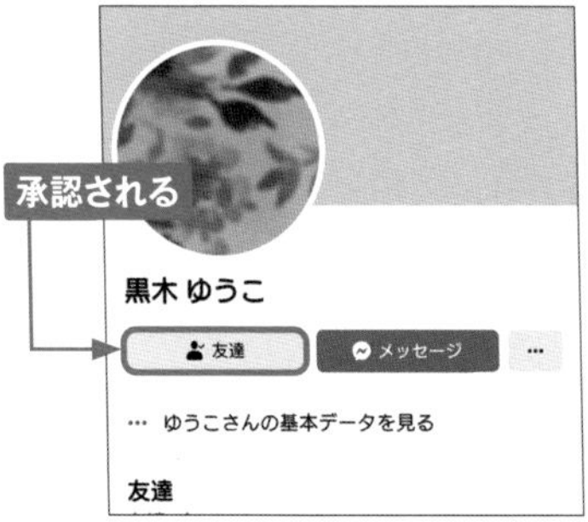

Section 30 友達の投稿を非表示にしよう

友達のフォローを解除すると、友達リストには表示されたままで、相手の投稿をフィードに表示しないようにすることができます。なお、フォローを解除しても相手に通知されることはありません。

友達のフォローを解除する

① ホーム画面でをタップします。

② ［友達］をタップします。

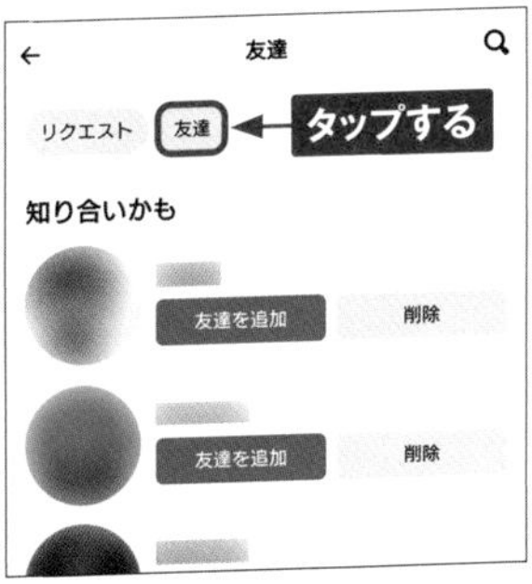

③ フォローを解除したい友達の…をタップします。

④ ［○○さんのフォローをやめる］（iPhoneでは［○○のフォローをやめる］）をタップします。

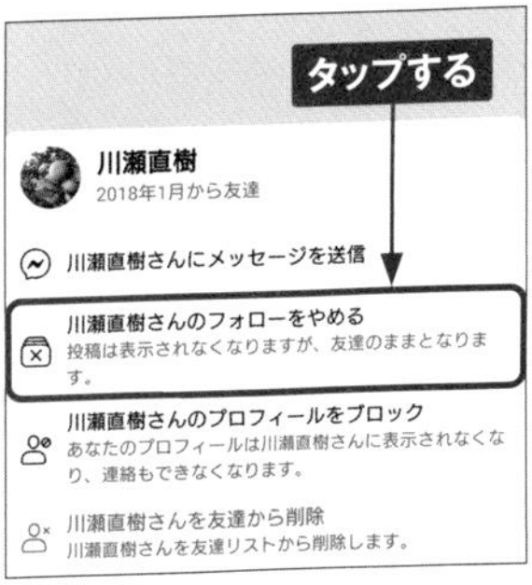

Section 31
特定の友達に投稿を見られないようにしよう

友達リストには表示されたままで、お互いのフィードには投稿が表示されないようにすることができます。仕事相手に投稿を見せたくない場合や、それほど仲がよくない相手と友達になってしまったときに使用するとよいでしょう。

お互いの投稿を非表示にする

① P.317手順①～②を参考に「友達」画面を表示し、お互いの投稿を非表示にしたい友達をタップします。

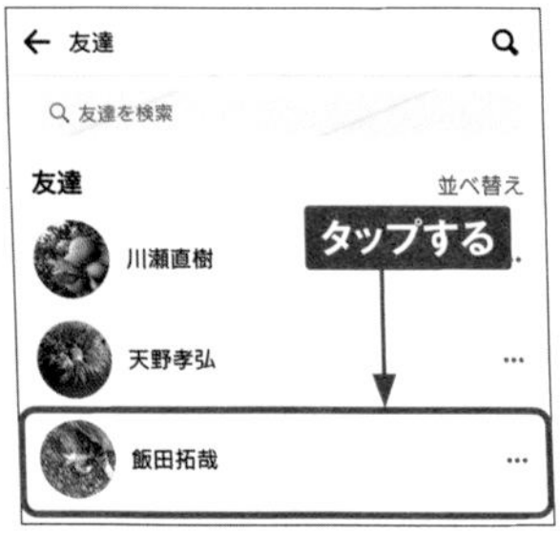

② ［友達］をタップします。

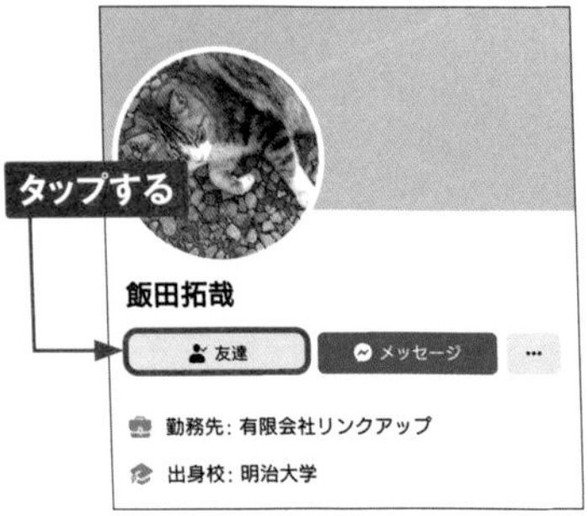

③ ［友達リストを編集する］（iPhoneでは［少し距離を置きたい場合］）をタップします。

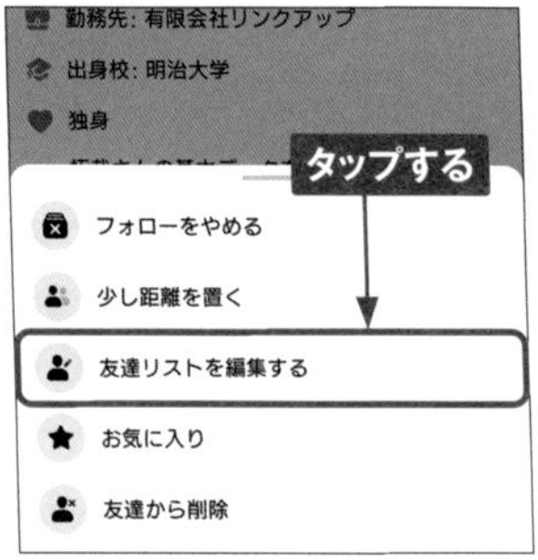

④ ［制限］（iPhoneでは「○○さんに表示されるコンテンツを制限」の［オプションを見る］→［○○さんに自分の投稿を表示しない］→［保存］）をタップします。

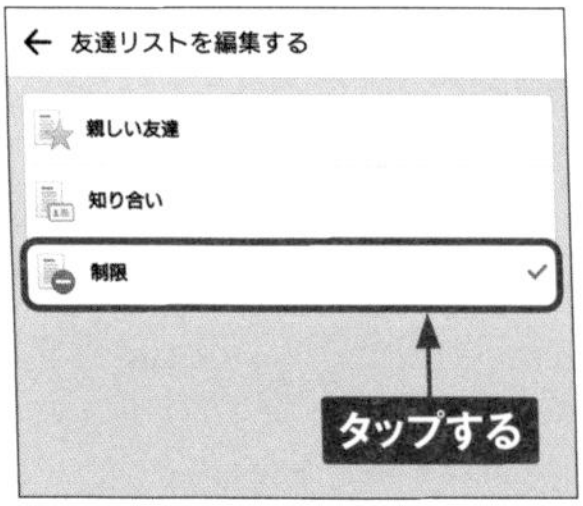

Section
32 迷惑なユーザーをブロックしよう

知らないユーザーや迷惑なユーザーは、ブロックしましょう。相手をブロックすると、自分のプロフィールや投稿を相手は閲覧できなくなるほか、連絡を取ったり、タグ付けしたりすることもできなくなります。

迷惑なユーザーをブロックする

① P.317手順①～②を参考に「友達」画面を表示し、ブロックしたい友達の…をタップします。

② ［○○さんのプロフィールをブロック］（iPhoneでは［○○さんをブロック］）をタップします。

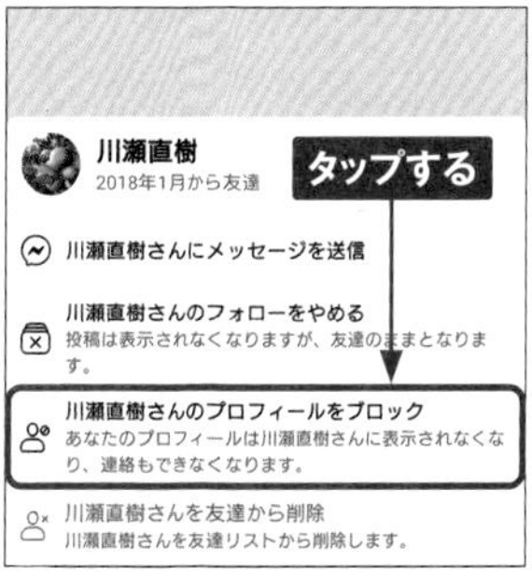

③ ［ブロック］をタップします。

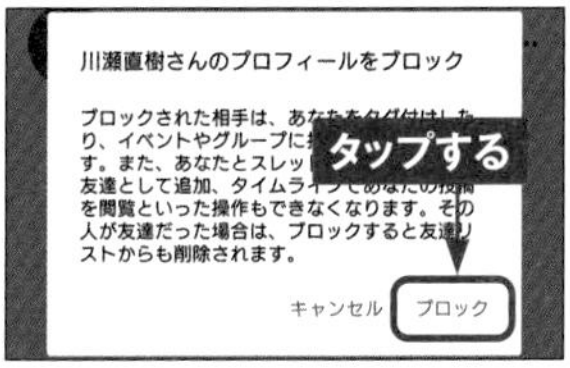

Memo ブロックしたユーザーを解除する

ブロックしたユーザーをブロック解除するには、P.277を参考に「設定とプライバシー」画面を表示して、［ブロック］→ブロックを解除したいユーザー→［ブロックを解除］の順にタップします。

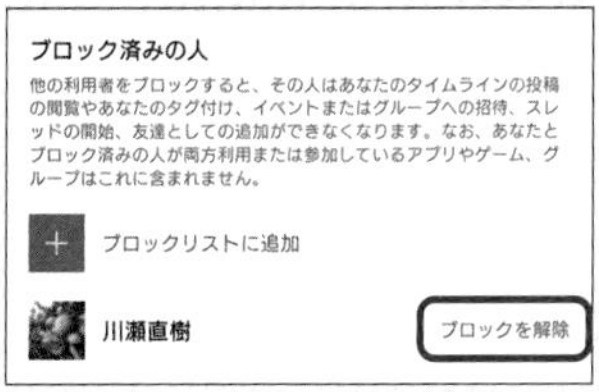

Section

33 友達を削除しよう

友達を削除すると、通知こそ相手に届きませんが、自分と相手の友達リストからお互いのアカウントが削除されます。また、フィードにも相手の投稿が表示されなくなります。

友達を削除する

① P.317手順①～②を参考に「友達」画面を表示し、削除したい友達の…をタップします。

② ［○○さんを友達から削除］をタップします。

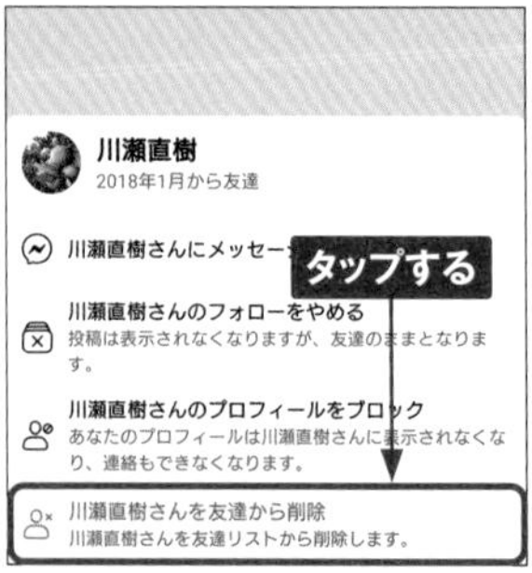

③ ［承認］をタップします。

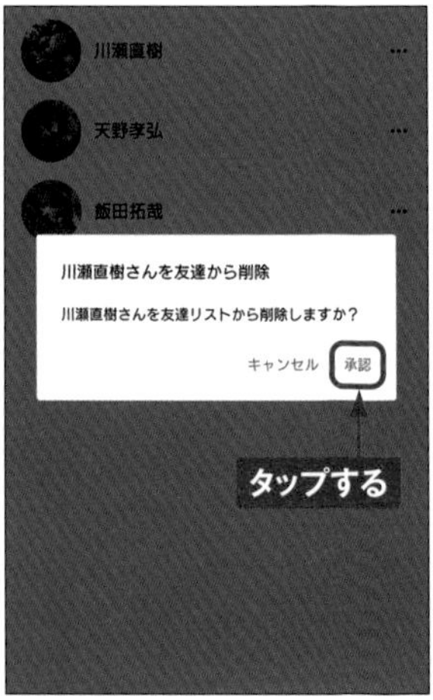

Memo 間違えて削除してしまったら？

間違えて相手を削除してしまい、再度友達になりたい場合は、P.282を参考に、再度相手に友達リクエストを送信します。

第3章
友達を管理しよう
LINE
Instagram
Twitter
Facebook

Facebook編

第4章

FacebookのQ&A

Section
34 特定の友達の投稿を優先的に表示するには？

友達の投稿を優先的に見られるようにしたい場合は、お気に入りに追加すると、相手の投稿はフィードの上位に表示されるようになります。お気に入りに追加できる友達は最大30件です。

特定の友達の投稿を優先的に表示する

1 P.277を参考に「設定とプライバシー」画面を表示し、[ニュースフィード] をタップします。

2 [お気に入り] をタップします。

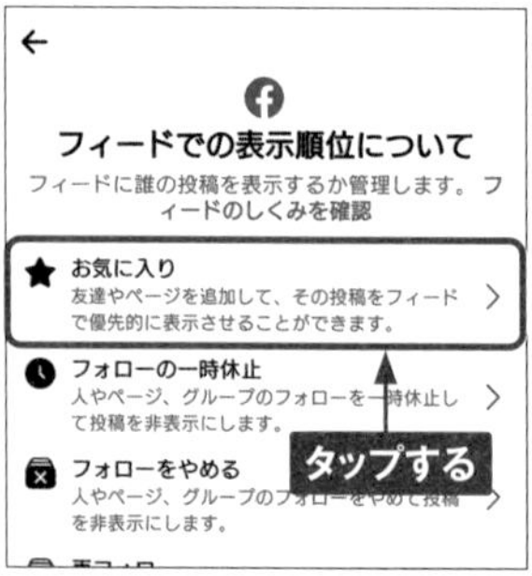

3 投稿を優先的に表示したい友達の [追加] をタップします。

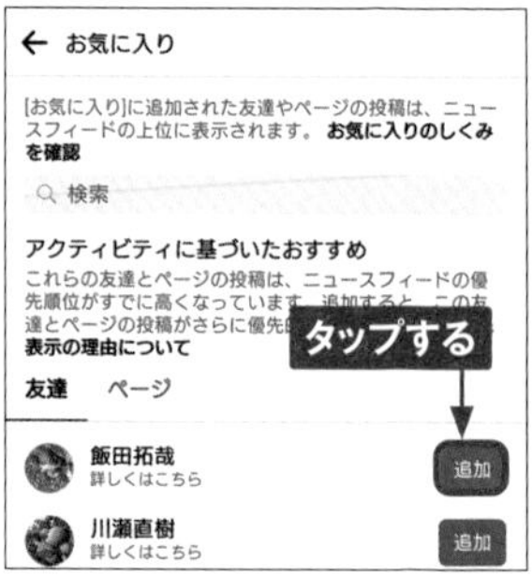

4 お気に入りに追加されます。

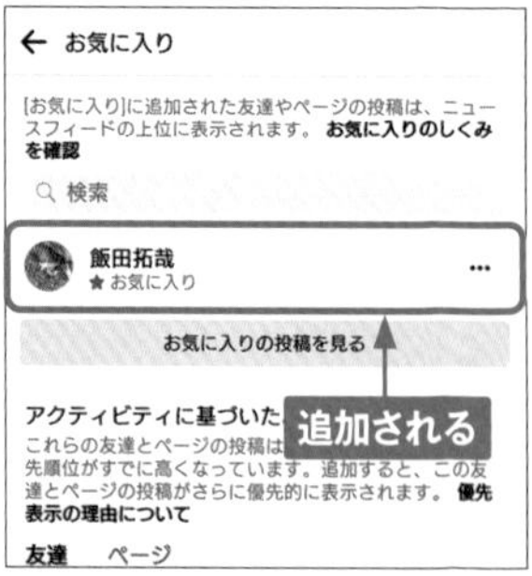

Section 35

「おすすめ」の投稿を非表示にするには?

Facebookのフィードには、今までのアクティビティに基づいて、関連性の高いコンテンツがおすすめとして表示されます。おすすめの投稿は、非表示にすることができるので、不要な投稿が多い場合は、非表示に設定してフィードを管理しましょう。

「おすすめ」の投稿を非表示にする

① 非表示にしたいおすすめの投稿の…をタップします。

② [投稿を非表示] をタップします。

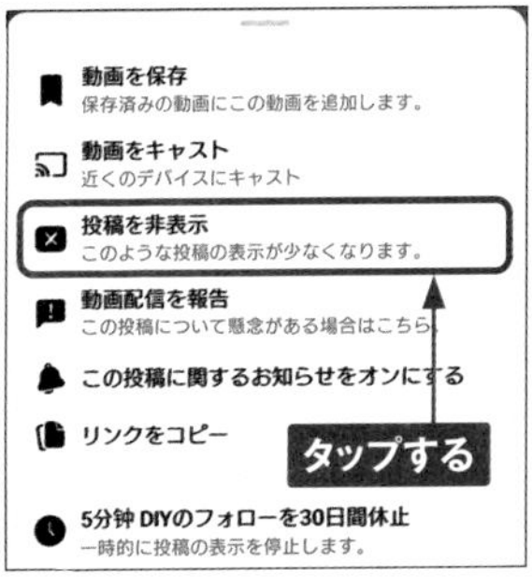

③ 投稿が非表示になり、以降このようなコンテンツの表示が少なくなります。

Memo おすすめのコンテンツを管理する

おすすめの投稿を非表示にするには、いくつかの方法があります。手順②の画面で [○○のフォローを30日間休止] をタップすると、30日間だけユーザーの投稿がフィードに表示されなくなります。[○○の投稿をすべて非表示にする] をタップすると、そのユーザーの投稿がフィードに表示されなくなります。

Section
36 広告を非表示にするには？

Facebookでは、日頃のアクティビティに基づいて、フィードにさまざまな広告が表示される場合があります。関心がない広告は、非表示にすることで、今後似た内容の広告が表示されにくくなります。

広告を非表示にする

① 非表示にしたい広告の…をタップします。

② ［この広告を非表示にする］をタップします。

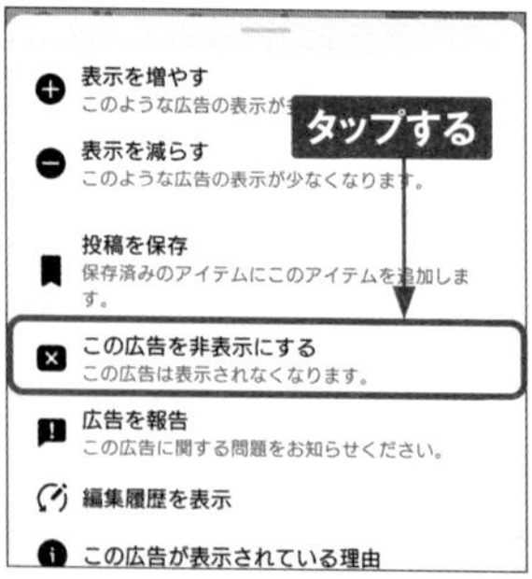

③ 非表示にする理由をタップして選択します。

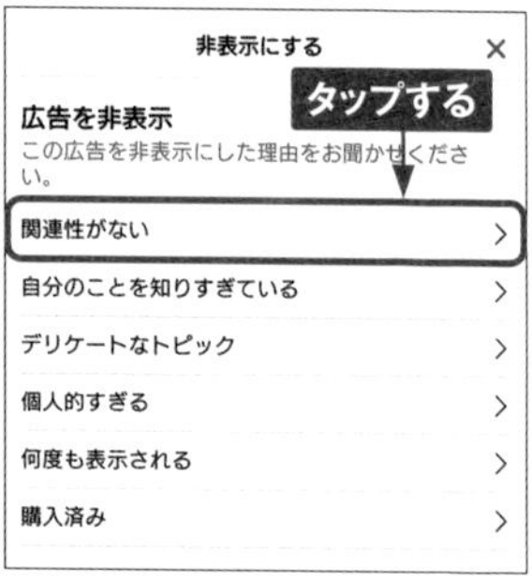

④ ［完了］をタップします。

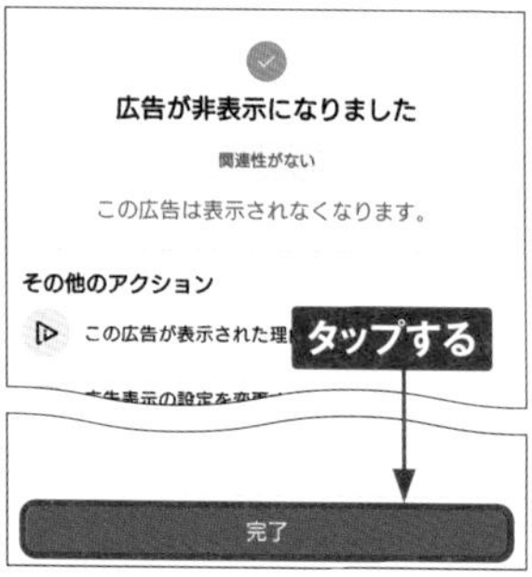

LINE
Instagram
Twitter
Facebook

Section 37

ショートカットバーを編集するには?

「Facebook」アプリでは、画面上部（iPhoneでは画面下部）にショートカットバーが表示されます。表示されるアイコンは使用状態によって変わりますが、固定表示にしたり非表示にしたりすることができます。

ショートカットバーを編集する

1 P.277を参考に「設定とプライバシー」画面を表示し、[ショートカット] をタップします。

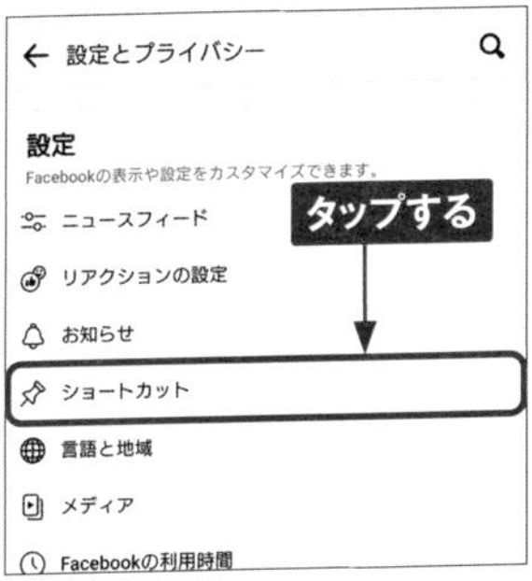

2 [ショートカットバー] をタップします。

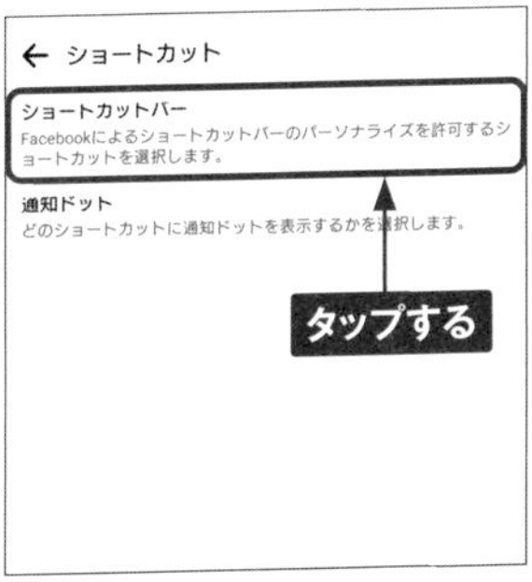

3 編集したい任意のショートカットバーの [自動] をタップします。

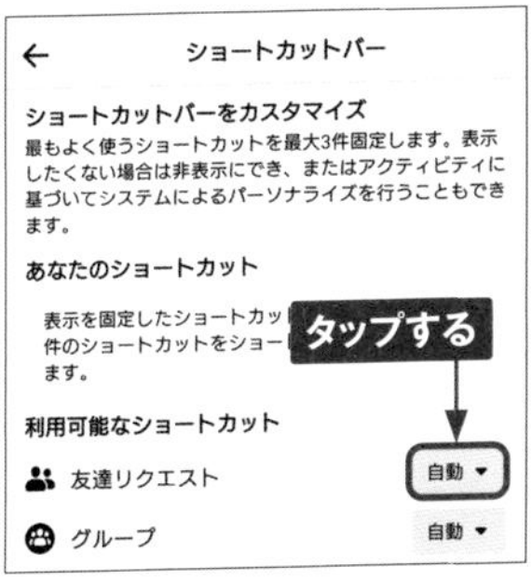

4 ショートカットバーの表示方法をタップして選択します。

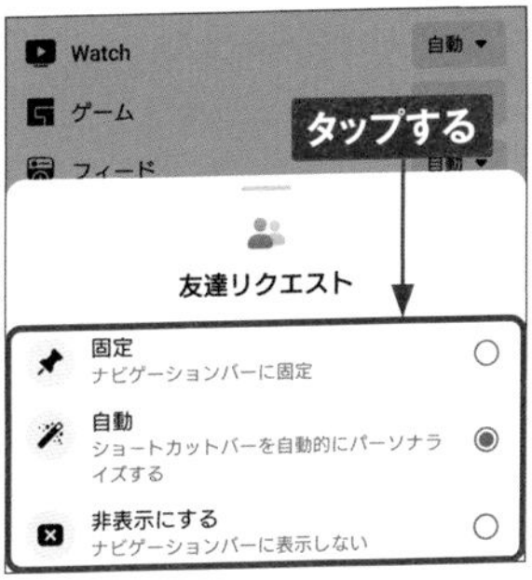

Section
38 不要な通知を止めるには？

Facebookでは、自分の投稿にコメントがあったときや、タグ付けされたとき、友達が投稿したときなどに、スマートフォンに通知が届きます。それらの通知は、オン／オフを設定してカスタマイズすることができます。

不要な通知を止める

① P.277を参考に「設定とプライバシー」画面を表示し、[お知らせ]をタップします。

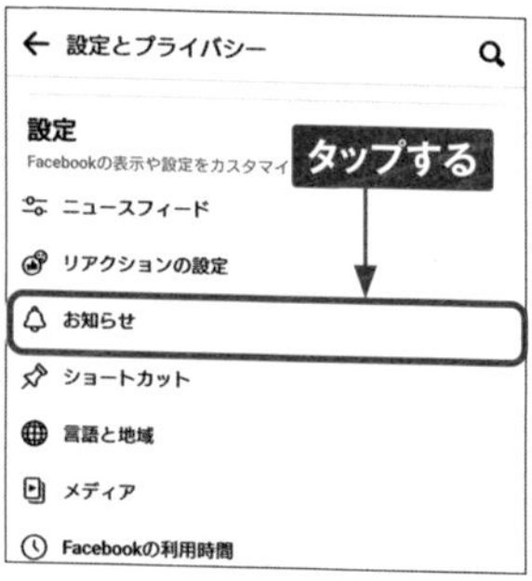

② 通知項目が表示されるので、通知を止めたい任意の項目をタップします。

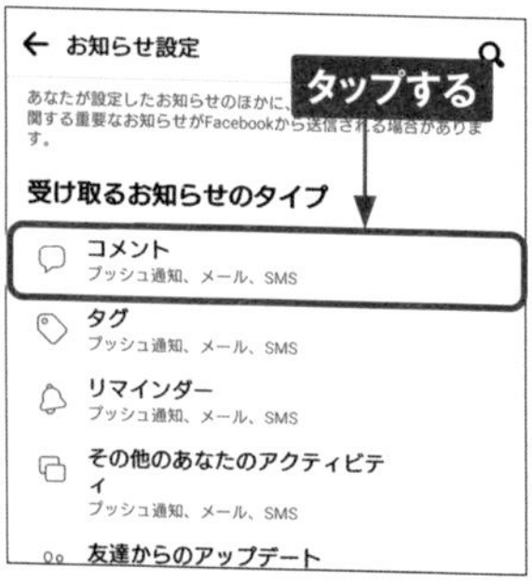

③ 止めたい通知方法の（iPhoneでは）をタップします。

④ 選択した通知方法がオフに設定されます。

Section 39

不要なメールのお知らせを止めるには？

メールアドレスを登録している場合、メール通知をオンに設定していると、自分の投稿に「いいね!」やコメントが付いたときなど、頻繁にメールが届きます。これは、項目ごとにオフにすることもできます。

不要なメールのお知らせを止める

① P.277を参考に「設定とプライバシー」画面を表示し、[お知らせ]をタップします。

② [メールアドレス]をタップし、[すべて]もしくは[おすすめ]をタップします。

③ メールの通知項目が表示されるので、通知を止めたい項目の（iPhoneでは）をタップします。

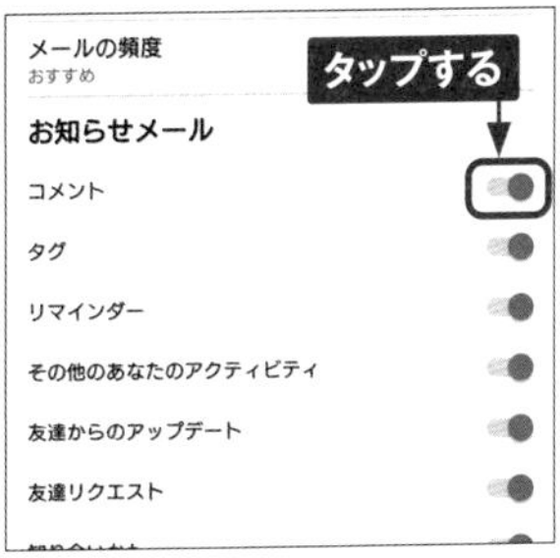

④ 選択した通知項目がオフに設定されます。

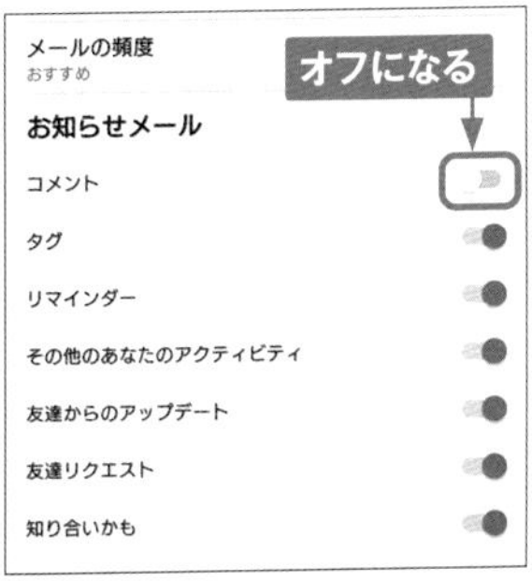

Section
40 誕生日の通知を止めるには？

Facebookにアカウントを登録するときに、誕生日も一緒に登録しますが、デフォルトでは誕生日当日になると、友達に通知されるように設定されています。オフにしたい場合は、あとから誕生日の公開範囲を「自分のみ」に設定しましょう。

誕生日の通知を止める

① P.278を参考に自分のプロフィール画面を表示し、［基本データを見る］をタップします。

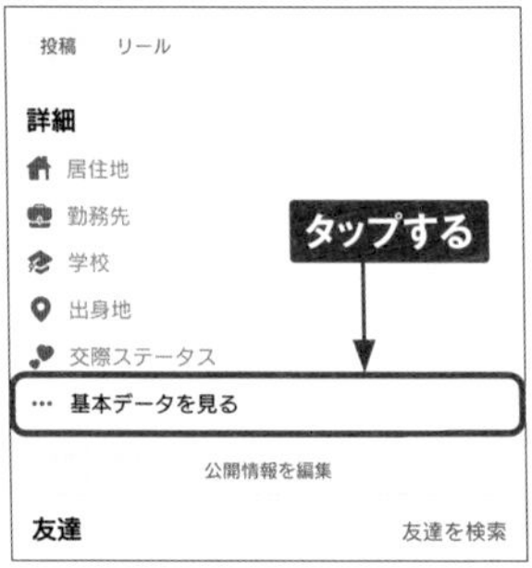

② 「基本データ」の［編集］をタップします。

③ 「誕生日」の をタップします。

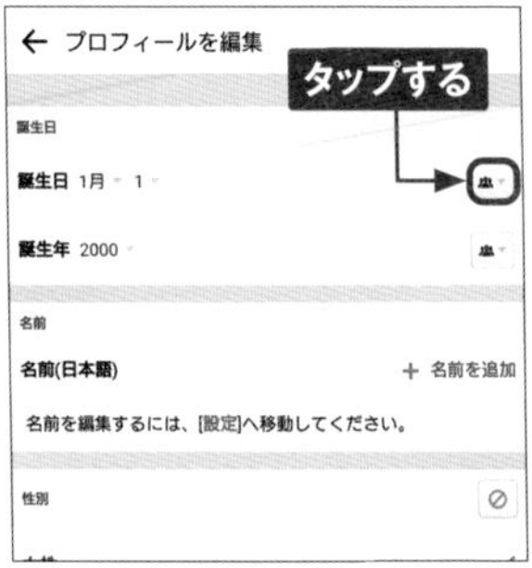

④ ［その他のオプション］→［自分のみ］の順にタップすると、誕生日の通知をオフにできます。

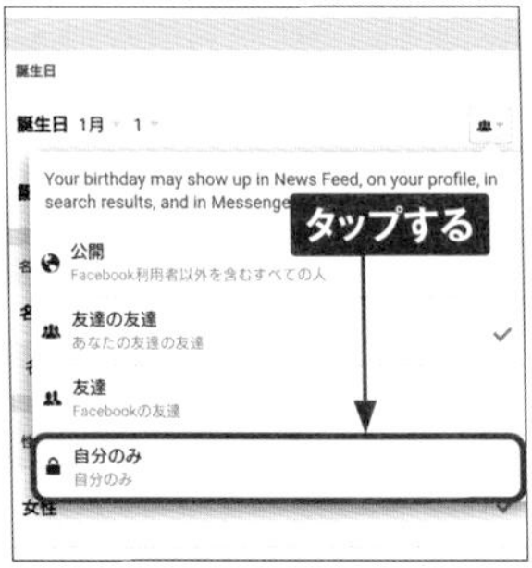

Section 41

Messengerの通知設定を変更するには？

メッセージや電話などの通知は、「Messenger」アプリから設定することができます。通知音や着信音、バイブレーションの設定だけでなく、通知があった際のプレビューの名前やメッセージの表示をオフにすることも可能です。

Messengerの通知設定を変更する

1 「Messenger」アプリを起動し、「チャット」画面左上のプロフィールアイコンをタップします。

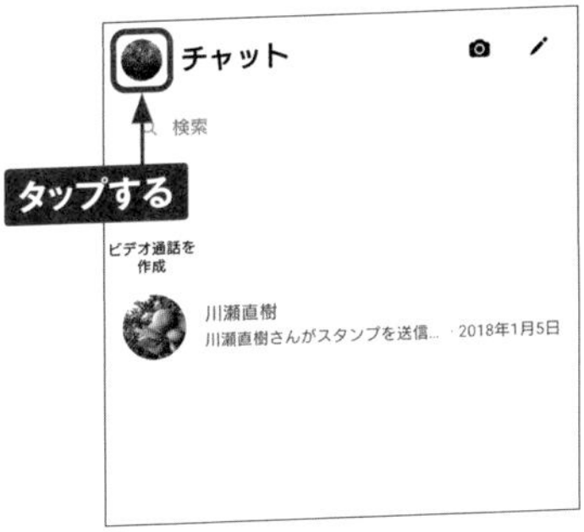

2 ［お知らせとサウンド］をタップします。

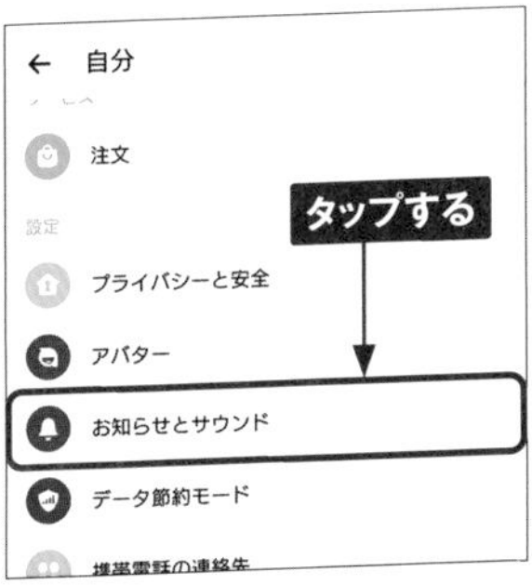

3 変更したい通知の（iPhoneでは）をタップします。

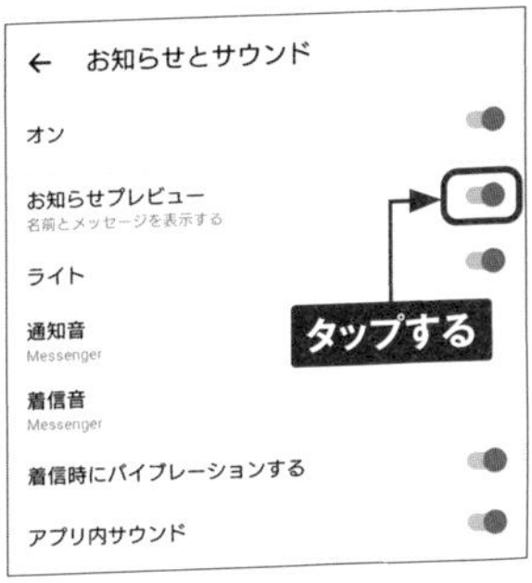

4 選択した通知がオフになります。

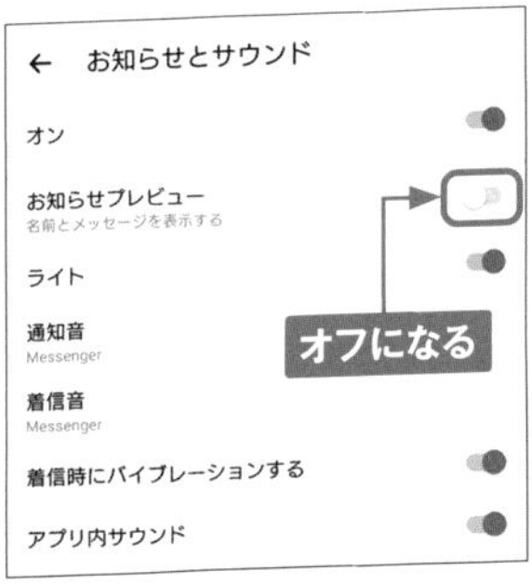

Section

42 Messengerの受信設定を変更するには？

「Messenger」アプリでは、友達の友達や、電話番号を知っている相手からもメッセージを受信することがあります。プライバシー保護のため、あらかじめ自分にメッセージを送信できる相手を選択しておきましょう。

Messengerの受信設定を変更する

① 「Messenger」アプリを起動し、「チャット」画面左上のプロフィールアイコンをタップします。

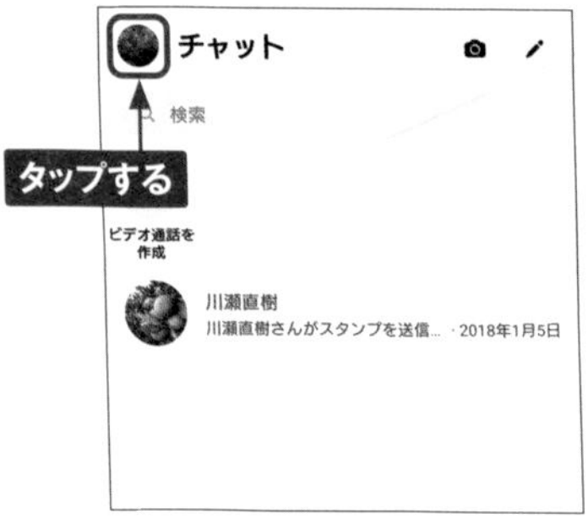

② ［プライバシーと安全］をタップします。

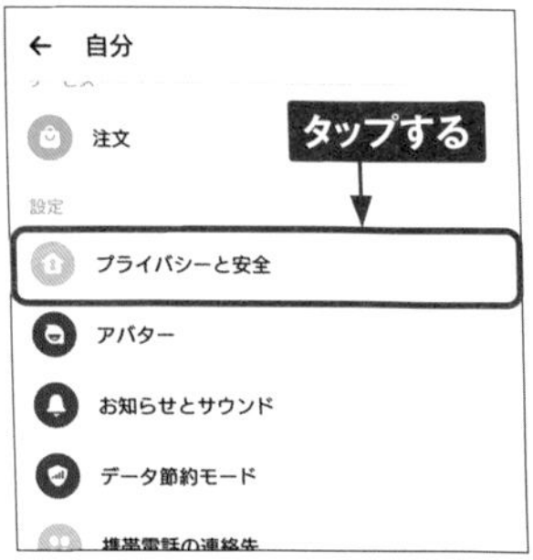

③ ［メッセージの受信設定］をタップします。

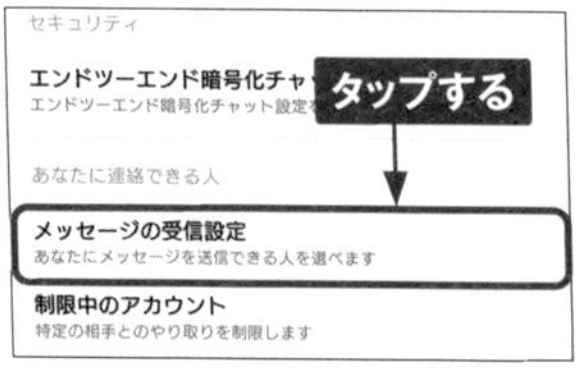

④ 変更したい任意の項目をタップします。

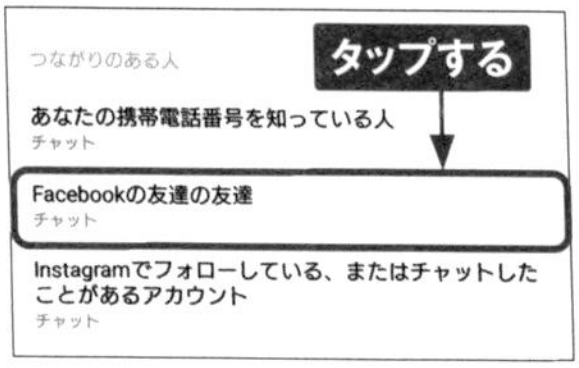

⑤ メッセージリクエストの受け取り方法をタップして選択します。

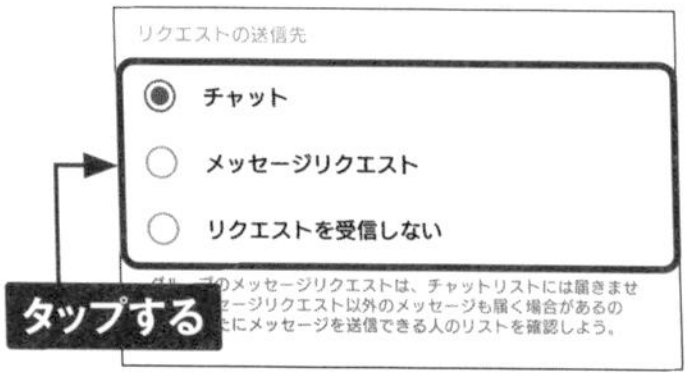

Section

43 Facebookのアカウントを削除するには？

Facebookのアカウントを削除したあと、30日以内であれば、ログインして削除をキャンセルすることでアカウントを復活することができます。30日を過ぎると、アカウント情報は完全に削除され、復活はできません。

Facebookのアカウントを削除する

① P.277を参考に「設定とプライバシー」画面を表示し、[個人情報・アカウント情報] をタップします。

設定とプライバシー
アカウント
情報を更新することでアカウントの安全を確保できます。
個人情報・アカウント情報
パスワードとセキュリティ
支払い
タップする
プライバシー設定の確認
プライバシーやセキュリティに関する重要な設定をガイド付きで確認できます。
設定
Facebookの表示や設定をカスタマイズできます。

② [アカウントの所有者とコントロール] をタップします。

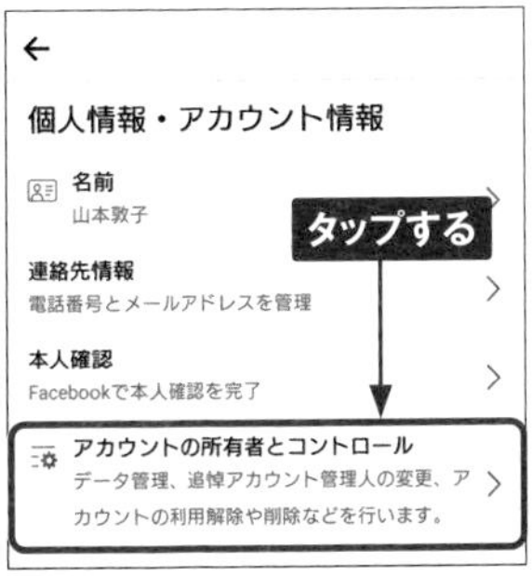

個人情報・アカウント情報
名前
山本敦子
タップする
連絡先情報
電話番号とメールアドレスを管理
本人確認
Facebookで本人確認を完了
アカウントの所有者とコントロール
データ管理、追悼アカウント管理人の変更、アカウントの利用解除や削除などを行います。

③ [利用解除と削除] をタップします。

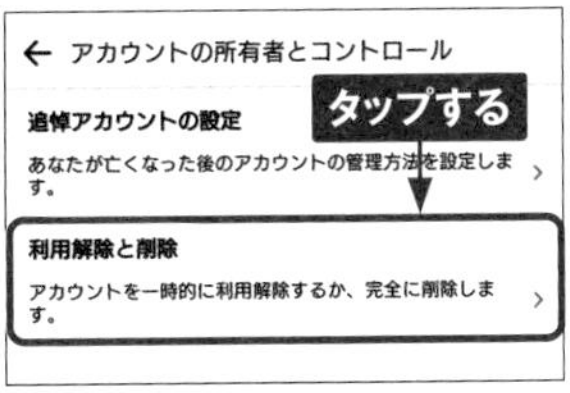

アカウントの所有者とコントロール
追悼アカウントの設定
タップする
あなたが亡くなった後のアカウントの管理方法を設定します。
利用解除と削除
アカウントを一時的に利用解除するか、完全に削除します。

④ [アカウントの削除] → [アカウントの削除へ移動] の順にタップし、画面の指示に従ってアカウントを削除します。

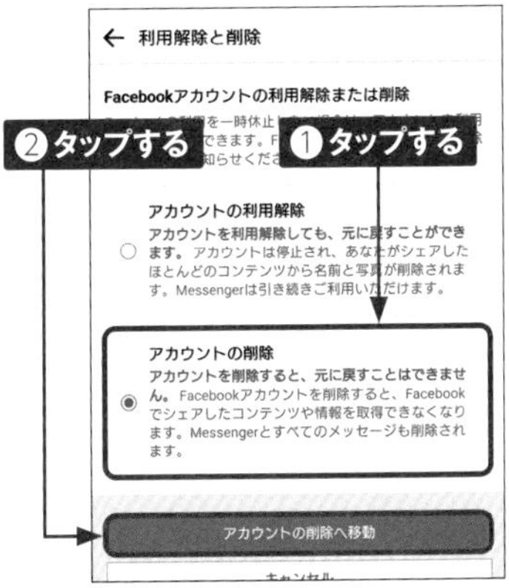

利用解除と削除
Facebookアカウントの利用解除または削除
②タップする
①タップする
アカウントの利用解除
アカウントを利用解除しても、元に戻すことができます。アカウントは停止され、あなたがシェアしたほとんどのコンテンツから名前と写真が削除されます。Messengerは引き続きご利用いただけます。
アカウントの削除
アカウントを削除すると、元に戻すことはできません。Facebookアカウントを削除すると、FacebookでシェアしたコンテンツやFacebook情報を取得できなくなります。Messengerとすべてのメッセージも削除されます。
アカウントの削除へ移動

索引

索引

Facebook編

アルファベット

あ行

か行

さ行

た行

は行

ま行

ら行

お問い合わせについて

本書に関するご質問については、本書に記載されている内容に関するもののみとさせていただきます。本書の内容と関係のないご質問につきましては、一切お答えできませんので、あらかじめご了承ください。また、電話でのご質問は受け付けておりませんので、必ずFAXか書面にて下記までお送りください。
なお、ご質問の際には、必ず以下の項目を明記していただきますようお願いいたします。

1 お名前
2 返信先の住所またはFAX番号
3 書名
（ゼロからはじめる LINE & Instagram & Twitter & Facebook 基本 & 便利技）
4 本書の該当ページ
5 ご使用の機種とOSのバージョン
6 ご質問内容

なお、お送りいただいたご質問には、できる限り迅速にお答えできるよう努力いたしておりますが、場合によってはお答えするまでに時間がかかることがあります。また、回答の期日をご指定なさっても、ご希望にお応えできるとは限りません。あらかじめご了承くださいますよう、お願いいたします。ご質問の際に記載いただきました個人情報は、回答後速やかに破棄させていただきます。

■ お問い合わせの例

FAX

1 お名前
技術　太郎

2 返信先の住所またはFAX番号
03-XXXX-XXXX

3 書名
ゼロからはじめる
LINE & Instagram &
Twitter & Facebook
基本&便利技

4 本書の該当ページ
40ページ

5 ご使用の機種とOSのバージョン
iPhone 14 Pro
iOS 16.1.2

6 ご質問内容
手順3の画面が表示されない

お問い合わせ先

〒162-0846
東京都新宿区市谷左内町21-13
株式会社技術評論社　書籍編集部
「ゼロからはじめる LINE & Instagram & Twitter & Facebook 基本 & 便利技」質問係
FAX番号　03-3513-6167
URL：https://book.gihyo.jp/116/

ゼロからはじめる LINE《ライン》 &《アンド》 Instagram《インスタグラム》 &《アンド》 Twitter《ツイッター》 &《アンド》 Facebook《フェイスブック》 基本《きほん》&《アンド》便利技《べんりわざ》

2023年 3月 1日　初版　第1刷発行
2023年 7月29日　初版　第2刷発行

著者……………………リンクアップ
発行者…………………片岡　巌
発行所…………………株式会社　技術評論社
　　　　　　　　　　東京都新宿区市谷左内町21-13
電話……………………03-3513-6150　販売促進部
　　　　　　　　　　03-3513-6160　書籍編集部
編集……………………リンクアップ
担当……………………田中　秀春
装丁……………………菊池　祐（ライラック）
本文デザイン・DTP ……リンクアップ
製本／印刷……………図書印刷株式会社

ISBN978-4-297-13308-5 C3055

Printed in Japan